TUMU GONGCHENG JIANSHE JIANLI

最新规范

U0279971

土木工程
建设监理（第7版）

主　编　项　勇　包烽余
副主编　秦良彬　于　恒
参　编　郑柠瑶　程杰挺
　　　　杨　雨　李柯易
主　审　刘伊生

重庆大学出版社

内容简介

本书分为土木工程监理基础知识、建设工程监理的目标控制和工程监理在典型工程中的应用上、中、下 3 篇共 13 章。上篇主要包括建设工程监理制度、建设工程监理相关法律法规及标准、建设工程监理招标投标与监理合同管理、建设工程监理组织、监理规划与监理实施细则;中篇主要包括建设工程监理的质量控制、建设工程监理的进度控制、建设工程监理的投资控制、建设工程合同监理、建设工程风险控制及安全监理;下篇主要包括装配式混凝土建筑项目监理实务、公路工程监理实务、轨道交通盾构工程施工监理实务。

本书注重学生基础知识和实践能力的培养,有效融入思政元素,具有较强的综合性、实用性和可读性。书中每章前均设置了"能力要求""主要知识点"和"素质目标"以便于教师和学生在教学和学习过程中把握知识点的重要性。每章后附有一定量的思考题和课后拓展习题,以便引导学生加深理解和巩固所学知识。

本书既可作为从事工程监理工作相关人员的业务学习用书,也可以作为工程管理、土木工程、工程造价专业工程监理课程的教材,还可作为注册监理工程师执业考试的参考书,以及与土木工程专业有关业务人员的自学教材和参考书。

图书在版编目(CIP)数据

土木工程建设监理 / 项勇,包烽余主编. -- 7 版
. -- 重庆:重庆大学出版社,2024.5
高等学校土木工程本科系列教材
ISBN 978-7-5689-4464-9

Ⅰ.①土… Ⅱ.①项… ②包… Ⅲ.①土木工程—监理工作—高等学校—教材 Ⅳ.①TU712

中国国家版本馆 CIP 数据核字(2024)第 084614 号

土木工程建设监理
(第 7 版)

主 编 项 勇 包烽余
副主编 秦良彬 于 恒
参 编 郑柠瑶 程杰挺
　　　 杨 雨 李柯易
主 审 刘伊生
策划编辑:鲁 黎

责任编辑:杨育彪　版式设计:鲁 黎
责任校对:关德强　责任印制:张 策

*

重庆大学出版社出版发行
出版人:陈晓阳
社址:重庆市沙坪坝区大学城西路 21 号
邮编:401331
电话:(023) 88617190　88617185(中小学)
传真:(023) 88617186　88617166
网址:http://www.cqup.com.cn
邮箱:fxk@ cqup.com.cn(营销中心)
全国新华书店经销
重庆华林天美印务有限公司印刷

*

开本:787mm×1092mm　1/16　印张:19　字数:477 千
2001 年 9 月第 1 版　2024 年 5 月第 7 版　2024 年 5 月第 22 次印刷
印数:41 501—43 500
ISBN 978-7-5689-4464-9　定价:49.80 元

本书如有印刷、装订等质量问题,本社负责调换
版权所有,请勿擅自翻印和用本书
制作各类出版物及配套用书,违者必究

第7版前言

工程监理行业未来的发展趋势:逐步形成以市场化为基础、国际化为方向、信息化为支撑的工程监理服务市场体系;基本形成以主要从事施工现场监理服务的企业为主体,以提供全过程工程咨询服务的综合性企业为骨干,各类工程监理企业分工合理、竞争有序、协调发展的行业布局,行业组织结构更趋优化;培育一批智力密集型、技术复合型、管理集约型的大型工程建设咨询服务企业,监理行业核心竞争力显著增强。

基于监理行业未来的发展趋势和市场对监理企业的更高要求,课程教学团队在深入研究目前部分高校"建设工程监理"课程教学实际的基础上,结合当前的行业需求、人才培养目标编写本书。

《土木工程建设监理》从2001年9月出版以来,再版重印20余次。在本书第1版至第6版原主编石元印及助手沈君和石俊滔的推荐和支持下,经过与出版社的协商,由西华大学项勇教授和成都大学包烽余担任本版次的主编。

本书继承了前面几个版次的教材特色,从实用性和适用性出发,将工程监理专业人才应具备的管理方面的主要基础知识、专业实践素质与工程建造活动的特殊性相结合,在阐明相关原理与方法的基础上,系统论述了工程建设过程中进行监督管理相关的理论与方法。

与目前已经出版的建设工程监理相关书籍相比,第7版体现出以下特色:

(1)结构新颖,本书分为上、中、下3篇,以基础知识和目标管理为主线、以监理在部分工程领域的应用为辅线进行编写。本书可作为对未来从事工程监理工作的土木工程及管理类学生以及一线工作人员的教学和参考用书。本书以工程项目监理基础知识和以项目目标管理为主线安排框架思路,结构新颖,让学生不仅能够学到工程项目监理的专业基础知识,而且可以快速地了解到监理在部分工程领域中的应用原理。

（2）结合实例，分析、解读监理工程师对工程项目进行的监督管理。本着适用性的原则，根据实践性的要求，本书应用了一定数量的实例解读各部分的内容，以便在教学过程中，有助于土木工程和管理类专业学生掌握和应用工程项目监理目标管理基础知识。

（3）突出监理方以建设工程项目为对象的咨询服务职能的特点。建设工程项目参与主体涉及房屋建筑、公路工程、桥梁隧道工程等领域的有关投资、建造和目标管理等一系列活动，其监督管理具有一定的特殊性，尤其是项目实施阶段的目标管理。本书结合土木工程的特性介绍监理单位接受业主委托对项目进行目标管理的内容和方法，针对性较强、具有较强的实用价值。

本书结构体系完整，构架思路清晰，知识点分析详略得当；各章附有一定量的课后思考题，以帮助学生在学习过程中加深理解，巩固所学知识。此外，本书还配备了详细的课程教学资源，包括任课教师使用的 PPT、各章课后拓展习题、与监理工相关规范、监理典型实际案例、模拟试题等。

全书大纲由西华大学项勇教授、攀枝花大学石元印教授提出并进行整理。本书由西华大学项勇和成都大学包烽余主编，攀枝花大学秦良彬和成都大学于恒任副主编。北京交通大学刘伊生教授主审。具体内容分工如下：第 1 章由西华大学项勇负责编写；第 2 章由西华大学的程杰挺和李柯易负责编写；第 3 章~第 5 章由西华大学的郑柠瑶和杨雨负责编写；第 6 章~第 8 章由包烽余和于恒负责编写；第 9 章~第 10 章由项勇和程杰挺负责编写；第 11 章~第 12 章由李柯易和秦良彬负责编写；第 13 章由项勇和秦良彬负责编写。全书的整理和校核工作由郑柠瑶、程杰挺和杨雨负责；课后思考题的整理及答案校对由沈君负责。

本书在编写过程中，得到了北京交通大学刘伊生教授的大力支持，提出了许多具有建设性的参考意见，使教材具有典型特色。同时，本书的编写也参考了部分国内学者的研究成果，在此深表谢意！

由于编写团队的水平有限，书中难免会有缺点和不足之处，恳请读者批评指正，以便本书再版时修改和完善。

编　者
2024 年 2 月

目录

上 篇

土木工程监理基础知识

第 **1** 章
建设工程监理制度

知识点	能力要求	相关知识	素质目标
建设工程监理概述	掌握建设工程监理的含义及性质	(1)建设工程监理的含义 (2)建设工程监理的性质	(1)培养行业认同感和归属感 (2)培养职业道德和责任感 (3)树立工匠精神和爱国情怀
	熟悉建设工程监理的法律地位和责任	(1)工程监理的法律地位 (2)工程监理的法律责任	
建设工程监理相关制度	掌握项目法人责任制	(1)项目法人的设立 (2)项目法人的职权 (3)项目法人责任制与工程监理制的关系	
	熟悉招标投标制	(1)必须招标的工程项目 (2)招标投标制与工程监理制的关系	
	熟悉合同管理制	(1)工程项目合同体系 (2)合同管理制与工程监理制的关系	

　　自1988年我国建设工程监理制度实施以来,对加快建设管理方式向社会化、专业化方向发展,促进工程建设管理水平和投资效益的提高发挥了重要作用。建设工程监理制与项目法人责任制、招标投标制、合同管理制等共同构成了工程建设领域的重要管理制度体系。

1.1　建设工程监理概述

1.1.1　建设工程监理的含义及性质

1)建设工程监理的含义

　　建设工程监理是指工程监理单位受建设单位委托,根据法律法规、工程建设标准、勘察设计文件及合同,在施工阶段对建设工程质量、造价、进度进行控制,对合同、信息进行管理,对工程建设相关方的关系进行协调,并履行建设工程安全生产管理法定职责的服务活动。

建设单位(业主、项目法人)是工程监理任务的委托方,工程监理单位是监理任务的受托方。工程监理单位在建设单位的委托授权范围内从事专业化服务活动。与国际上一般的工程咨询服务不同,工程监理是一项具有中国特色的工程建设管理制度。目前的工程监理不仅定位于工程施工阶段,而且法律法规将工程质量、安全生产管理方面的责任赋予工程监理单位。

工程监理含义可从以下几方面理解:

(1)建设工程监理行为主体

《中华人民共和国建筑法》(2019年修正)(以下简称《建筑法》)第三十一条明确规定,实行监理的工程,由建设单位委托具有相应资质条件的工程监理单位实施监理。工程监理的行为主体是工程监理单位。

工程监理不同于政府主管部门的监督管理。后者属于行政性监督管理,其行为主体是政府主管部门。同样,建设单位自行管理、工程总承包单位或施工总承包单位对分包单位的监督管理都不是工程监理。

(2)建设工程监理实施前提

《建筑法》第三十一条明确规定,建设单位与其委托的工程监理单位应当以书面形式订立建设工程监理合同,即工程监理的实施需要建设单位的委托和授权。工程监理单位只有与建设单位以书面形式订立建设工程监理合同,明确监理工作的范围、内容、服务期限和酬金,以及双方义务、违约责任后,才能在规定的范围内实施监理。工程监理单位在委托监理的工程中拥有一定的管理权限,是建设单位授权的结果。

(3)建设工程监理实施依据

建设工程监理实施依据包括法律法规、工程建设标准、勘察设计文件及合同。

①法律法规。包括:《建筑法》《中华人民共和国民法典》第三编合同(以下简称《民法典》第三编合同)、《中华人民共和国安全生产法》(以下简称《安全生产法》)、《中华人民共和国招标投标法》(2017年修正)(以下简称《招标投标法》),《建设工程质量管理条例》《建设工程安全生产管理条例》《中华人民共和国招标投标法实施条例》(以下简称《招标投标实施条例》)等法律法规,以及地方性法规等。

②工程建设标准。包括有关工程技术标准、规范、规程及《建设工程监理规范》等。

③勘察设计文件及合同。包括批准的初步设计文件、施工图设计文件,建设工程监理合同以及与工程相关的施工合同、材料设备采购合同等。

(4)建设工程监理实施范围

建设工程监理定位于工程施工阶段,工程监理单位受建设单位委托,按照建设工程监理合同约定,在工程勘察、设计、保修等阶段提供的服务活动均为相关服务。工程监理单位可以拓展自身的经营范围,为建设单位提供投资决策综合性咨询、工程建设全过程咨询甚至全过程工程咨询。

(5)建设工程监理基本职责

工程监理单位的基本职责是在建设单位委托授权范围内,通过合同管理和信息管理,以及协调工程建设相关方关系,控制建设工程质量、造价和进度三大目标,即"三控两管一协调"。此外,还需履行建设工程安全生产管理的法定职责,这是《建设工程安全生产管理条例》赋予工程监理单位的社会责任。

2)建设工程监理性质

建设工程监理性质可概括为服务性、科学性、独立性和公平性四个方面。

(1)服务性

在工程建设中,工程监理人员利用自身的知识、技能和经验以及必要的试验、检测手段,为建设单位提供管理和技术服务。但不能完全取代建设单位的管理活动。工程监理单位不具有工程建设重大问题的决策权,只能在建设单位授权范围内采用规划、控制、协调等方法,控制建设工程质量、造价和进度,并履行建设工程安全生产管理的监理职责,协助建设单位在计划目标内完成工程建设任务。

(2)科学性

工程监理单位以协助建设单位实现其投资目的为己任,力求在计划目标内完成工程建设任务。由于工程建设规模日趋庞大,建设环境日益复杂,新技术、新工艺、新材料、新设备不断涌现,工程风险日渐增加,工程监理单位只有采用科学的思想、理论、方法和手段,才能驾驭工程建设过程中的管理工作。

为了满足建设工程监理实际工作需求,工程监理单位应由组织管理能力强、工程建设经验丰富的人员担任领导;应有足够数量的、有丰富管理经验和较强应变能力的监理工程师组成的骨干队伍;应有健全的管理制度、科学的管理方法和手段;应积累丰富的技术、经济资料和数据;应有科学的工作态度和严谨的工作作风,能够创造性地开展工作。

(3)独立性

《建设工程监理规范》(GB/T 50319—2013)明确要求,工程监理单位应公平、独立、诚信、科学地开展建设工程监理与相关服务活动。独立是工程监理单位公平实施监理的基本前提。为此,《建筑法》第三十四条规定,工程监理单位与被监理工程的承包单位以及建筑材料、建筑构配件和设备供应单位不得有隶属关系或者其他利害关系。

按照独立性要求,工程监理单位应严格按照法律法规、工程建设标准、勘察设计文件、建设工程监理合同及有关建设工程合同等实施监理。在建设工程监理工作过程中,必须建立项目监理机构,按照自身的工作计划和程序,根据自身的判断,采用科学的方法和手段,独立地开展工作。

(4)公平性

国际咨询工程师联合会(FIDIC)《土木工程施工合同条件》(红皮书)自1957年第一版发布以来,一直都保持一个重要原则,要求(咨询)工程师"公正"。我国工程监理制度建立初期,也曾把"公正"作为重要原则。然而,在FIDIC《土木工程施工合同条件》(1999年第1版)中,(咨询)工程师的公正性要求不复存在,而只要求"公平"(Fair)。(咨询)工程师不充当调解人或仲裁人的角色,只是接受业主委托负责进行施工合同管理。

公平性是建设工程监理行业能够长期生存和发展的基本职业道德准则。特别是当建设单位与施工单位发生利益冲突或矛盾时,工程监理单位应以事实为依据,以法律法规和有关合同为准绳,在维护建设单位合法权益的同时,不损害施工单位的合法权益。例如,在调解建设单位与施工单位之间争议,处理费用索赔和工程延期、进行工程款支付控制及结算时,应客观、公平地对待建设单位和施工单位。

1.1.2　建设工程监理的法律地位和责任

1) 工程监理的法律地位

(1) 明确了强制实施监理的工程范围

《建筑法》第三十条规定,国家推行建筑工程监理制度。国务院可以规定实行强制监理的建筑工程的范围。《建设工程质量管理条例》第十二条规定,五类工程必须实行监理,即:①国家重点建设工程;②大中型公用事业工程;③成片开发建设的住宅小区工程;④利用外国政府或者国际组织贷款、援助资金的工程;⑤国家规定必须实行监理的其他工程。

《建设工程监理范围和规模标准规定》(原建设部令第 86 号)又进一步细化了必须实行监理的工程范围和规模标准:

①国家重点建设工程。包括:

a.基础设施、基础产业和支柱产业中的大型项目;

b.高科技并能带动行业技术进步的项目;

c.跨地区并对全国经济发展或者区域经济发展有重大影响的项目;

d.对社会发展有重大影响的项目;

e.其他骨干项目。

②大中型公用事业工程。指项目总投资额在 3 000 万元以上的下列工程项目:

a.供水、供电、供气、供热等市政工程项目;

b.科技、教育、文化等项目;

c.体育、旅游、商业等项目;

d.卫生、社会福利等项目;

e.其他公用事业项目。

③成片开发建设的住宅小区工程。建筑面积在 5 万 m² 以上的住宅建设工程必须实行监理;5 万 m² 以下的住宅建设工程,可以实行监理,具体范围和规模标准由省、自治区、直辖市人民政府建设行政主管部门规定。

为了保证住宅质量,对高层住宅及地基、结构复杂的多层住宅应当实行监理。

④利用外国政府或者国际组织贷款、援助资金的工程。包括:

a.使用世界银行、亚洲开发银行等国际组织贷款资金的项目;

b.使用国外政府及其机构贷款资金的项目;

c.使用国际组织或者国外政府援助资金的项目。

⑤国家规定必须实行监理的其他工程。是指:

a.项目总投资额在 3 000 万元以上关系社会公共利益、公众安全的下列基础设施项目:

● 煤炭、石油、化工、天然气、电力、新能源等项目;

● 铁路、公路、管道、水运、民航以及其他交通运输业等项目;

● 邮政、电信枢纽、通信、信息网络等项目;

● 防洪、灌溉、排涝、发电、引(供)水、滩涂治理、水资源保护、水土保持等水利建设项目;

● 道路、桥梁、地铁和轻轨交通、污水排放及处理、垃圾处理、地下管道、公共停车场等城市基础设施项目;

● 生态环境保护项目;

- 其他基础设施项目。

b.学校、影剧院、体育场馆项目。

(2)明确了建设单位的委托职责

《建筑法》第三十一条规定:"实行监理的建筑工程,由建设单位委托具有相应资质条件的工程监理单位监理。建设单位与其委托的工程监理单位应当订立书面委托监理合同。"

《建设工程质量管理条例》第十二条规定:"实行监理的建设工程,建设单位应当委托具有相应资质等级的工程监理单位进行监理,也可以委托具有工程监理相应资质等级并与被监理工程的施工承包单位没有隶属关系或者其他利害关系的该工程的设计单位进行监理。"

(3)明确了工程监理单位的职责

《建筑法》第三十四条规定:"工程监理单位应当在其资质等级许可的监理范围内,承担工程监理业务。"《建设工程质量管理条例》第三十七条规定:"工程监理单位应当选派具备相应资格的总监理工程师和监理工程师进驻施工现场。""未经监理工程师签字,建筑材料、建筑构配件和设备不得在工程上使用或者安装,施工单位不得进行下一道工序的施工。未经总监理工程师签字,建设单位不拨付工程款,不进行竣工验收。"

《建设工程安全生产管理条例》第十四条规定:"工程监理单位应当审查施工组织设计中的安全技术措施或者专项施工方案是否符合工程建设强制性标准。""工程监理单位在实施监理过程中,发现存在安全事故隐患的,应当要求施工单位整改;情况严重的,应当要求施工单位暂时停止施工,并及时报告建设单位。施工单位拒不整改或者不停止施工的,工程监理单位应当及时向有关主管部门报告。"

(4)明确了工程监理人员的职责

《建筑法》第三十二条规定:"工程监理人员认为工程施工不符合工程设计要求、施工技术标准和合同约定的,有权要求建筑施工企业改正。""工程监理人员发现工程设计不符合建筑工程质量标准或者合同约定的质量要求的,应当报告建设单位要求设计单位改正。"

《建设工程质量管理条例》第三十八条规定:"监理工程师应当按照工程监理规范的要求,采取旁站、巡视和平行检验等形式,对建设工程实施监理。"

2)工程监理的法律责任

(1)工程监理单位的法律责任

《建筑法》第三十五条规定:"工程监理单位不按照委托监理合同的约定履行监理义务,对应当监督检查的项目不检查或者不按照规定检查,给建设单位造成损失的,应当承担相应的赔偿责任。"《建筑法》第六十九条规定:"工程监理单位与建设单位或者建筑施工企业串通,弄虚作假、降低工程质量的,责令改正,处以罚款,降低资质等级或者吊销资质证书;有违法所得的,予以没收;造成损失的,承担连带赔偿责任;构成犯罪的,依法追究刑事责任。""工程监理单位转让监理业务的,责令改正,没收违法所得,可以责令停业整顿,降低资质等级;情节严重的,吊销资质证书。"

《建设工程质量管理条例》第六十条和第六十一条规定,工程监理单位有下列行为的,责令停止违法行为或改正,处合同约定的监理酬金1倍以上2倍以下的罚款,可以责令停业整顿,降低资质等级;情节严重的,吊销资质证书:

①超越本单位资质等级承揽工程的;

②允许其他单位或者个人以本单位名义承揽工程的。

　　《建设工程质量管理条例》第六十二条规定："工程监理单位转让工程监理业务的,责令改正,没收违法所得,处合同约定的监理酬金25%以上50%以下的罚款;可以责令停业整顿,降低资质等级;情节严重的,吊销资质证书。"

　　《建设工程质量管理条例》第六十七条规定："工程监理单位有下列行为之一的,责令改正,处50万元以上100万元以下的罚款,降低资质等级或者吊销资质证书;有违法所得的,予以没收;造成损失的,承担连带赔偿责任:

　　①与建设单位或者施工单位串通,弄虚作假、降低工程质量的;

　　②将不合格的建设工程、建筑材料、建筑构配件和设备按照合格签字的。"

　　《建设工程质量管理条例》第六十八条规定："工程监理单位与被监理工程的施工承包单位以及建筑材料、建筑构配件和设备供应单位有隶属关系或者其他利害关系承担该项建设工程的监理业务的,责令改正,处5万元以上10万元以下的罚款,降低资质等级或者吊销资质证书;有违法所得的,予以没收。"

　　《建设工程安全生产管理条例》第五十七条规定："工程监理单位有下列行为之一的,责令限期改正;逾期未改正的,责令停业整顿,并处10万元以上30万元以下的罚款;情节严重的,降低资质等级,直至吊销资质证书;造成重大安全事故,构成犯罪的,对直接责任人员,依照刑法有关规定追究刑事责任;造成损失的,依法承担赔偿责任:

　　①未对施工组织设计中的安全技术措施或者专项施工方案进行审查的;

　　②发现安全事故隐患未及时要求施工单位整改或者暂时停止施工的;

　　③施工单位拒不整改或者不停止施工,未及时向有关主管部门报告的;

　　④未依照法律、法规和工程建设强制性标准实施监理的。"

　　《中华人民共和国刑法》(以下简称《刑法》)第一百三十七条规定："工程监理单位违反国家规定,降低工程质量标准,造成重大安全事故的,对直接责任人员,处五年以下有期徒刑或者拘役,并处罚金;后果特别严重的,处五年以上十年以下有期徒刑,并处罚金。"

　　(2)监理工程师的法律责任

　　工程监理单位是订立工程监理合同的当事人。监理工程师一般受聘于工程监理单位,代表工程监理单位从事建设工程监理工作。工程监理单位在履行工程监理合同时,是由具体的监理工程师实现的,因此,如果监理工程师出现工作过错,其行为将被视为工程监理单位违约,应承担相应的违约责任。工程监理单位在承担违约赔偿责任后,有权在企业内部向有过错行为的监理工程师追偿损失。因此,由监理工程师个人过失引发的合同违约行为,监理工程师必然要与工程监理单位承担一定的连带责任。

　　《建设工程质量管理条例》第七十二条规定："监理工程师因过错造成质量事故的,责令停止执业1年;造成重大质量事故的,吊销执业资格证书,5年以内不予注册;情节特别恶劣的,终身不予注册。"《建设工程质量管理条例》第七十四条规定："工程监理单位违反国家规定,降低工程质量标准,造成重大安全事故,构成犯罪的,对直接责任人员依法追究刑事责任。"

　　《建设工程安全生产管理条例》第五十八条规定："注册执行人员未执行法律、法规和工程建设强制性标准的,责令停止执业3个月以上1年以下;情节严重的,吊销执业资格证书,5年内不予注册;造成重大安全事故的,终身不予注册;构成犯罪的,依照刑法有关规定追究刑事责任。"

1.2　建设工程监理的相关制度

我国工程建设应实行项目法人责任制、招标投标制和合同管理制。这些制度相互关联、相互支持,共同构成了我国工程建设管理基本制度。

1.2.1　项目法人责任制

为了建立投资约束机制,规范建设单位行为,对于经营性政府投资工程需实行项目法人责任制,由项目法人对项目的策划、资金筹措、建设实施、生产经营、债务偿还和资产的保值增值,实行全过程负责。项目法人责任制的核心内容是明确由项目法人承担投资风险,项目法人要对工程项目的建设及建成后的生产经营实行"一条龙"管理和全面负责。

1) 项目法人的设立

新建项目在项目建议书被批准后,应由项目投资方派代表组成项目法人筹备组,具体负责项目法人的筹建工作。有关单位在申报项目可行性研究报告时,须同时提出项目法人的组建方案,否则,其可行性研究报告将不予审批。在项目可行性研究报告被批准后,应正式成立项目法人。按有关规定确保资金按时到位,并及时办理公司设立登记。项目公司可以是有限责任公司(包括国有独资公司),也可以是股份有限公司。

由原有企业负责建设的大中型基建项目,需新设立子公司的,要重新设立项目法人;只设分公司或分厂的,原企业法人即是项目法人,原企业法人应向分公司或分厂派遣专职管理人员,并实行专项考核。

2) 项目法人的职权

(1) 项目董事会的职权

建设项目董事会的职权有:负责筹措建设资金;审核、上报项目初步设计和概算文件;审核、上报年度投资计划并落实年度资金;提出项目开工报告;研究解决建设过程中出现的重大问题;负责提出项目竣工验收申请报告;审定偿还债务计划和生产经营方针,并负责按时偿还债务;聘任或解聘项目总经理,并根据总经理的提名,聘任或解聘其他高级管理人员。

(2) 项目总经理的职权

项目总经理的职权有:组织编制项目初步设计文件,对项目工艺流程、设备选型、建设标准、总图布置提出意见,提交项目董事会审查;组织工程设计、施工监理、施工队伍和设备材料采购的招标工作,编制和确定招标方案、标底和评标标准,评选和确定投标、中标单位;编制并组织实施项目年度投资计划、用款计划、建设进度计划;编制项目财务预算、决算;编制并组织实施归还贷款和其他债务计划;组织工程建设实施,负责控制工程投资、工期和质量;在项目建设过程中,在批准的概算范围内对单项工程的设计进行局部调整(凡引起生产性质、能力、产品品种和标准变化的设计调整以及概算调整,需经项目董事会决定并报原审批单位批准);根据项目董事会授权,处理项目实施中的重大紧急事件,并及时向项目董事会报告;负责生产准备工作和培训有关人员;负责组织项目试生产和单项工程预验收;拟订生产经营计划、企业内部机构设置、劳动定员定额方案及工资福利方案;组织项目后评价,提出项目后评价报告;按时向有关部门报送项目建设、生产信息和统计资料;提请项目董事会聘任或解聘项目高级管理人员。

3）项目法人责任制与工程监理制的关系

①项目法人责任制是实行工程监理制的必要条件。项目法人责任制的核心是落实"谁投资，谁决策，谁承担风险"的基本原则。实行项目法人责任制，必然使项目法人面临一个重要问题：如何做好投资决策和风险承担。项目法人为了切实承担其职责，必然需要社会化、专业化机构为其提供服务。这种需求为工程监理的发展提供了坚实基础。

②工程监理制是实行项目法人责任制的基本保障。实行工程监理制，项目法人可以依据自身需求和有关规定委托监理，在工程监理单位的协助下，进行建设工程质量、造价、进度目标的有效控制，从而为在计划目标内完成工程建设提供了基本保证。

1.2.2　招标投标制

为了保护国家利益、社会公共利益，提高经济效益，保证工程项目质量，《招标投标法》规定，在中华人民共和国境内进行下列工程建设项目的勘察、设计、施工、监理以及与工程建设有关的重要设备、材料等的采购，必须进行招标：①大型基础设施、公用事业等关系社会公共利益、公众安全的项目；②全部或者部分使用国有资金投资或者国家融资的项目；③使用国际组织或者外国政府贷款、援助资金的项目。

1）必须招标的工程范围

国家发展改革委相关文件明确了必须招标的工程范围。

（1）必须招标的工程项目

根据《必须招标的工程项目规定》（国家发展和改革委员会令第16号），下列工程必须招标：

①全部或者部分使用国有资金投资或者国家融资的项目包括：

a.使用预算资金200万元人民币以上，且该资金占投资额10%以上的项目；

b.使用国有企业事业单位资金，且该资金占控股或者主导地位的项目。

②使用国际组织或者外国政府贷款、援助资金的项目包括：

a.使用世界银行、亚洲开发银行等国际组织贷款、援助资金的项目；

b.使用外国政府及其机构贷款、援助资金的项目。

（2）必须招标的基础设施和公用事业项目

根据《必须招标的基础设施和公用事业项目范围规定》（发改法规〔2018〕843号），不属于《必须招标的工程项目规定》第二条、第三条规定情形的大型基础设施、公用事业等关系社会公共利益、公众安全的项目，必须招标的具体范围包括：

①煤炭、石油、天然气、电力、新能源等能源基础设施项目；

②铁路、公路、管道、水运，以及公共航空和A1级通用机场等交通运输基础设施项目；

③电信枢纽、通信信息网络等通信基础设施项目；

④防洪、灌溉、排涝、引（供）水等水利基础设施项目；

⑤城市轨道交通等城建项目。

（3）必须招标的单项合同估算价标准

根据《必须招标的工程项目规定》（国家发展改革委令第16号），对于上述（1）（2）规定范围内的项目，其勘察、设计、施工、监理以及与工程建设有关的重要设备、材料等的采购达到下列标准之一的，必须招标：

①施工单项合同估算价在 400 万元人民币以上;

②重要设备、材料等货物的采购,单项合同估算价在 200 万元人民币以上;

③勘察、设计、监理等服务的采购,单项合同估算价在 100 万元人民币以上。

同一项目中可以合并进行的勘察、设计、施工、监理以及与工程建设有关的重要设备、材料等的采购,合同估算价合计达到上述规定标准的,必须招标。

(4)必须招标的工程总承包项目

发包人依法对工程以及与工程建设有关的货物、服务全部或者部分实行总承包发包的,总承包中施工、货物、服务等各部分的估算价中,只要有一项达到相应标准,即:施工部分估算价达到 400 万元以上,或者货物部分达到 200 万元以上,或者服务部分达到 100 万元以上,则整个总承包发包应当招标。

2)招标投标制与工程监理制的关系

①招标投标制是实行工程监理制的重要保证。对于法律法规规定必须招标的监理项目,建设单位需要按规定采用招标方式选择工程监理单位。工程监理招标,有利于建设单位优选高水平工程监理单位,确保工程监理效果。

②工程监理制是落实招标投标制的重要手段。实行工程监理制,建设单位可以通过委托工程监理单位做好招标工作,更好地选择施工单位和材料设备供应单位。

1.2.3 合同管理制

《民法典》第三编合同,明确了合同的订立、效力、履行、变更与转让、终止、违约责任等有关内容以及包括建设工程合同、委托合同在内的 19 类典型合同,为实行合同管理制提供了重要的法律依据。

1)工程项目合同体系

在工程项目合同体系中,建设单位和施工单位是两个最主要的节点。

①建设单位的主要合同关系。为实现工程项目总目标,建设单位可通过签订合同将工程项目有关活动委托给相应的专业承包单位或专业服务机构,相应的合同有:工程承包(总承包、施工承包)合同、工程勘察合同、工程设计合同、材料设备采购合同、工程咨询(可行性研究、技术咨询、造价咨询)合同、工程监理合同、工程项目管理服务合同、工程保险合同、贷款合同等。

②施工单位的主要合同关系。施工单位作为工程承包合同的履行者,也可通过签订合同将工程承包合同中所确定的工程设计、施工、材料设备采购等部分任务委托给其他相关单位完成。相应的合同有:工程分包合同、材料设备采购合同、运输合同、加工合同、租赁合同、劳务分包合同、保险合同等。

2)合同管理制与工程监理制的关系

①合同管理制是实行工程监理制的重要保证。建设单位委托监理时,需要与工程监理单位建立合同关系,明确双方的义务和责任。工程监理单位实施监理时,需要通过合同管理控制工程质量、造价和进度目标。合同管理制的实施,为工程监理单位开展合同管理工作提供了法律和制度支持。

②工程监理制是落实合同管理制的重要保障。实行工程监理制,建设单位可以通过委托工程监理单位做好合同管理工作,更好地实现建设工程项目的目标。

思考题

1.简述对建设工程监理的理解。

2.简述必须招标的工程项目。

3.简述必须招标的单项合同估算价标准。

4.简述必须实行监理的工程。

5.体现建设工程监理法律地位的有哪些方面？

6.简述现阶段我国建设工程监理的特点。

7.建设工程监理有哪些作用？

第 2 章
建设工程监理的相关法律法规及标准

知识点	能力要求	相关知识	素质目标
建设工程监理相关法律及行政法规	熟悉相关法律	(1)《建筑法》主要内容 (2)《招标投标法》主要内容 (3)《安全生产法》主要内容	(1)培养学生的"法治思维",学法、懂法、守法 (2)强化学生的规则意识,不断提高运用法治思维和法治方式的能力 (3)培养辩证思维模式和遵纪守法习惯 (4)体会社会主义制度优越性
	熟悉行政法规	(1)《建设工程质量管理条例》和《建设工程安全生产管理条例》相关内容 (2)《生产安全事故报告和调查处理条例》相关内容	
建设工程监理规范	掌握《建设工程监理规范》	(1)总则、术语 (2)项目监理机构及其设施 (3)监理规划及监理实施细则	
	掌握建设工程监理核心工作	(1)工程质量、造价、进度控制及安全生产管理的监理工作 (2)工程变更、索赔及施工合同争议处理	
	了解设备采购、监造及相关服务	设备采购与设备监造相关服务	

2.1 建设工程监理相关法律及行政法规

2.1.1 相关法律

1)《建筑法》主要内容

《建筑法》是以建筑市场管理为中心,以建筑工程质量和安全管理为重点,主要包括建筑许可、建筑工程发包与承包、建筑工程监理、建筑安全生产管理和建筑工程质量管理等方面内容。

（1）建筑许可

建筑许可包括建筑工程施工许可和从业资格两方面。

①建筑工程施工许可。建筑工程施工许可是建设行政主管部门根据建设单位的申请，依法对建筑工程所应具备的施工条件进行审查，对符合规定条件者准许其开始施工并颁发施工许可证的一种管理制度。

A.施工许可证的申领。建筑工程开工前，建设单位应当按照国家有关规定向工程所在地县级以上人民政府建设主管部门申请、领取施工许可证。按照国务院规定的权限和程序批准开工报告的建筑工程，不再领取施工许可证。

B.施工许可证有效期。

a.建设单位应当自领取施工许可证之日起3个月内开工。因故不能按期开工的，应当向发证机关申请延期；延期以两次为限，每次不超过3个月。既不开工又不申请延期或者超过延期时限的，施工许可证自行废止。

b.在建的建筑工程因故中止施工的，建设单位应当自中止施工之日起1个月内，向发证机关报告，并按照规定做好建筑工程的维护管理工作。建筑工程恢复施工时，应当向发证机关报告。中止施工满1年的工程恢复施工前，建设单位应当报发证机关核验施工许可证。

②从业资格。从业资格包括工程建设参与单位资质和专业技术人员执业资格两方面。

a.工程建设参与单位资质要求。从事建筑活动的建筑施工企业、勘察单位、设计单位和工程监理单位，按照其拥有的注册资本、专业技术人员、技术装备和已完成的建筑工程业绩等资质条件，划分为不同的资质等级，经资质审查合格，取得相应等级的资质证书后，方可在其资质等级许可的范围内从事建筑活动。

b.专业技术人员执业资格要求。从事建筑活动的专业技术人员，应当依法取得相应的执业资格证书，并在执业资格证书许可的范围内从事建筑活动。如建筑师、监理工程师、造价工程师、建造师等。

（2）建筑工程发包与承包

①建筑工程发包。建筑工程实行招标发包的，发包单位应当将建筑工程发包给依法中标的承包单位。建筑工程实行直接发包的，发包单位应当将建筑工程发包给具有相应资质条件的承包单位。

提倡对建筑工程实行总承包，禁止将建筑工程肢解发包。建筑工程的发包单位可以将建筑工程的勘察、设计、施工、设备采购一并发包给一个工程总承包单位，也可以将建筑工程勘察、设计、施工、设备采购的一项或者多项发包给一个工程总承包单位；但是，不得将应当由一个承包单位完成的建筑工程肢解成若干部分发包给几个承包单位。

按照合同约定，建筑材料、建筑构配件和设备由工程承包单位采购的，发包单位不得指定承包单位购入用于工程的建筑材料、建筑构配件和设备或者指定生产厂、供应商。

②建筑工程承包。承包建筑工程的单位应当持有依法取得的资质证书，并在其资质等级许可的业务范围内承揽工程。禁止建筑施工企业超越本企业资质等级许可的业务范围或者以任何形式用其他建筑施工企业的名义承揽工程。禁止建筑施工企业以任何形式允许其他单位或者个人使用本企业的资质证书、营业执照，以本企业的名义承揽工程。

a.联合体承包。大型建筑工程或者结构复杂的建筑工程,可以由两个以上的承包单位联合共同承包。两个以上不同资质等级的单位实行联合共同承包的,应当按照资质等级低的单位的业务许可范围承包工程。共同承包的各方对承包合同的履行承担连带责任。

b.禁止转包。禁止承包单位将其承包的全部建筑工程转包给他人,禁止承包单位将其承包的全部建筑工程肢解以后以分包的名义分别转包给他人。

c.分包。建筑工程总承包单位可以将承包工程中的部分工程发包给具有相应资质条件的分包单位;但是,除总承包合同中约定的分包外,必须经建设单位认可。施工总承包的,建筑工程主体结构的施工必须由总承包单位自行完成。建筑工程总承包单位按照总承包合同的约定对建设单位负责;分包单位按照分包合同的约定对总承包单位负责。总承包单位和分包单位就分包工程对建设单位承担连带责任。禁止总承包单位将工程分包给不具备相应资质条件的单位。禁止分包单位将其承包的工程再分包。

(3)建筑安全生产管理

建筑工程安全生产管理必须坚持安全第一、预防为主的方针,建立健全安全生产责任制度和群防群治制度。

①建设单位的安全生产管理。建设单位应当向建筑施工企业提供与施工现场相关的地下管线资料,建筑施工企业应当采取措施加以保护。

②建筑施工企业的安全生产管理。建筑施工企业必须依法加强对建筑安全生产的管理,执行安全生产责任制度,采取有效措施,防止伤亡和其他安全生产事故的发生。

a.施工现场安全管理。施工现场安全由建筑施工企业负责。实行施工总承包的,由总承包单位负责。分包单位向总承包单位负责,服从总承包单位对施工现场的安全生产管理。

b.安全生产教育培训。建筑施工企业应当建立健全劳动安全生产教育培训制度,加强对职工安全生产的教育培训;未经安全生产教育培训的人员,不得上岗作业。

c.安全生产防护。在施工过程中,建筑施工企业和作业人员,应当遵守有关安全生产的法律法规和建筑行业安全规章、规程,不得违章指挥或者违章作业。作业人员有权对影响人身健康的作业程序和作业条件提出改进意见,有权获得安全生产所需的防护用品。作业人员有权对危及生命安全和人身健康的行为提出批评、检举和控告。

d.工伤保险和意外伤害保险。建筑施工企业应当依法为职工参加工伤保险、缴纳工伤保险费。鼓励企业为从事危险作业的职工办理意外伤害保险,支付保险费。

e.装修工程施工安全。涉及建筑主体和承重结构变动的装修工程,建设单位应当在施工前委托原设计单位或者具有相应资质条件的设计单位提出设计方案;没有设计方案的,不得施工。

f.房屋拆除安全。房屋拆除应当由具备保证安全条件的建筑施工单位承担,由建筑施工单位负责人对安全负责。

g.施工安全事故处理。施工中发生事故时,建筑施工企业应当采取紧急措施减少人员伤亡和事故损失,并按照国家有关规定及时向有关部门报告。

(4)建筑工程质量管理

国家对从事建筑活动的单位推行质量体系认证制度。从事建筑活动的单位根据自愿原则可以向国务院产品质量监督管理部门或者国务院产品质量监督管理部门授权的部门认可的认证机构申请质量体系认证。经认证合格的,由认证机构颁发质量体系认证证书。

建筑工程实行总承包的,工程质量由工程总承包单位负责,总承包单位将建筑工程分包给其他单位的,应当对分包工程的质量与分包单位承担连带责任。分包单位应当接受总承包单位的质量管理。

①建设单位的工程质量管理。建设单位不得以任何理由,要求建筑设计单位或者建筑施工企业在工程设计或者施工作业中,违反法律、行政法规和建筑工程质量、安全标准,降低工程质量。

②勘察、设计单位的工程质量管理。建筑工程的勘察、设计单位必须对其勘察、设计的质量负责。勘察、设计文件应当符合有关法律、行政法规的规定和建筑工程质量、安全标准、建筑工程勘察、设计技术规范以及合同的约定。设计文件选用的建筑材料、建筑构配件和设备,应当注明其规格、型号、性能等技术指标,其质量要求必须符合国家规定的标准。

建筑设计单位对设计文件选用的建筑材料、建筑构配件和设备,不得指定生产厂、供应商。

③施工单位的工程质量管理。建筑施工企业对工程的施工质量负责。建筑施工企业必须按照工程设计图纸和施工技术标准施工,不得偷工减料。工程设计的修改由原设计单位负责,建筑施工企业不得擅自修改工程设计。

建筑施工企业必须按照工程设计要求、施工技术标准和合同的约定,对建筑材料、建筑构配件和设备进行检验,不合格的不得使用。

建筑工程竣工时,屋顶、墙面不得留有渗漏、开裂等质量缺陷;对已发现的质量缺陷,建筑施工企业应当修复。

2)《招标投标法》主要内容

《招标投标法》围绕招标和投标活动的各个环节,明确了招标方式、招标投标程序及有关各方的职责和义务,主要包括招标、投标、开标、评标和中标等方面内容。

任何单位和个人不得将依法必须进行招标的项目化整为零或者以其他任何方式规避招标。依法必须进行招标的项目,其招标投标活动不受地区或者部门的限制。任何单位和个人不得违法限制或者排斥本地区、本系统以外的法人或者其他组织参加投标,不得以任何方式非法干涉招标投标活动。

(1)招标

①招标方式。招标分为公开招标和邀请招标两种方式。公开招标是指招标人以招标公告的方式邀请不特定的法人或者其他组织投标。邀请招标是指招标人以投标邀请书的方式邀请特定的法人或者其他组织投标。

招标公告或投标邀请书应当载明招标人的名称和地址,招标项目的性质、数量、实施地点和时间,以及获取招标文件的办法等事项。招标人不得以不合理的条件限制或者排斥潜在投标人,不得对潜在投标人实行歧视待遇。

②招标文件。招标人应当根据招标项目的特点和需要编制招标文件。招标文件应当包括招标项目的技术要求、对投标人资格审查的标准、投标报价要求和评标标准等所有实质性要求和条件以及拟签订合同的主要条款。招标项目需要划分标段、确定工期的,招标人应当合理划分标段、确定工期,并在招标文件中载明。

招标文件不得要求或者标明特定的生产供应者以及含有倾向或者排斥潜在投标人的其他内容。招标人不得向他人透露已获取招标文件的潜在投标人的名称、数量及可能影响公平竞争的有关招标投标的其他情况。

招标人对已发出的招标文件进行必要的澄清或者修改的,应当在招标文件要求提交投标文件截止时间至少 15 日前,以书面形式通知所有招标文件收受人。该澄清或者修改的内容为招标文件的组成部分。

③其他规定。招标人根据招标项目的具体情况,可以组织潜在投标人踏勘项目现场。招标人设有标底的,标底必须保密。招标人应当确定投标人编制投标文件所需要的合理时间。依法必须进行招标的项目,自招标文件开始发出之日起至投标人提交投标文件截止之日止,最短不得少于 20 日。

(2)投标

投标人应当具备承担招标项目的能力。国家有关规定对投标人资格条件或者招标文件对投标人资格条件有规定的,投标人应当具备规定的资格条件。

①投标文件。

a.投标文件的内容。投标人应当按照招标文件的要求编制投标文件。投标文件应当对招标文件提出的实质性要求和条件作出响应。建设施工项目的投标文件应当包括拟派出的项目负责人与主要技术人员的简历、业绩和拟用于完成招标项目的机械设备等内容。

根据招标文件载明的项目实际情况,投标人拟在中标后将中标项目的部分非主体、非关键工程进行分包的,应当在投标文件中载明。投标人在招标文件要求提交投标文件的截止时间前,可以补充、修改或者撤回已提交的投标文件,并书面通知招标人。补充、修改的内容为投标文件的组成部分。

b.投标文件的送达。投标人应当在招标文件要求提交投标文件的截止时间前,将投标文件送达投标地点。招标人收到投标文件后,应当签收保存,不得开启。投标人少于 3 个的,招标人应当依照《招标投标法》重新招标。

在招标文件要求提交投标文件的截止时间后送达的投标文件,招标人应当拒收。

②联合投标。两个以上法人或者其他组织可以组成一个联合体,以一个投标人的身份共同投标。联合体各方均应具备承担招标项目的相应能力。国家有关规定或者招标文件对投标人资格条件有规定的,联合体各方均应当具备规定的相应资格条件。由同一专业的单位组成的联合体,按照资质等级较低的单位确定资质等级。

联合体各方应当签订共同投标协议,明确约定各方拟承担的工作和责任,并将共同投标协议连同投标文件一并提交给招标人。联合体中标的,联合体各方应当共同与招标人签订合同,就中标项目向招标人承担连带责任。

招标人不得强制投标人组成联合体共同投标,不得限制投标人之间的竞争。

③其他规定。投标人不得相互串通投标报价,不得排挤其他投标人的公平竞争、损害招标人或其他投标人的合法权益。投标人不得与招标人串通投标,损害国家利益、社会公共利益或者他人的合法权益。投标人不得以低于成本的报价竞标,也不得以他人名义投标或者以其他方式弄虚作假,骗取中标。禁止投标人以向招标人或评标委员会成员行贿的手段谋取中标。

(3)开标、评标和中标

①开标。开标应当在招标人主持下,在招标文件确定的提交投标文件截止时间的同一时间公开进行。开标地点应当为招标文件中预先确定的地点。开标应邀请所有投标人参加。开标时,由投标人或者其推选的代表检查投标文件的密封情况,也可以由招标人委托的公证

机构检查并公证。经确认无误后,由工作人员当众拆封,宣读投标人名称、投标价格和投标文件的其他主要内容。

招标人在招标文件要求提交投标文件的截止时间前收到的所有投标文件,开标时都应当当众予以拆封、宣读。开标过程应当记录,并存档备查。

②评标。评标由招标人依法组建的评标委员会负责。

A.评标委员会的组成。依法必须进行招标的项目,其评标委员会由招标人的代表和有关技术、经济等方面的专家组成,成员人数为 5 人以上单数。其中,技术、经济等方面的专家不得少于成员总数的 2/3。评标委员会的专家成员应当从事相关领域工作满 8 年并具有高级职称或者具有同等专业水平,由招标人从国务院有关部门或者省、自治区、直辖市人民政府有关部门提供的专家名册或者招标代理机构的专家库内的相关专业的专家名单中确定。一般招标项目可以采取随机抽取方式,特殊招标项目可以由招标人直接确定。

与投标人有利害关系的人不得进入相关项目的评标委员会,已经进入的应当进行更换。评标委员会成员的名单在中标结果确定前应当保密。

B.投标文件的澄清或者说明。评标委员会可以要求投标人对投标文件中含义不明确的内容作必要的澄清或者说明,但澄清或者说明不得超出投标文件的范围或改变投标文件的实质性内容。

C.评标保密与中标条件。招标人应当采取必要的措施,保证评标在严格保密的情况下进行。评标委员会应当按照招标文件确定的评标标准和方法,对投标文件进行评审和比较。中标人的投标应当符合下列条件之一:

a.能够最大限度地满足招标文件中规定的各项综合评价标准;

b.能够满足招标文件的实质性要求,并且经评审的投标价格最低。但是,投标价格低于成本的除外。

评标委员会经评审,认为所有投标都不符合招标文件要求的,可以否决所有投标。

评标委员会完成评标后,应当向招标人提出书面评标报告,并推荐合格的中标候选人。招标人据此确定中标人。招标人也可以授权评标委员会直接确定中标人。在确定中标人前,招标人不得与投标人就投标价格、投标方案等实质性内容进行谈判。

③中标。确定中标人后,招标人应当向中标人发出中标通知书,并同时将中标结果通知所有未中标的投标人。中标通知书对招标人和中标人具有法律效力,中标通知书发出后,招标人改变中标结果或者中标人放弃中标项目的,应当依法承担法律责任。

招标人和中标人应当自中标通知书发出之日起 30 日内,按照招标文件和中标人的投标文件订立书面合同。招标人和中标人不得再订立背离合同实质性内容的其他协议。

招标文件要求中标人提交履约保证金的,中标人应当提交。依法必须进行招标的项目,招标人应当自确定中标人之日起 15 日内,向有关行政监督部门提交招标投标情况的书面报告。

3)《安全生产法》主要内容

《安全生产法》强调建立生产经营单位负责、职工参与、政府监管、行业自律和社会监督的安全生产管理机制,要求树牢安全发展理念,坚持安全第一、预防为主、综合治理的方针,从源头上防范化解重大安全风险。《安全生产法》主要包括:生产经营单位的安全生产保障、从业人员的安全生产权利义务、安全生产的监督管理、生产安全事故的应急救援与调查处理等方面内容。

(1)生产经营单位的安全生产保障

生产经营单位应当具备相关法律、行政法规和国家标准或者行业标准规定的安全生产条件;不具备安全生产条件的,不得从事生产经营活动。

①生产经营单位的主要负责人对本单位安全生产工作的职责。包括:a.建立健全本单位全员安全生产责任制,加强安全生产标准化建设;b.组织制订并实施本单位安全生产规章制度和操作规程;c.组织制订并实施本单位安全生产教育和培训计划;d.保证本单位安全生产投入的有效实施;e.组织建立并落实安全风险分级管控和隐患排查治理双重预防工作机制,督促、检查本单位的安全生产工作,及时消除生产安全事故隐患;f.组织制订并实施本单位的生产安全事故应急救援预案;g.及时、如实地报告生产安全事故。

②生产经营单位的安全生产管理机构及安全生产管理人员职责。矿山、金属冶炼、建筑施工、运输单位和危险物品的生产、经营、储存、装卸单位,应当设置安全生产管理机构或者配备专职安全生产管理人员。上述单位以外的其他生产经营单位,从业人员超过100人的,应当设置安全生产管理机构或者配备专职安全生产管理人员;从业人员在100人以下的,应当配备专职或者兼职的安全生产管理人员。

生产经营单位的安全生产管理机构及安全生产管理人员履行下列职责:a.组织或参与拟订本单位安全生产规章制度、操作规程和生产安全事故应急救援预案;b.组织或参与本单位安全生产教育和培训,如实记录安全生产教育和培训情况;c.组织开展危险源辨识和评估,督促落实本单位重大危险源的安全管理措施;d.组织或参与本单位应急救援演练;e.检查本单位的安全生产状况,及时排查生产安全事故隐患,提出改进安全生产管理的建议;f.制止和纠正违章指挥、强令冒险作业、违反操作规程的行为;g.督促落实本单位安全生产整改措施。

生产经营单位可以设置专职安全生产分管负责人,协助本单位主要负责人履行安全生产管理职责。

③安全生产教育和培训。生产经营单位应当对从业人员进行安全生产教育和培训,保证从业人员具备必要的安全生产知识,熟悉有关的安全生产规章制度和安全操作规程,掌握本岗位的安全操作技能,了解事故应急处理措施,知悉自身在安全生产方面的权利和义务。未经安全生产教育和培训合格的从业人员,不得上岗作业。

④安全风险分级管控及事故隐患排查治理制度。生产经营单位应当建立安全风险分级管控制度,按照安全风险分级采取相应的管控措施。生产经营单位应当建立健全并落实生产安全事故隐患排查治理制度,采取技术、管理措施,及时发现并消除事故隐患。事故隐患排查治理情况应当如实记录,并通过职工大会或者职工代表大会、信息公示栏等方式向从业人员通报。其中,重大事故隐患排查治理情况应当及时向负有安全生产监督管理职责的部门和职工大会或者职工代表大会报告。

⑤生产经营单位投保责任。生产经营单位必须依法参加工伤保险,为从业人员缴纳保险费。国家鼓励生产经营单位投保安全生产责任保险;属于国家规定的高危行业、领域的生产经营单位,应当投保安全生产责任保险。

(2)从业人员的安全生产权利义务

①生产经营单位的从业人员有权了解其作业场所和工作岗位存在的危险因素、防范措施及事故应急措施,有权对本单位的安全生产工作提出建议。

②从业人员有权对本单位安全生产工作中存在的问题提出批评、检举、控告;有权拒绝违

章指挥和强令冒险作业。

③从业人员发现直接危及人身安全的紧急情况时,有权停止作业或者在采取可能的应急措施后撤离作业场所。

④因生产安全事故受到损害的从业人员,除依法享有工伤保险外,依照有关民事法律尚有获得赔偿权利的,有权提出赔偿要求。

⑤从业人员在作业过程中,应当严格落实岗位安全责任,遵守本单位的安全生产规章制度和操作规程,服从管理,正确佩戴和使用劳动防护用品。

⑥从业人员应当接受安全生产教育和培训,掌握本职工作所需的安全生产知识,提高安全生产技能,增强事故预防和应急处理能力。

⑦从业人员发现事故隐患或者其他不安全因素时,应当立即向现场安全生产管理人员或者本单位负责人报告;接到报告的人员应当及时予以处理。

(3)安全生产的监督管理

应急管理部门应当按照分类分级监督管理的要求,制订安全生产年度监督检查计划,并按照年度监督检查计划进行监督检查,发现事故隐患,应及时处理。

生产经营单位对负有安全生产监督管理职责部门的监督检查人员依法履行监督检查职责,应当予以配合,不得拒绝、阻挠。

(4)生产安全事故的应急救援与调查处理

①应急救援。县级以上地方各级人民政府应当组织有关部门制订本行政区域内生产安全事故应急救援预案,建立应急救援体系。生产经营单位应当制订本单位生产安全事故应急救援预案,与所在地县级以上地方人民政府组织制订的生产安全事故应急救援预案相衔接,并定期组织演练。

危险物品的生产、经营、储存单位及矿山、金属冶炼、城市轨道交通运营、建筑施工单位应当建立应急救援组织;生产经营规模较小的,可以不建立应急救援组织,但应当指定兼职的应急救援人员。这些单位应当配备必要的应急救援器材、设备和物资,并进行经常性维护、保养,保证正常运转。

②事故报告与调查处理。生产经营单位发生生产安全事故后,事故现场有关人员应当立即报告本单位负责人。单位负责人接到事故报告后,应当迅速采取有效措施,组织抢救,防止事故扩大,减少人员伤亡和财产损失,并按照国家有关规定立即如实报告当地负有安全生产监督管理职责的部门,不得隐瞒不报、谎报或者迟报,不得故意破坏事故现场、毁灭有关证据。

事故调查处理应当按照科学严谨、依法依规、实事求是、注重实效的原则,及时、准确地查清事故原因,查明事故性质和责任,评估应急处置工作,总结事故教训,提出整改措施,并对事故责任单位和个人提出处理建议。事故调查报告应当依法及时向社会公布。

事故发生单位应当及时全面落实整改措施,负有安全生产监督管理职责的部门应当加强监督检查。

2.1.2　行政法规

建设工程行政法规是指由国务院通过的规范工程建设活动的规范性文件,以国务院令形式予以公布。与建设工程监理密切相关的行政法规有:《建设工程质量管理条例》《建设工程安全生产管理条例》《生产安全事故报告和调查处理条例》和《招标投标法实施条例》等。

1)《建设工程质量管理条例》相关内容

为了加强对建设工程质量的管理,保证建设工程质量,《建设工程质量管理条例》明确了建设单位、勘察单位、设计单位、施工单位、工程监理单位的质量责任和义务,以及工程质量保修期限。

(1)建设单位的质量责任和义务

①工程发包。建设单位应当将工程发包给具有相应资质等级的单位。建设单位不得将建设工程肢解发包。

建设单位应当依法对工程建设项目的勘察、设计、施工、监理以及与工程建设有关的重要设备、材料等的采购进行招标。不得迫使承包方以低于成本的价格竞标,不得任意压缩合理工期;不得明示或者暗示设计单位或者施工单位违反工程建设强制性标准,降低建设工程质量。

建设单位必须向有关的勘察、设计、施工、工程监理等单位提供与建设工程有关的原始资料。原始资料必须真实、准确、齐全。

②施工图设计文件审查。施工图设计文件未经审查批准的,不得使用。

③委托工程监理。实行监理的建设工程,建设单位应当委托监理。具体规定详见第1章。

④工程施工阶段责任和义务。

a.建设单位在领取施工许可证或者开工报告前,应当按照国家有关规定办理工程质量监督手续。

b.按照合同约定,由建设单位采购建筑材料、建筑构配件和设备的,建设单位应当保证建筑材料、建筑构配件和设备符合设计文件和合同要求。建设单位不得明示或者暗示施工单位使用不合格的建筑材料、建筑构配件和设备。

c.涉及建筑主体和承重结构变动的装修工程,建设单位应当在施工前委托原设计单位或者具有相应资质等级的设计单位提出设计方案;没有设计方案的,不得施工。房屋建筑使用者在装修过程中,不得擅自变动房屋建筑主体和承重结构。

⑤组织工程竣工验收。建设单位收到建设工程竣工报告后,应当组织设计、施工、工程监理等有关单位进行竣工验收。建设工程经验收合格的,方可交付使用。

建设单位应当严格按照国家有关档案管理的规定,及时收集、整理建设项目各环节的文件资料,建立健全建设项目档案,并在建设工程竣工验收后,及时向建设行政主管部门或者其他有关部门移交建设项目档案。

(2)勘察、设计单位的质量责任和义务

①工程承揽。从事建设工程勘察、设计的单位应当依法取得相应等级的资质证书,并在其资质等级许可的范围内承揽工程。禁止勘察、设计单位超越其资质等级许可的范围或者以其他勘察、设计单位的名义承揽工程。禁止勘察、设计单位允许其他单位或者个人以本单位的名义承揽工程。勘察、设计单位不得转包或者违法分包所承揽的工程。

②勘察设计过程中的质量责任和义务。勘察、设计单位必须按照工程建设强制性标准进行勘察、设计,并对其勘察、设计的质量负责。勘察单位提供的地质、测量、水文等勘察成果必须真实、准确。设计单位应当根据勘察成果文件进行建设工程设计。设计文件应当符合国家规定的设计深度要求,注明工程合理使用年限。注册建筑师、注册结构工程师等注册执业人

员应当在设计文件上签字,对设计文件负责。设计单位还应当就审查合格的施工图设计文件向施工单位作出详细说明。

设计单位在设计文件中选用的建筑材料、建筑构配件和设备,应当注明规格、型号、性能等技术指标,其质量要求必须符合国家规定的标准。除有特殊要求的建筑材料、专用设备、工艺生产线等外,设计单位不得指定生产厂、供应商。

设计单位还应当参与建设工程质量事故分析,并对因设计造成的质量事故,提出相应的技术处理方案。

(3)施工单位的质量责任和义务

①工程承揽。施工单位应当依法取得相应等级的资质证书,并在其资质等级许可的范围内承揽工程。禁止施工单位超越本单位资质等级许可的业务范围或者以其他施工单位的名义承揽工程;禁止施工单位允许其他单位或者个人以本单位的名义承揽工程。施工单位不得转包或者违法分包工程。

②工程施工质量责任和义务。施工单位对建设工程的施工质量负责。施工单位应当建立质量责任制,确定工程项目的项目经理、技术负责人和施工管理负责人。施工单位还应当建立健全教育培训制度,加强对职工的教育培训;未经教育培训或者考核不合格的人员,不得上岗作业。

建设工程实行总承包的,总承包单位应当对全部建设工程质量负责;建设工程勘察、设计、施工、设备采购的一项或者多项实行总承包的,总承包单位应当对其承包的建设工程或者采购的设备的质量负责。

总承包单位依法将建设工程分包给其他单位的,分包单位应当按照分包合同的约定对其分包工程的质量向总承包单位负责,总承包单位与分包单位对分包工程的质量承担连带责任。

施工单位必须按照工程设计图纸和施工技术标准施工,不得擅自修改工程设计,不得偷工减料。施工单位在施工过程中发现设计文件和图纸有差错的,应当及时提出意见和建议。

③质量检验。施工单位必须按照工程设计要求、施工技术标准和合同约定,对建筑材料、建筑构配件、设备和商品混凝土进行检验,检验应当有书面记录和专人签字;未经检验或者检验不合格的,不得使用。

施工人员对涉及结构安全的试块、试件以及有关材料,应当在建设单位或者工程监理单位的监督下现场取样,并送具有相应资质等级的质量检测单位进行检测。

施工单位必须建立、健全施工质量的检验制度,严格工序管理,做好隐蔽工程的质量检查和记录。隐蔽工程在隐蔽前,施工单位应当通知建设单位和建设工程质量监督机构。施工单位对施工中出现质量问题的建设工程或者竣工验收不合格的建设工程,应当负责返修。

(4)工程监理单位的质量责任和义务

①建设工程监理业务承揽。工程监理单位应当依法取得相应等级的资质证书,并在其资质等级许可的范围内承担工程监理业务。禁止工程监理单位超越本单位资质等级许可的范围或者以其他工程监理单位的名义承担建设工程监理业务;禁止工程监理单位允许其他单位或者个人以本单位的名义承担建设工程监理业务。工程监理单位不得转让建设工程监理业务。

工程监理单位与被监理工程的施工承包单位以及建筑材料、建筑构配件和设备供应单位有隶属关系或者其他利害关系的,不得承担该项建设工程的监理业务。

②建设工程监理实施。工程监理单位应当依照法律、法规以及有关的技术标准、设计文件和建设工程承包合同,代表建设单位对施工质量实施监理,并对施工质量承担监理责任。

监理工程师应当按照建设工程监理规范的要求,采取旁站、巡视和平行检验等形式,对建设工程实施监理。

(5)工程质量保修

①建设工程质量保修制度。建设工程实行质量保修制度。建设工程承包单位在向建设单位提交工程竣工验收报告时,应当向建设单位出具质量保修书。质量保修书中应当明确建设工程的保修范围、保修期限和保修责任等。建设工程的保修期,自竣工验收合格之日起计算。

建设工程在保修范围和保修期限内发生质量问题的,施工单位应当履行保修义务,并对造成的损失承担赔偿责任。建设工程在超过合理使用年限后需要继续使用的,产权所有人应当委托具有相应资质等级的勘察、设计单位鉴定,并根据鉴定结果采取加固、维修等措施,重新界定使用期。

②建设工程最低保修期限。在正常使用条件下,建设工程最低保修期限为:

a.基础设施工程、房屋建筑的地基基础工程和主体结构工程,为设计文件规定的该工程合理使用年限。

b.屋面防水工程、有防水要求的卫生间、房间和外墙面的防渗漏,为5年。

c.供热与供冷系统,为2个采暖期、供冷期。

d.电气管道、给水排水管道、设备安装和装修工程,为2年。

其他工程的保修期限由发包方与承包方约定。

(6)工程竣工验收备案和质量事故报告

①工程竣工验收备案。建设单位应当自建设工程竣工验收合格之日起15日内,将建设工程竣工验收报告和规划、公安消防、环保等部门出具的认可文件或者准许使用文件报建设行政主管部门或者其他有关部门备案。

②工程质量事故报告。建设工程发生质量事故,有关单位应当在24小时内向当地建设行政主管部门和其他有关部门报告。对重大质量事故,事故发生地的建设行政主管部门和其他有关部门应当按照事故类别和等级向当地人民政府和上级建设行政主管部门和其他有关部门报告。特别重大质量事故的调查程序按照国务院有关规定办理。任何单位和个人对建设工程的质量事故、质量缺陷都有权检举、控告、投诉。

2)《建设工程安全生产管理条例》相关内容

为了加强建设工程安全生产监督管理,《建设工程安全生产管理条例》明确了建设单位、勘察单位、设计单位、施工单位、工程监理单位及其他与建设工程安全生产有关单位的安全生产责任,以及生产安全事故应急救援和调查处理的相关事宜。

(1)建设单位的安全责任

①提供资料。建设单位应当向施工单位提供施工现场及毗邻区域内供水、排水、供电、供气、供热、通信、广播电视等地下管线资料,气象和水文观测资料,相邻建筑物和构筑物、地下工程的有关资料,并保证资料的真实、准确、完整。

②禁止行为。建设单位不得对勘察、设计、施工、工程监理等单位提出不符合建设工程安

全生产法律、法规和强制性标准规定的要求,不得压缩合同约定的工期;不得明示或者暗示施工单位购买、租赁、使用不符合安全施工要求的安全防护用具、机械设备、施工机具及配件、消防设施和器材。

③安全施工措施及其费用。建设单位在编制工程概算时,应当确定建设工程安全作业环境及安全施工措施所需费用;在申请领取施工许可证时,应当提供建设工程有关安全施工措施的资料。

依法批准开工报告的建设工程,建设单位应当自开工报告批准之日起 15 日内,将保证安全施工的措施报送建设工程所在地的县级以上地方人民政府建设行政主管部门或者其他有关部门备案。

④拆除工程发包与备案。建设单位应当将拆除工程发包给具有相应资质等级的施工单位,并应当在拆除工程施工 15 日前,将下列资料报送建设工程所在地的县级以上地方人民政府建设行政主管部门或者其他有关部门备案:

a.施工单位资质等级证明;

b.拟拆除建筑物、构筑物及可能危及毗邻建筑的说明;

c.拆除施工组织方案;

d.堆放、清除废弃物的措施。

实施爆破作业的,应当遵守国家有关民用爆炸物品管理的规定。

(2)勘察、设计、工程监理及其他有关单位的安全责任

①勘察单位的安全责任。勘察单位应当按照法律、法规和工程建设强制性标准进行勘察,提供的勘察文件应当真实、准确,满足建设工程安全生产的需要。

勘察单位在勘察作业时,应当严格执行操作规程,采取措施保证各类管线、设施和周边建筑物、构筑物的安全。

②设计单位的安全责任。设计单位应当按照法律、法规和工程建设强制性标准进行设计,防止因设计不合理导致生产安全事故的发生。

设计单位应当考虑施工安全操作和防护的需要,对涉及施工安全的重点部位和环节在设计文件中注明,并对防范生产安全事故提出指导意见。采用新结构、新材料、新工艺的建设工程和特殊结构的建设工程,设计单位应当在设计中提出保障施工作业人员安全和预防生产安全事故的措施建议。设计单位和注册建筑师等注册执业人员应当对其设计负责。

③工程监理单位的安全责任。工程监理单位和监理工程师应当按照法律、法规和工程建设强制性标准实施监理,并对建设工程安全生产承担监理责任。

④机械设备配件供应单位的安全责任。为建设工程提供机械设备和配件的单位,应当按照安全施工的要求配备齐全有效的保险、限位等安全设施和装置。出租的机械设备和施工机具及配件,应当具有生产(制造)许可证、产品合格证。出租单位应当对出租的机械设备和施工机具及配件的安全性能进行检测,在签订租赁协议时,应当出具检测合格证明。禁止出租检测不合格的机械设备和施工机具及配件。

⑤施工机械设施安装单位的安全责任。在施工现场安装、拆卸施工起重机械和整体提升脚手架、模板等自升式架设设施,必须由具有相应资质的单位承担。安装、拆卸上述机械和设施,应当编制拆装方案、制定安全施工措施,并由专业技术人员现场监督。上述机械和设施安装完毕后,安装单位应当自检,出具自检合格证明,并向施工单位进行安全使用说明,办理验

收手续并签字。上述机械和设施的使用达到国家规定的检验检测期限的,必须经具有专业资质的检验检测机构检测。检验检测机构应当出具安全合格证明文件,并对检测结果负责。经检测不合格的,不得继续使用。

(3)施工单位的安全责任

①工程承揽。施工单位从事建设工程的新建、扩建、改建和拆除等活动,应当具备国家规定的注册资本、专业技术人员、技术装备和安全生产等条件,依法取得相应等级的资质证书,并在其资质等级许可的范围内承揽工程。

②安全生产责任制度。施工单位主要负责人依法对本单位的安全生产工作全面负责。施工单位应当建立健全安全生产责任制度和安全生产教育培训制度,制定安全生产规章制度和操作规程,保证本单位安全生产条件所需资金的投入,对所承担的建设工程进行定期和专项安全检查,并做好安全检查记录。

施工单位的项目负责人应当由取得相应执业资格的人员担任,对建设工程项目的安全施工负责,落实安全生产责任制度、安全生产规章制度和操作规程,确保安全生产费用的有效使用,并根据工程的特点组织制定安全施工措施,消除安全事故隐患,及时、如实报告生产安全事故。

建设工程实行施工总承包的,由总承包单位对施工现场的安全生产负总责。总承包单位依法将建设工程分包给其他单位的,分包合同中应当明确各自的安全生产方面的权利、义务。总承包单位和分包单位对分包工程的安全生产承担连带责任。分包单位应当服从总承包单位的安全生产管理,如分包单位不服从管理导致生产安全事故,由分包单位承担主要责任。

③安全生产管理费用。施工单位对列入建设工程概算的安全作业环境及安全施工措施所需费用,应当用于施工安全防护用具及设施的采购和更新、安全施工措施的落实、安全生产条件的改善,不得挪作他用。

④施工现场安全生产管理。施工单位应当设立安全生产管理机构,配备专职安全生产管理人员。建设工程施工前,施工单位负责项目管理的技术人员应当对有关安全施工的技术要求向施工作业班组、作业人员作出详细说明,并由双方签字确认。

专职安全生产管理人员负责对安全生产进行现场监督检查。发现安全事故隐患,应当及时向项目负责人和安全生产管理机构报告;对违章指挥、违章操作的,应当立即制止。

⑤安全生产教育培训。施工单位的主要负责人、项目负责人、专职安全生产管理人员应当经建设行政主管部门或者其他有关部门考核合格后方可任职。施工单位应当对管理人员和作业人员每年至少进行一次安全生产教育培训,其教育培训情况记入个人工作档案。安全生产教育培训考核不合格的人员,不得上岗。

作业人员进入新的岗位或者新的施工现场前,应当接受安全生产教育培训。未经教育培训或者教育培训考核不合格的人员,不得上岗作业。施工单位在采用新技术、新工艺、新设备、新材料时,应当对作业人员进行相应的安全生产教育培训。

垂直运输机械作业人员、安装拆卸工、爆破作业人员、起重信号工、登高架设作业人员等特种作业人员,必须按照国家有关规定经过专门的安全作业培训,并取得特种作业操作资格证书后,方可上岗作业。

⑥安全技术措施和专项施工方案。施工单位应当在施工组织设计中编制安全技术措施和施工现场临时用电方案,对下列达到一定规模的危险性较大的分部分项工程编制专项施工

方案,并附具安全验算结果,经施工单位技术负责人、总监理工程师签字后实施,由专职安全生产管理人员进行现场监督:a.基坑支护与降水工程;b.土方开挖工程;c.模板工程;d.起重吊装工程;e.脚手架工程;f.拆除、爆破工程;g.国务院建设行政主管部门或者其他有关部门规定的其他危险性较大的工程。上述工程中涉及深基坑、地下暗挖工程、高大模板工程的专项施工方案,施工单位还应当组织专家进行论证、审查。

⑦施工现场安全防护。施工单位应当在施工现场入口处、施工起重机械、临时用电设施、脚手架、出入通道口、楼梯口、电梯井口、孔洞口、桥梁口、隧道口、基坑边沿、爆破物及有害危险气体和液体存放处等危险部位,设置明显的符合国家标准的安全警示标志。施工单位应当根据不同施工阶段和周围环境及季节、气候的变化,在施工现场采取相应的安全施工措施。施工现场暂时停止施工的,施工单位应当做好现场防护,所需费用由责任方承担,或者按照合同约定执行。

施工单位应当向作业人员提供安全防护用具和安全防护服装,并书面告知危险岗位的操作规程和违章操作的危害。作业人员应当遵守安全施工的强制性标准、规章制度和操作规程,正确使用安全防护用具、机械设备等。

⑧施工现场卫生、环境与消防安全管理。施工单位应当将施工现场的办公、生活区与作业区分开设置,并保持安全距离;办公、生活区的选址应当符合安全性要求。职工的膳食、饮水、休息场所等应当符合卫生标准。施工单位不得在尚未竣工的建筑物内设置员工集体宿舍。施工现场临时搭建的建筑物应当符合安全使用要求。施工现场使用的装配式活动房屋应当具有产品合格证。

施工单位对因建设工程施工可能造成损害的毗邻建筑物、构筑物和地下管线等,应当采取专项防护措施。施工单位应当遵守有关环境保护法律、法规的规定,在施工现场采取措施,防止或者减少粉尘、废气、废水、固体废物、噪声、振动和施工照明对人和环境的危害和污染。在城市市区内的建设工程,施工单位应当对施工现场实行封闭围挡。

施工单位应当在施工现场建立消防安全责任制度,确定消防安全责任人,制定用火、用电、使用易燃易爆材料等各项消防安全管理制度和操作规程,设置消防通道、消防水源,配备消防设施和灭火器材,并在施工现场入口处设置明显标志。

⑨施工机具设备安全管理。施工单位采购、租赁的安全防护用具、机械设备、施工机具及配件,应当具有生产(制造)许可证、产品合格证,并在进入施工现场前进行查验。

施工现场的安全防护用具、机械设备、施工机具及配件必须由专人管理,定期进行检查、维修和保养,建立相应的资料档案,并按照国家有关规定及时报废。

施工单位在使用施工起重机械和整体提升脚手架、模板等自升式架设设施前,应当组织有关单位进行验收,也可以委托具有相应资质的检验检测机构进行验收;使用承租的机械设备和施工机具及配件的,由施工总承包单位、分包单位、出租单位和安装单位共同进行验收。验收合格的方可使用。《特种设备安全监察条例》规定的施工起重机械,在验收前应当经有相应资质的检验检测机构监督检验合格。

施工单位应当自施工起重机械和整体提升脚手架、模板等自升式架设设施验收合格之日起 30 日内,向建设行政主管部门或者其他有关部门登记。登记标志应当置于或者附着于该设备的显著位置。

⑩意外伤害保险。施工单位应当为施工现场从事危险作业的人员办理意外伤害保险。

意外伤害保险费由施工单位支付。实行施工总承包的,由总承包单位支付意外伤害保险费。意外伤害保险期限自建设工程开工之日起至竣工验收合格止。

(4)生产安全事故的应急救援和调查处理

①生产安全事故应急救援。县级以上地方人民政府建设行政主管部门应当根据本级人民政府的要求,制定本行政区域内建设工程特大生产安全事故应急救援预案。

施工单位应当制定本单位生产安全事故应急救援预案,建立应急救援组织或者配备应急救援人员,配备必要的应急救援器材、设备,并定期组织演练。施工单位应当根据建设工程施工的特点、范围,对施工现场易发生重大事故的部位、环节进行监控,制定施工现场生产安全事故应急救援预案。实行施工总承包的,由总承包单位统一组织编制建设工程生产安全事故应急救援预案,工程总承包单位和分包单位按照应急救援预案,各自建立应急救援组织或者配备应急救援人员,配备救援器材、设备,并定期组织演练。

②生产安全事故调查处理。施工单位发生生产安全事故,应当按照国家有关伤亡事故报告和调查处理的规定,及时、如实地向负责安全生产监督管理的部门、建设行政主管部门或者其他有关部门报告;特种设备发生事故的,还应当同时向特种设备安全监督管理部门报告。接到报告的部门应当按照国家有关规定,如实上报。实行施工总承包的建设工程,由总承包单位负责上报事故。

发生生产安全事故后,施工单位应当采取措施防止事故扩大,保护事故现场。需要移动现场物品时,应当做出标记和书面记录,妥善保管有关证物。

3)《生产安全事故报告和调查处理条例》相关内容

为规范生产安全事故的报告和调查处理,落实生产安全事故责任追究制度,防止和减少生产安全事故,《生产安全事故报告和调查处理条例》明确规定了生产安全事故的等级划分标准,事故报告的程序和内容及调查处理相关事宜。

(1)生产安全事故等级

根据生产安全事故造成的人员伤亡或者直接经济损失,生产安全事故分为以下等级:

①特别重大生产安全事故,是指造成30人及以上死亡,或者100人及以上重伤(包括急性工业中毒,下同),或者1亿元及以上直接经济损失的事故。

②重大生产安全事故,是指造成10人及以上30人以下死亡,或者50人及以上100人以下重伤,或者5 000万元及以上1亿元以下直接经济损失的事故。

③较大生产安全事故,是指造成3人及以上10人以下死亡,或者10人及以上50人以下重伤,或者1 000万元及以上5 000万元以下直接经济损失的事故。

④一般生产安全事故,是指造成3人以下死亡,或者10人以下重伤,或者1 000万元以下直接经济损失的事故。

(2)事故报告

事故报告应当及时、准确、完整,任何单位和个人不得对事故迟报、漏报、谎报或者瞒报。

①事故报告程序。事故发生后,事故现场有关人员应当立即向本单位负责人报告;单位负责人接到报告后,应当于1小时内向事故发生地县级以上人民政府安全生产监督管理部门和负有安全生产监督管理职责的有关部门报告。

情况紧急时,事故现场有关人员可以直接向事故发生地县级以上人民政府安全生产监督管理部门和负有安全生产监督管理职责的有关部门报告。

安全生产监督管理部门和负有安全生产监督管理职责的有关部门逐级上报事故情况,每级上报的时间不得超过 2 小时。

②事故报告内容。事故报告应当包括下列内容:

a.事故发生单位概况;

b.事故发生的时间、地点以及事故现场情况;

c.事故的简要经过;

d.事故已经造成或者可能造成的伤亡人数(包括下落不明的人数)和初步估计的直接经济损失;

e.已经采取的措施;

f.其他应当报告的情况。

事故报告后出现新情况的,应当及时补报。自事故发生之日起 30 日内,事故造成的伤亡人数发生变化的,应当及时补报。道路交通事故、火灾事故自发生之日起 7 日内,事故造成的伤亡人数发生变化的,应当及时补报。

③事故报告后的处置。事故发生单位负责人接到事故报告后,应当立即启动事故相应的应急预案,或者采取有效措施,组织抢救,防止事故扩大,减少人员伤亡和财产损失。

事故发生地有关地方人民政府、安全生产监督管理部门和负有安全生产监督管理职责的有关部门接到事故报告后,其负责人应当立即赶赴事故现场,组织事故救援。

事故发生后,有关单位和人员应当妥善保护事故现场以及相关证据,任何单位和个人不得破坏事故现场、毁灭相关证据。

因抢救人员、防止事故扩大以及疏通交通等原因,需要移动事故现场物件的,应当做出标志,绘制现场简图并做出书面记录,妥善保存现场重要痕迹、物证。

(3) 事故调查处理

①事故调查组及其职责。特别重大生产安全事故由国务院或者国务院授权有关部门组织事故调查组进行调查。重大事故、较大事故、一般事故分别由事故发生地省级人民政府、设区的市级人民政府、县级人民政府负责调查。省级人民政府、设区的市级人民政府、县级人民政府可以直接组织事故调查组进行调查,也可以授权或者委托有关部门组织事故调查组进行调查。未造成人员伤亡的一般事故,县级人民政府也可以委托事故发生单位组织事故调查组进行调查。

事故调查处理应当坚持实事求是、尊重科学的原则,及时、准确地查清事故经过、事故原因和事故损失,查明事故性质,认定事故责任,总结事故教训,提出整改措施,并对事故责任者依法追究责任。

事故调查组应履行下列职责:

a.查明事故发生的经过、原因、人员伤亡情况及直接经济损失;

b.认定事故的性质和事故责任;

c.提出对事故责任者的处理建议;

d.总结事故教训,提出防范和整改措施;

e.提交事故调查报告。

②事故调查的有关要求。事故调查组有权向有关单位和个人了解与事故有关的情况,并要求其提供相关文件、资料,有关单位和个人不得拒绝。

事故发生单位的负责人和有关人员在事故调查期间不得擅离职守,并应当随时接受事故调查组的询问,如实提供有关情况。

事故调查中需要进行技术鉴定的,事故调查组应当委托具有国家规定资质的单位进行技术鉴定。必要时,事故调查组可以直接组织专家进行技术鉴定。技术鉴定所需时间不计入事故调查期限。

③事故调查报告。事故调查组应当自事故发生之日起60日内提交事故调查报告;特殊情况下,经负责事故调查的人民政府批准,提交事故调查报告的期限可以适当延长,但延长的期限最长不超过60日。

事故调查报告应当包括下列内容:

a.事故发生单位概况;

b.事故发生经过和事故救援情况;

c.事故造成的人员伤亡和直接经济损失;

d.事故发生的原因和事故性质;

e.事故责任的认定以及对事故责任者的处理建议;

f.事故防范和整改措施。

事故调查报告应当附具有关证据材料。事故调查组成员应当在事故调查报告上签名。

④事故处理。重大事故、较大事故、一般事故,负责事故调查的人民政府应当自收到事故调查报告之日起15日内做出批复;特别重大事故,30日内做出批复,特殊情况下,批复时间可以适当延长,但延长的时间最长不超过30日。

有关机关应当按照人民政府的批复,依照法律、行政法规规定的权限和程序,对事故发生单位和有关人员进行行政处罚,对负有事故责任的国家工作人员进行处分。事故发生单位应当按照负责事故调查的人民政府的批复,对本单位负有事故责任的人员进行处理。负有事故责任的人员涉嫌犯罪的,依法追究刑事责任。

2.2　建设工程监理规范

《建设工程监理规范》(GB/T 50319—2013)是建设工程监理与相关服务的主要标准。除此之外,近年来,随着工程建设标准化改革不断推进,各地陆续推出建设工程监理团体标准,成为指导建设工程监理实践的指南。

2.2.1　《建设工程监理规范》概述

为了规范建设工程监理与相关服务行为,提高建设工程监理与相关服务水平,2013年5月修订后发布的《建设工程监理规范》(GB/T 50319—2013)共分为9章和3个附录,主要技术内容包括:总则,术语,项目监理机构及其设施,监理规划及监理实施细则,工程质量、造价、进度控制及安全生产管理的监理工作,工程变更、索赔及施工合同争议处理,监理文件资料管理,设备采购与设备监造,相关服务等。

1)总则

①制定目的:为规范建设工程监理与相关服务行为,提高建设工程监理与相关服务水平。

②适用范围:适用于新建、扩建、改建建设工程监理与相关服务活动。

③关于建设工程监理合同形式和内容的规定。

④建设单位向施工单位书面通知工程监理的范围、内容和权限及总监理工程师姓名的规定。

⑤建设单位、施工单位及工程监理单位之间涉及施工合同联系活动的工作关系。

⑥实施建设工程监理的主要依据:a.法律法规及工程建设标准;b.建设工程勘察设计文件;c.建设工程监理合同及其他合同文件。

⑦建设工程监理应实行总监理工程师负责制的规定。

⑧建设工程监理宜实施信息化管理的规定。

⑨工程监理单位应公平、独立、诚信、科学地开展建设工程监理与相关服务活动。

⑩建设工程监理与相关服务活动应符合《建设工程监理规范》(GB/T 50319—2013)和国家现行有关标准的规定。

2) 术语

《建设工程监理规范》(GB/T 50319—2013)解释了工程监理单位、建设工程监理、相关服务、项目监理机构、注册监理工程师、总监理工程师、总监理工程师代表、专业监理工程师、监理员、监理规划、监理实施细则、工程计量、旁站、巡视、平行检验、见证取样、工程延期、工期延误、工程临时延期批准、工程最终延期批准、监理日志、监理月报、设备监造、监理文件资料等24 个建设工程监理常用术语。

3) 项目监理机构及其设施

《建设工程监理规范》(GB/T 50319—2013)明确了项目监理机构的人员构成和职责,规定了监理设施的提供和管理。

(1)项目监理机构人员

项目监理机构的监理人员应由总监理工程师、专业监理工程师和监理员组成,且专业配套、数量应满足建设工程监理工作需要,必要时可设总监理工程师代表。

①总监理工程师。总监理工程师是指由工程监理单位法定代表人书面任命,负责履行建设工程监理合同、主持项目监理机构工作的注册监理工程师。总监理工程师应由注册监理工程师担任。

一名注册监理工程师可担任一项建设工程监理合同的总监理工程师。当需要同时担任多项建设工程监理合同的总监理工程师时,应当经建设单位书面同意,且最多不得超过 3 项。

②总监理工程师代表。总监理工程师代表是指经工程监理单位法定代表人同意,由总监理工程师书面授权,代表总监理工程师行使其部分职责和权力,具有工程类注册执业资格或具有中级及以上专业技术职称、3 年及以上工程实践经验并经监理业务培训的人员。

总监理工程师代表可以由具有工程类执业资格的人员(如注册监理工程师、注册造价工程师、注册建造师、注册工程师、注册建筑师等)担任,也可由具有中级及以上专业技术职称、3年及以上工程实践经验并经监理业务培训的人员担任。

③专业监理工程师。专业监理工程师是指由总监理工程师授权,负责实施某一专业或某一岗位的监理工作,有相应监理文件签发权,具有工程类注册执业资格或具有中级及以上专业技术职称、2 年及以上工程实践经验并经监理业务培训的人员。

专业监理工程师可以由具有工程类注册执业资格的人员(如注册监理工程师、注册造价工程师、注册建造师、注册工程师、注册建筑师等)担任,也可由具有中级及以上专业技术职称、2年及以上工程实践经验并经监理业务培训的人员担任。

④监理员。监理员是指从事具体监理工作,具有中专及以上学历并经过监理业务培训的人员。监理员需要有中专及以上学历,并经过监理业务培训。

(2)监理设施

①建设单位应当按建设工程监理合同约定,提供监理工作需要的办公、交通、通信、生活等设施。

②项目监理机构宜妥善使用和保管建设单位提供的设施,并应按建设工程监理合同约定的时间移交建设单位。

③工程监理单位宜按建设工程监理合同约定,配备满足监理工作需要的检测设备和工器具。

4)监理规划及监理实施细则

(1)监理规划

监理规划明确了监理规划的编制要求、编审程序和主要内容。

(2)监理实施细则

监理实施细则明确了监理实施细则的编制要求、编审程序、编制依据和主要内容。

2.2.2 建设工程监理核心工作

1)工程质量、造价、进度控制及安全生产管理的监理工作

《建设工程监理规范》(GB/T 50319—2013)规定:"项目监理机构应根据建设工程监理合同约定,遵循动态控制原理,坚持预防为主的原则,制定和实施相应的监理措施,采用旁站、巡视和平行检验等方式对建设工程实施监理。"

(1)一般规定

①项目监理机构监理人员应熟悉工程设计文件,并参加建设单位主持的图纸会审和设计交底会议。

②工程开工前,项目监理机构监理人员应参加由建设单位主持召开的第一次工地会议。

③项目监理机构应定期召开监理例会,并组织有关单位研究解决与监理相关的问题。项目监理机构可根据工程需要,主持或参加专题会议,解决监理工作范围内工程专项问题。

④项目监理机构应协调工程建设相关方的关系。

⑤项目监理机构应审查施工单位报审的施工组织设计,并要求施工单位按已批准的施工组织设计组织施工。

⑥总监理工程师应组织专业监理工程师审查施工单位报送的工程开工报审表及相关资料,报建设单位批准后,总监理工程师签发工程开工令。

⑦分包工程开工前,项目监理机构应审核施工单位报送的分包单位资格报审表。

⑧项目监理机构宜根据工程特点、施工合同、工程设计文件及经过批准的施工组织设计对工程风险进行分析,并宜提出工程质量、造价、进度目标控制及安全生产管理的防范性对策。

(2)工程质量控制

工程质量控制包括:审查施工单位现场的质量管理组织机构、管理制度及专职管理人员和特种作业人员的资格;审查施工单位报审的施工方案;审查施工单位报送的新材料、新工

艺、新技术、新设备的质量认证材料和相关验收标准的适用性;检查、复核施工单位报送的施工控制测量成果及保护措施;查验施工单位在施工过程中报送的施工测量放线成果;检查施工单位为工程提供服务的试验室;审查施工单位报送的用于工程的材料、构配件、设备的质量证明文件;对用于工程的材料进行见证取样、平行检验;审查施工单位定期提交的影响工程质量的计量设备的检查和检定报告;对关键部位、关键工序进行旁站;对工程施工质量进行巡视;对施工质量进行平行检验;验收施工单位报验的隐蔽工程、检验批、分项工程和分部工程;处置施工质量问题、质量缺陷、质量事故;审查施工单位提交的单位工程竣工验收报审表及竣工资料,组织工程竣工预验收;编写工程质量评估报告;参加工程竣工验收等。

(3)工程造价控制

工程造价控制包括:进行工程计量和付款签证;对实际完成量与计划完成量进行比较分析;审核竣工结算款,签发竣工结算款支付证书等。

(4)工程进度控制

工程进度控制包括:审查施工单位报审的施工总进度计划和阶段性施工进度计划;检查施工进度计划的实施情况;比较分析工程施工实际进度与计划进度,预测实际进度对工程总工期的影响等。

(5)安全生产管理的监理工作

安全生产管理的监理工作包括:审查施工单位现场安全生产规章制度的建立和实施情况;审查施工单位安全生产许可证及施工单位项目经理、专职安全生产管理人员和特种作业人员的资格;核查施工机械和设施的安全许可验收手续;审查施工单位报审的专项施工方案;处置安全事故隐患等。

2)工程变更、索赔及施工合同争议处理

《建设工程监理规范》(GB/T 50319—2013)规定,项目监理机构应依据建设工程监理合同约定进行施工合同管理,处理工程暂停及复工、工程变更、索赔及施工合同争议、解除等事宜。施工合同终止时,项目监理机构应协助建设单位按施工合同约定处理施工合同终止的有关事宜。

(1)工程暂停及复工

工程暂停及复工包括:总监理工程师签发工程暂停令的权力和情形;暂停施工事件发生时的监理职责;工程复工申请的批准或指令。

(2)工程变更

工程变更包括:施工单位提出的工程变更处理程序、工程变更价款处理原则;建设单位要求的工程变更的监理职责。

(3)费用索赔

费用索赔包括:处理费用索赔的依据和程序;批准施工单位费用索赔应满足的条件;施工单位的费用索赔与工程延期要求相关联时的监理职责;建设单位向施工单位提出索赔时的监理职责。

(4)工程延期及工期延误

工程延期及工期延误包括:处理工程延期要求的程序;批准施工单位工程延期要求应满足的条件;施工单位因工程延期提出费用索赔时的监理职责;发生工期延误时的监理职责。

(5)施工合同争议

处理施工合同争议时的监理工作程序、内容和职责。

(6)施工合同解除

①因建设单位原因导致施工合同解除时的监理职责;

②因施工单位原因导致施工合同解除时的监理职责;

③因非建设单位、施工单位原因导致施工合同解除时的监理职责。

3)监理文件资料管理

《建设工程监理规范》(GB/T 50319—2013)规定,项目监理机构应建立完善监理文件资料管理制度,宜设专人管理监理文件资料。项目监理机构应及时、准确、完整地收集、整理、编制、传递监理文件资料,并宜采用信息技术进行监理文件资料管理。

(1)监理文件资料内容

《建设工程监理规范》(GB/T 50319—2013)明确了18项监理文件资料,并规定监理日志、监理月报、监理工作总结应包括的内容。

(2)监理文件资料归档

①项目监理机构应及时整理、分类汇总监理文件资料,并应按规定组卷,形成监理档案。

②工程监理单位应根据工程特点和有关规定,保存监理档案,并应向有关单位、部门移交需要存档的监理文件资料。

2.2.3 设备采购、监造及相关服务

1)设备采购与设备监造

《建设工程监理规范》(GB/T 50319—2013)规定,项目监理机构应根据建设工程监理合同约定的设备采购与设备监造工作内容配备监理人员,明确岗位职责,编制设备采购与设备监造工作计划,并应协助建设单位编制设备采购与设备监造方案。

(1)设备采购

设备采购包括:设备采购招标和合同谈判时的监理职责;设备采购文件资料应包括的内容。

(2)设备监造

①项目监理机构应检查设备制造单位的质量管理体系;审查设备制造单位报送的设备制造生产计划和工艺方案,设备制造的检验计划和检验要求,设备制造的原材料、外购配套件、元器件、标准件,以及坯料的质量证明文件及检验报告等。

②项目监理机构应对设备制造过程进行监督和检查,应对主要及关键零部件的制造工序进行抽检。

③项目监理机构应审核设备制造过程的检验结果,并检查和监督设备的装配过程。

④项目监理机构应参加设备整机性能检测、调试和出厂验收。

⑤专业监理工程师应审查设备制造单位报送的设备制造结算文件。

⑥规定了设备监造文件资料应包括的主要内容。

2)相关服务

《建设工程监理规范》(GB/T 50319—2013)规定,工程监理单位根据建设工程监理合同约定的相关服务范围,开展相关服务工作,并编制相关服务工作计划。

（1）工程勘察设计阶段服务

工程勘察设计阶段服务包括：协助建设单位选择勘察设计单位并签订工程勘察设计合同；审查勘察单位提交的勘察方案；检查勘察现场及室内试验主要岗位操作人员的资格、所使用设备、仪器计量的检定情况；检查勘察进度计划执行情况；审核勘察单位提交的勘察费用支付申请；审查勘察单位提交的勘察成果报告，参与勘察成果验收；审查各专业、各阶段设计进度计划；检查设计进度计划执行情况；审核设计单位提交的设计费用支付申请；审查设计单位提交的设计成果；审查设计单位提出的新材料、新工艺、新技术、新设备在相关部门的备案情况；审查设计单位提出的设计概算、施工图预算；协助建设单位组织专家评审设计成果；协助建设单位报审有关工程设计文件；协调处理勘察设计延期、费用索赔等事宜。

（2）工程保修阶段服务

①承担工程保修阶段的服务工作时，工程监理单位应定期回访。

②对建设单位或使用单位提出的工程质量缺陷，工程监理单位应安排监理人员进行检查和记录，并应要求施工单位予以修复，同时应监督实施，合格后应予以签认。

③工程监理单位应对工程质量缺陷原因进行调查，并应与建设单位、施工单位协商确定责任归属。对非施工单位原因造成的工程质量缺陷，应核实施工单位申报的修复工程费用，并应签认工程款支付证书，同时应报建设单位。

思考题

1.简述《安全生产法》中生产经营单位的主要负责人对本单位安全生产工作的职责。

2.简述《安全生产法》中生产经营单位的安全生产管理机构及安全生产管理人员应履行的职责。

3.简述在工程项目正常使用条件下的建设工程最低保修期限。

4.根据《生产安全事故报告和调查处理条例》，简述生产安全事故等级划分标准。

5.根据《生产安全事故报告和调查处理条例》，简述事故报告应包括的内容。

6.根据《生产安全事故报告和调查处理条例》，简述安全事故调查组应履行的职责。

7.根据《建筑法》，工程监理人员认为施工不符合工程设计要求、施工技术标准合同约定的，以及工程监理人员发现工程设计不符合建筑工程质量标准或者合同约定要求的，应该如何处理？

8.简述设立监理单位的基本条件和申报审批程序。

9.根据《建设工程质量管理条例》，工程监理单位不能与哪些单位有利害关系？

10.简述工程监理企业的业务范围。

第 **3** 章

建设工程监理招标投标与监理合同

知识点	能力要求	相关知识	素质目标
建设工程监理招标程序和评标方法	熟悉建设工程监理招标方式和程序	(1)建设工程监理招标方式 (2)建设工程监理招标程序	(1)培养职业道德和责任感 (2)培养诚信意识 (3)提高运用法治思维和法治方式的能力
	了解建设工程监理评标内容和方法	(1)建设工程监理评标内容 (2)建设工程监理评标方法	
建设工程监理投标工作内容和策略	掌握建设工程监理投标工作内容	(1)建设工程监理投标决策 (2)建设工程监理投标策划 (3)建设工程监理投标文件编制 (4)开标及答辩、投标后评估	
	了解建设工程监理费用计取方法	按费率计费、按人工时计费、按服务内容计费	
建设工程监理合同管理	掌握建设工程监理合同订立	建设工程监理合同特点和主要内容	
	熟悉建设工程监理合同履行	(1)委托人和监理人主要义务 (2)违约责任	

建设工程监理可由建设单位直接委托,也可通过招标方式委托。但是,法律法规规定招标的,建设单位必须通过招标方式委托。因此,建设工程监理招标投标是建设单位委托监理和工程监理单位承揽监理任务的主要方式。

建设工程监理合同是工程监理单位明确工程监理义务、履行工程监理职责的重要保证。

3.1　建设工程监理招标程序和评标方法

3.1.1　建设工程监理招标方式和程序

1)建设工程监理招标方式

建设工程监理招标可分为公开招标和邀请招标两种方式。建设单位应根据法律法规、工程项目特点及工程实施的急迫程度等因素合理选择招标方式,并按规定程序向招投标监督管理部门办理相关的招标投标手续,接受相应的监督管理。

(1)公开招标

公开招标是指建设单位以招标公告的方式邀请不特定工程监理单位参加投标,向其发售监理招标文件,按照招标文件规定的评标方法、标准,从符合投标资格要求的投标人中优选中标人,并与中标人签订建设工程监理合同的过程。

使用国有资金投资,且该资金占控股或者主导地位等依法必须进行监理招标的项目,应当采用公开招标方式委托监理任务。公开招标属于非限制性竞争招标,其优点是能够充分体现招标信息公开性、招标程序规范性、投标竞争公平性,有助于打破垄断,实现公平竞争。公开招标的缺点是准备招标、资格预审和评标的工作量大,因此,招标时间长、招标费用较高。

(2)邀请招标

邀请招标是指建设单位以投标邀请书方式邀请特定工程监理单位参加投标,向其发售招标文件,按照招标文件规定的评标方法、标准,从符合投标资格要求的投标人中优选中标人,并与中标人签订建设工程监理合同的过程。

邀请招标属于有限竞争性招标,也称为选择性招标。邀请招标虽然能够邀请到有经验和资信可靠的工程监理单位投标,但由于限制了竞争范围,选择投标人的范围和投标人竞争的空间有限,可能会失去技术和报价方面有竞争力的投标者,失去理想中标人,达不到预期的竞争效果。

2)建设工程监理招标程序

建设工程监理招标一般包括:招标准备;发出招标公告或投标邀请书;组织资格审查;编制和发售招标文件;组织现场踏勘;召开投标预备会;编制和递交投标文件;开标、评标和定标;签订建设工程监理合同等环节。

(1)招标准备

建设工程监理招标准备工作包括:确定招标组织、明确招标范围和内容、编制招标方案等内容。

①确定招标组织。建设单位自身具有组织招标的能力时,可自行组织监理招标,否则应委托招标代理机构组织招标。建设单位委托招标代理进行监理招标时,应与招标代理机构签订招标代理书面合同,明确委托招标代理的内容、范围及双方义务和责任。

②明确招标范围和内容。综合考虑工程特点、建设规模、复杂程度、建设单位自身管理水平等因素,明确建设工程监理招标范围和内容。

③编制招标方案。包括:划分监理标段、选择招标方式、选定合同类型及计价方式、确定

投标人资格条件、安排招标工作进度等。

(2)发出招标公告或投标邀请书

建设单位采用公开招标方式的,应当发布招标公告。招标公告必须通过一定的媒介进行传播。投标邀请书是指采用邀请招标方式的建设单位,向三个以上具备承担招标项目能力、资信良好的特定工程监理单位发出的参加投标的邀请。

招标公告与投标邀请书应当载明:建设单位的名称和地址;招标项目的性质;招标项目的数量;招标项目的实施地点;招标项目的实施时间;获取招标文件的办法等内容。

(3)组织资格审查

为了保证潜在投标人能够公平地获取投标竞争的机会,确保投标人满足招标项目的资格条件,同时避免招标人和投标人不必要的资源浪费,招标人应组织审查监理投标人资格。资格审查分为资格预审和资格后审两种。

①资格预审。资格预审是指在投标前,对申请参加投标的潜在投标人进行资质条件、业绩、信誉、技术、资金等多方面情况的审查。只有资格预审中被认定为合格的潜在投标人(或投标人)才可以参加投标。资格预审的目的是排除不合格的投标人,进而降低招标人的招标成本,提高招标工作效率。

②资格后审。资格后审是指在开标后,由评标委员会根据招标文件中规定的资格审查因素、方法和标准,对投标人资格进行的审查。

工程监理资格审查大多采用资格预审的方式进行。

(4)编制和发售招标文件

①编制建设工程监理招标文件。招标文件既是投标人编制投标文件的依据,也是招标人与中标人签订建设工程监理合同的基础。

②发售监理招标文件。按照招标公告或投标邀请书规定的时间、地点发售招标文件。投标人对招标文件内容有异议者,可在规定时间内要求招标人澄清、说明或纠正。

(5)组织现场踏勘

组织投标人进行现场踏勘的目的在于了解工程场地和周围环境情况,以获取认为有必要的信息。招标人可根据工程特点和招标文件规定,组织潜在投标人对工程实施现场的地形地质条件、周边和内部环境进行实地踏勘,并介绍有关情况。潜在投标人自行负责据此作出的判断和投标决策。

(6)召开投标预备会

招标人按照招标文件规定的时间组织投标预备会,澄清、解答潜在投标人在阅读招标文件和现场踏勘后提出的疑问。所有澄清、解答都按照招标文件中约定的形式予以确认,并发给所有购买招标文件的潜在投标人。招标文件的书面澄清、解答属于招标文件的组成部分。招标人同时可以利用投标预备会对招标文件中有关重点、难点内容主动做出说明。

(7)编制和递交投标文件

投标人应按照招标文件要求编制投标文件,对招标文件提出的实质性要求和条件作出实质性响应,按照招标文件规定的时间、地点、方式递交投标文件,并根据要求提交投标保证金。投标人在提交投标截止日期之前,可以撤回、补充或者修改已提交的投标文件,并书面通知招标人。补充、修改的内容为投标文件的组成部分。

（8）开标、评标和定标

①开标。招标人应按招标文件规定的时间、地点主持开标，邀请所有投标人派代表参加。开标时间、开标过程应符合招标文件规定的开标要求和程序。

②评标。评标由招标人依法组建的评标委员会负责。评标委员会应当熟悉、掌握招标项目的主要特点和需求，认真阅读、研究招标文件及其评标办法，按招标文件规定的评标办法进行评标，编写评标报告，并向招标人推荐中标候选人，或经招标人授权直接确定中标人。

③定标。招标人应按有关规定在招标投标监督部门指定的媒体或场所公示推荐的中标候选人，并根据相关法律法规和招标文件规定的定标原则和程序确定中标人，向中标人发出中标通知书。同时，将中标结果通知所有未中标的投标人，并在 15 日内按有关规定将监理招标投标情况书面报告提交招标投标行政监督部门。

（9）签订建设工程监理合同

招标人与中标人应当自发出中标通知书之日起 30 日内，依据中标通知书、招标文件中的合同构成文件签订建设工程监理合同。

3.1.2　建设工程监理评标内容和方法

工程监理单位不承担建筑产品生产任务，只是受建设单位委托提供技术和管理咨询服务。建设工程监理招标属于服务类招标，其标的是无形的"监理服务"。因此，建设单位在选择工程监理单位最重要的原则是"基于能力的选择"，而不应将服务报价作为主要的考虑因素。有时甚至不考虑建设工程监理服务报价，只考虑工程监理单位的服务能力。

1）建设工程监理评标内容

工程监理评标办法中，通常会将下列要素作为评标内容：

①工程监理单位的基本素质。包括工程监理单位资质、技术及服务能力、社会信誉和企业诚信度，以及类似工程监理业绩和经验。

②工程监理人员配备。评价内容具体包括：项目监理机构的组织形式的合理性；总监理工程师是否符合招标文件规定的资格及能力要求；监理人员的数量、专业配置是否符合工程专业特点要求；工程监理整体力量投入是否能满足工程需要；工程监理人员年龄结构是否合理；现场监理人员进退场计划是否与工程进展相协调等。

③建设工程监理大纲。评标时应重点评审建设工程监理大纲的全面性、针对性和科学性。

a.建设工程监理大纲内容是否全面，工作目标是否明确，组织机构是否健全，工作计划是否可行，质量、造价、进度控制措施是否全面、得当，安全生产管理、合同管理、信息管理等方法是否科学，以及项目监理机构的制度建设规划是否到位，监督机制是否健全等。

b.建设工程监理大纲中应对工程特点、监理重点与难点进行识别。在对招标工程进行透彻分析的基础上，结合自身工程经验，从工程质量、造价、进度控制及安全生产管理等方面确定监理工作的重点和难点，提出针对性措施和对策。

c.除常规监理措施外，建设工程监理大纲中应对招标工程的关键工序及分部分项工程制订有针对性的监理措施；制订针对关键点、常见问题的预防措施；合理设置旁站清单和保障措施等。

d.试验检测仪器设备及其应用能力。重点评审投标人在投标文件中所列的设备、仪器、工具等能否满足建设工程监理要求。对于建设单位在现场另建试验、检测等中心的工程项目,应重点考查投标人评价分析、检验测量数据的能力。

e.建设工程监理费用报价。建设工程监理费用报价所对应的服务范围、服务内容、服务期限应与招标文件中的要求相一致。要重点评审监理费用报价水平和构成是否合理、完整,分析说明是否明确,监理服务费用的调整条件和办法是否符合招标文件要求等。

2)建设工程监理评标方法

建设工程监理评标通常采用"综合评估法",即通过衡量投标文件是否最大限度地满足招标文件中规定的各项评价标准,对技术、企业资信、服务报价等因素进行综合评价,从而确定中标人。

综合评估法又称打分法、百分制计分评价法。通常是在招标文件中明确规定需量化的评价因素及其权重,评标委员会根据投标文件内容和评分标准逐项进行分析记分、加权汇总,计算出各投标单位的综合评分,然后按照综合评分由高到低的顺序确定中标候选人或直接选定得分最高者为中标人。

3.2　建设工程监理投标工作内容和策略

3.2.1　建设工程监理投标工作内容

建设工程监理单位的投标工作内容包括投标决策、投标策划、投标文件编制、参加开标及答辩、投标后评估等内容。

1)建设工程监理投标决策

投标决策主要包括两方面内容:一是决定是否参与竞标;二是如果参加投标,应采取什么样的投标策略。投标决策的正确与否,关系到工程监理单位能否中标及中标后的经济效益。

(1)投标决策原则

①充分衡量自身人员和技术实力能否满足工程项目要求,且根据自身实力、经验和外部资源等因素确定是否参与竞标。

②充分考虑国家政策、建设单位信誉、招标条件、资金落实情况等,保证中标后工程项目能顺利实施。

(2)投标决策定量分析方法

常用的投标决策定量分析方法有综合评价法和决策树法。

①综合评价法。综合评价法是指决策者决定是否参加某建设工程监理投标时,将影响其投标决策的主客观因素用某些具体指标表示出来,并定量地进行综合评价,以此作为投标决策依据。

在实际操作过程中,投标考虑的因素及其权重、等级可由工程监理单位投标决策机构组织企业经营、生产、人事等有投标经验的人员,以及外部专家进行综合分析、评估后确定。综合评价法也可用于工程监理单位对多个类似工程监理投标机会选择,综合评价分值最高者将作为优先投标对象。

②决策树法。工程监理单位有时会同时收到多个不同或类似的建设工程监理投标邀请书,而工程监理单位资源有限,若不分重点地将资源平均分布到各个投标工程,则每一个工程中标的概率都很低。因此,工程监理单位应针对每项工程特点进行分析,比选不同方案,以期选出最佳投标对象。这种多项目、多方案的选择,通常可以应用决策树法进行定量分析。

2)建设工程监理投标策划

建设工程监理投标策划是指从总体上规划建设工程监理投标活动的目标、组织、任务分工等,通过严格的管理过程,提高投标效率和效果。

①明确投标目标,决定资源投入。一旦决定投标,首先要明确投标目标,投标目标决定了企业层面对投标过程的资源支持力度。

②成立投标小组并确定任务分工。投标小组要由有类似建设工程监理投标经验的项目负责人全面负责收集信息,协调资源,作出决策,并组织参与资格审查、购买标书、编写质疑文件、进行质疑和现场踏勘、编制投标文件、封标、开标和答辩、标后总结等;同时,需要落实各参与人员的任务和职责,做到界面清晰,人尽其职。

3)建设工程监理投标文件编制

建设工程监理投标文件反映了工程监理单位的综合实力和完成监理任务的能力,是招标人选择工程监理单位的主要依据之一。投标文件编制质量的高低,直接关系到中标可能性的大小。因此,编制好工程监理投标文件是工程监理单位投标的首要任务。

(1)投标文件编制原则

①响应招标文件,保证不被废标。

②认真研究招标文件,深入领会招标文件意图。

③投标文件要内容详细、层次分明、重点突出。

(2)投标文件编制依据

①国家及地方有关建设工程监理投标的法律法规及政策。

②建设工程监理招标文件。

③企业现有的设备资源。

④企业现有的人力及技术资源。

⑤企业现有的管理资源。

(3)监理大纲编制

建设工程监理投标文件的核心是反映监理服务水平高低的监理大纲,尤其是针对工程具体情况制订的监理对策,以及向建设单位提出的原则性建议等。

监理大纲一般应包括以下主要内容:

①工程概述。根据建设单位提供和自己初步掌握的工程信息,对工程特征进行简要描述,主要包括:工程名称、工程内容及建设规模;工程结构或工艺特点;工程地点及自然条件概况;工程质量、造价和进度控制目标等。

②监理依据和监理工作内容。

监理依据:法律法规及政策,工程建设标准[包括《建设工程监理规范》(GB/T 50319—2013)];工程勘察设计文件;建设工程监理合同及相关建设工程合同等。

监理工作内容:一般包括质量控制、造价控制、进度控制、合同管理、信息管理、组织协调、安全生产管理等。

③建设工程监理实施方案。建设工程监理实施方案是监理评标的重点。根据监理招标文件的要求,针对建设单位委托监理工程特点,拟定监理工作指导思想、工作计划;主要管理措施、技术措施以及控制要点;拟采用的监理方法和手段;监理工作制度和流程;监理文件资料管理和工作表式;拟投入的资源等。

④建设工程监理难点、重点及合理化建议。建设工程监理难点、重点及合理化建议是整个投标文件的精髓。工程监理单位在熟悉招标文件和施工图的基础上,要按实际监理工作的开展和部署进行策划,既要全面涵盖"三控两管一协调"和安全生产管理职责的内容,又要有针对性地提出重点工作内容、分部分项工程控制措施和方法以及合理化建议,并说明采纳这些建议将会在工程质量、造价、进度等方面产生的效益。

(4)编制投标文件注意事项

建设工程监理招标、评标注重对工程监理单位能力的选择。因此,工程监理单位在投标时应在体现监理能力方面下功夫,应着重解决下列问题:

①投标文件应对招标文件内容作出实质性响应。

②项目监理机构的设置应合理,要突出监理人员素质,尤其是总监理工程师人选,将是建设单位重点考察的对象。

③应有类似的建设工程监理经验。

④监理大纲能充分体现工程监理单位的技术、管理能力。

⑤监理服务报价应符合招标文件对报价的要求,以及工程监理成本利润测算。

⑥投标文件既要响应招标文件要求,又要巧妙回避建设单位的苛刻要求,同时还要避免为提高竞争力而盲目扩大监理工作范围,否则会给合同履行留下隐患。

4)参加开标及答辩

(1)参加开标

参加开标是工程监理单位需要认真准备的投标活动,应按时参加开标,避免废标情况的发生。

(2)答辩

招标项目要求现场答辩的,工程监理单位要充分做好答辩前的准备工作。答辩前,应拟定答辩的基本范围和纲领,细化到人和具体内容。另外,要了解竞争对手,知己知彼、百战不殆,了解竞争对手的实力,了解拟任总监理工程师及团队,完善自己的团队,发挥自身优势。

5)投标后评估

投标后评估是对投标全过程的分析和总结。对于一个成熟的工程监理企业来说,无论建设工程监理投标成功与否,投标后评估不可缺少。投标后评估要全面评价投标决策是否正确,影响因素和环境条件是否分析全面,重难点和合理化建议是否有针对性,总监理工程师及项目监理机构成员人数、资历及组织机构设置是否合理,投标报价预测是否准确,参加开标和总监理工程师答辩准备是否充分,投标过程组织是否到位等。投标过程中任何导致成功与失败的细节都不能放过,这些细节是工程监理单位在随后投标过程中需要注意的问题。

3.2.2　建设工程监理费用计取方法

由于建设工程类别、特点及服务内容不同,可采用不同方法计取监理费用。具体采用的计价方式由双方在合同中约定。

1）按费率计费

该方法是按照工程规模大小和所委托的咨询工作繁简，以建设投资的一定百分比计算。通常，工程规模越大，建设投资越多，计算咨询费的百分比越小。该方法比较简便、科学，颇受业主和咨询单位欢迎，也是行业中工程咨询采用的计费方式之一。例如，美国按 3%~4% 计取，德国按 5% 计取（含工程设计方案费），日本按 2.3%~4.5% 计取（称设计监理费），东南亚多数国家按 1%~3% 计取，中国台湾地区按 2.3% 左右计取。

考虑到改进设计、降低成本可能会导致服务费相应降低，影响服务者改进工作的积极性，美国规定：服务者因改进设计而使工程费用降低，可按其节约额的一定百分比给予奖励。

2）按人工时计费

这种方法是根据合同项目执行时间（时间单位可以是小时，也可以是工作日或月），以补偿费加一定数额的补贴计算咨询费总额。单位时间的补偿费用一般以咨询企业职员的基本工资为基础，再加上一定的管理费和利润（税前利润）。采用这种方法时，咨询人员的差旅费、工作函电费、资料费，以及试验和检验费、交通和住宿费等均由业主另行支付。

这种方法主要适用于临时性、短期咨询业务活动，或者不宜按建设投资百分比等方法计算咨询费的情形。由于这种方法在一定程度上限制了咨询单位潜在效益增加，因而会使单位时间计取的咨询费比咨询单位实际支出的费用要高得多。例如，美国工程咨询服务采用按工时计费法时，一般以工程咨询公司咨询人员每小时雇佣成本的 2.5~3 倍作为计费标准。

3）按服务内容计费

这种方法是指在明确咨询工作内容的基础上，业主与工程咨询公司协商一致确定的固定咨询费，或工程咨询公司在投标时以固定价形式进行报价而形成的咨询合同价格。当实际咨询工作量有所增减时，一般也不调整咨询费。

例如，德国工程师协会法定计费委员会（AHO）制定的《建筑师与工程师服务费法定标准》（HOAI），将工程建设全过程划分为 9 个阶段。HOAI 对各阶段的工程咨询服务内容都有详细的规定，并规定了相应的基本服务费用标准，取费必须在标准规定的最低额与最高额之间。

国内工程监理费用一般参考国家以往收费标准或以人工成本加酬金等方式计取。

3.3　建设工程监理合同管理

3.3.1　建设工程监理合同订立

1）建设工程监理合同特点

建设工程监理合同是指委托人（建设单位）与监理人（工程监理单位）就委托的建设工程监理与相关服务内容签订的明确双方义务和责任的协议。其中，委托人是指委托建设工程监理与相关服务的一方，及其合法的继承人或受让人；监理人是指提供监理与相关服务的一方，及其合法的继承人。

建设工程监理合同是一种委托合同，除具有委托合同的共同特点外，还具有以下特点：

①建设工程监理合同当事人双方应是具有民事权利能力和民事行为能力、具有法人资格的企事业单位及其他社会组织，个人在法律允许的范围内也可以成为合同当事人。接受委托

的监理人必须是依法成立、具有工程监理资质的企业，其所承担的工程监理业务应与企业资质等级和业务范围相符合。

②建设工程监理合同委托的工作内容必须符合法律法规、有关工程建设标准、勘察设计文件及合同。建设工程监理合同以对建设工程项目目标实施控制并履行建设工程安全生产管理法定职责为主要内容。因此，建设工程监理合同必须符合法律法规和有关工程建设标准，并与工程勘察设计文件、施工合同及材料设备采购合同相协调。

③建设工程监理合同的标的是服务。工程建设实施阶段所签订的勘察设计合同、施工合同、物资采购合同、委托加工合同的标的物是产生新的信息成果或物质成果，而监理合同的履行不产生物质成果，而是由监理工程师凭借自己的知识、经验、技能，为委托人所签订的施工合同、物资采购合同等的履行实施监督管理。

2) 建设工程监理合同主要内容

工程监理合同的订立，意味着委托关系的形成，委托人与监理人之间的关系将受到合同约束。工程监理合同应采用书面形式约定双方的义务和违约责任，且通常会参照国家推荐使用的示范文本。除住房和城乡建设部（以下简称"住建部"）和国家工商行政管理总局（现国家市场监督管理总局）发布《建设工程监理合同（示范文本）》（GF-2012-0202）外，国家发展改革委等九部委联合发布的《中华人民共和国标准监理招标文件（2017年版）》中也明确了监理合同条款及格式。监理合同条款由通用合同条款和专用合同条款两部分组成，同时还以合同附件格式明确了合同协议书和履约保证金格式。

（1）通用合同条款

通用合同条款包括：一般约定、委托人义务、委托人管理、监理人义务、监理要求、开始监理和完成监理、监理责任与保险、合同变更、合同价格与支付、不可抗力、违约、争议解决等12个方面。

（2）专用合同条款

专用合同条款是对通用合同条款的细化、完善、补充、修改或另行约定。合同当事人可根据不同工程特点及具体情况，通过谈判、协商对相应通用合同条款进行修改、补充。

（3）合同附件格式

合同附件格式是订立合同时采用的规范化文件，包括合同协议书和履约保证金格式。

①合同协议书。合同协议书是合同组成文件中唯一需要委托人和监理人签字盖章的法律文书。合同协议书除明确规定对当事人双方有约束力的合同组成文件外，订立合同时还需要明确填写的内容：包括委托人和监理人名称；实施监理的项目名称；签约合同价；总监理工程师；监理工作质量符合的标准和要求；监理人计划开始监理的日期和监理服务期限。

②履约保证金格式。履约担保采用保函形式，履约保函标准格式主要有以下特点：

a.担保期限。自委托人与监理人签订的合同生效之日起，至委托人签发工程竣工验收证书之日起28天后失效。

b.担保方式。采用无条件担保方式，即持有履约保函的委托人认为监理人有严重违约情况时，即可凭保函要求担保人予以赔偿，不需监理人确认。在履约保函标准格式中，担保人承诺"在本担保有效期内，如果监理人不履行合同约定的义务或其履行不符合合同的约定，我方在收到你方以书面形式提出的在担保金额内的赔偿要求后，在7日内无条件支付"。

（4）合同文件解释顺序

合同协议书与下列文件一起构成合同文件：a.中标通知书；b.投标函及投标函附录；c.专用合同条款；d.通用合同条款；e.委托人要求；f.监理报酬清单；g.监理大纲；h.其他合同文件。上述合同文件互相补充和解释。如果合同文件之间存在矛盾或不一致之处，以上述文件的排列顺序在先者为准。

3.3.2　建设工程监理合同履行

1）委托人主要义务

①除专用合同条款另有约定外，委托人应在合同签订后14天内，将委托人代表的姓名、职务、联系方式、授权范围和授权期限书面通知监理人，由委托人代表在其授权范围和授权期限内，代表委托人行使权利、履行义务和处理合同履行中的具体事宜。委托人更换委托人代表的，应提前14天将更换人员的姓名、职务、联系方式、授权范围和授权期限书面通知监理人。

②委托人应按约定的数量和期限将专用合同条款约定由委托人提供的文件（包括规范标准、承包合同、勘察文件、设计文件等）交给监理人。

③委托人应在收到预付款支付申请后28天内，将预付款支付给监理人。

④符合专用合同条款约定的开始监理条件的，委托人应提前7天向监理人发出开始监理通知。监理服务期限自开始监理通知中载明的开始监理日期起计算。

⑤委托人应按合同约定向监理人发出指示，委托人的指示应盖有委托人单位章，并由委托人代表签字确认。在紧急情况下，委托人代表或其授权人员可以当场签发临时书面指示。委托人代表应在临时书面指示发出后24小时内发出书面确认函，逾期未发出书面确认函的，该临时书面指示应被视为委托人的正式指示。

⑥委托人应在专用合同条款约定的时间内，对监理人书面提出的事项做出书面答复；逾期没有做出答复的，视为已获得委托人批准。

⑦委托人应当及时接收监理人提交的监理文件。如无正当理由拒收的，视为委托人已接收监理文件。委托人接收监理文件时，应向监理人出具文件签收凭证，凭证内容包括文件名称、文件内容、文件形式、份数、提交和接收日期、提交人与接收人的亲笔签名等。

⑧委托人应在收到中期支付或费用结算申请后的28天内，将应付款项支付给监理人。委托人未能在前述时间内完成审批或不予答复的，视为委托人同意中期支付或费用结算申请。委托人不按期支付的，按专用合同条款的约定支付逾期付款违约金。

⑨委托人要求监理人进行外出考察、试验检测、专项咨询或专家评审时，相应费用不含在合同价格之中，由委托人另行支付。

⑩监理人提出的合理化建议降低工程投资、缩短施工期限或者提高工程经济效益的，委托人应按专用合同条款约定给予奖励。

2）监理人主要义务

（1）监理工作内容

除专用合同条款另有约定外，监理工作内容包括：

①收到工程设计文件后编制监理规划，并在第一次工地会议7天前报委托人，根据有关规定和监理工作需要，编制监理实施细则；

②熟悉工程设计文件,并参加由委托人主持的图纸会审和设计交底会议;

③参加由委托人主持的第一次工地会议,主持监理例会并根据工程需要主持或参加专题会议;

④审查施工承包人提交的施工组织设计,重点审查其中的质量安全技术措施、专项施工方案与工程建设强制性标准的符合性;

⑤检查施工承包人工程质量、安全生产管理制度及组织机构和人员资格;

⑥检查施工承包人专职安全生产管理人员的配备情况;

⑦审查施工承包人提交的施工进度计划,核查施工承包人对施工进度计划的调整;

⑧检查施工承包人的试验室;

⑨审核施工分包人资质条件;

⑩查验施工承包人的施工测量放线成果;

⑪审查工程开工条件,对条件具备的签发开工令;

⑫审查施工承包人报送的工程材料、构配件、设备质量证明文件的有效性和符合性,并按规定对用于工程的材料采取平行检验或见证取样方式进行抽检;

⑬审核施工承包人提交的工程款支付申请,签发或出具工程款支付证书,并报委托人审核、批准;

⑭在巡视、旁站和检验过程中,发现工程质量、施工安全存在事故隐患的,要求施工承包人整改并报委托人;

⑮经委托人同意,签发工程暂停令和复工令;

⑯审查施工承包人提交的采用新材料、新工艺、新技术、新设备的论证材料及相关验收标准;

⑰验收隐蔽工程、分部分项工程;

⑱审查施工承包人提交的工程变更申请,协调处理施工进度调整、费用索赔、合同争议等事项;

⑲审查施工承包人提交的竣工验收申请,编写工程质量评估报告;

⑳参加工程竣工验收,签署竣工验收意见;

㉑审查施工承包人提交的竣工结算申请并报委托人;

㉒编制、整理工程监理归档文件并报委托人。

(2)工程监理职责

①监理人应按合同协议书的约定指派总监理工程师,并在约定的期限内到职。监理人更换总监理工程师应事先征得委托人同意,并应在更换14天前将拟更换的总监理工程师的姓名和详细资料提交给委托人。总监理工程师2天内不能履行职责的,应事先征得委托人同意,并委派代表代行其职责。

②监理人为履行合同发出的一切函件均应盖有监理人单位章或由监理人授权的项目机构章,并由监理人的总监理工程师签字确认。按照专用合同条款约定,总监理工程师可以授权其下属人员履行其某项职责,但事先应将这些人员的姓名和授权范围书面通知委托人和承包人。

③监理人应在接到开始监理通知之日起7天内,向委托人提交监理项目机构以及人员安

排的报告,其内容应包括项目机构设置、主要监理人员和作业人员的名单及资格条件。主要监理人员应相对稳定,更换主要监理人员的,应取得委托人的同意,并向委托人提交继任人员的资格、管理经验等资料。除专用合同条款另有约定外,主要监理人员包括总监理工程师、专业监理工程师等;其他人员包括各专业的监理员、资料员等。

④除专用合同条款另有约定外,建议监理人根据工程情况对监理责任进行保险,并在合同履行期间保持足额、有效。

⑤总监理工程师应当在办理工程质量监督手续前签署工程质量终身责任承诺书,连同法定代表人出具的授权书,报送工程质量监督机构备案。总监理工程师应当按照法律法规、有关技术标准、设计文件和工程承包合同进行监理,对施工质量承担监理责任。

⑥监理人应当根据法律、规范标准、合同约定和委托人要求,实施和完成监理,并编制和移交监理文件。监理文件的深度应满足本阶段相应监理工作的规定要求,满足委托人下一步工作需要,并应符合国家和行业的现行规定。

⑦合同履行中,监理人可对委托人要求提出合理化建议。合理化建议应以书面形式提交委托人。

⑧监理人应对施工承包人在缺陷责任期的质量缺陷修复进行监理。

3)违约责任

(1)委托人违约

在合同履行中发生下列情况之一的,属委托人违约:

①委托人未按合同约定支付监理报酬;

②委托人原因造成监理停止;

③委托人无法履行或停止履行合同;

④委托人不履行合同约定的其他义务。

委托人发生违约情况时,监理人可向委托人发出暂停监理通知,要求其在限定期限内纠正;逾期仍不纠正的,监理人有权解除合同并向委托人发出解除合同通知。委托人应当承担由于违约所造成的费用增加、周期延误和监理人损失等。

(2)监理人违约

在合同履行中发生下列情况之一的,属监理人违约:

①监理文件不符合规范标准及合同约定;

②监理人转让监理工作;

③监理人未按合同约定实施监理并造成工程损失;

④监理人无法履行或停止履行合同;

⑤监理人不履行合同约定的其他义务。

监理人发生违约情况时,委托人可向监理人发出整改通知,要求其在限定期限内纠正;逾期仍不纠正的,委托人有权解除合同并向监理人发出解除合同通知。监理人应当承担由于违约所造成的费用增加、周期延误和委托人损失等。

思考题

1.建设工程监理招标程序中包括哪些工作内容?

2.建设工程监理招标文件包括哪些内容?

3.建设工程监理投标决策方法有哪些?其基本原理是什么?

4.编制建设工程监理投标文件时应注意哪些事项?

5.建设工程监理投标策略有哪些?

6.建设工程监理招标方式有哪些?各自有何特点?

7.建设工程监理费用计取方法有哪些?

8.建设工程监理合同有何特点?

9.建设工程监理合同文件优先解释顺序是什么?

10.建设工程监理合同双方当事人违约情形分别有哪些?

第 4 章

建设工程监理组织

知识点	能力要求	相关知识	素质目标
建设工程监理委托方式及实施程序	熟悉建设工程监理委托方式	平行承包模式、施工总承包模式、工程总承包模式下建设工程监理委托方式	(1)培养学生在未来工作中专业素质和职业责任感,培养其契约精神 (2)培养学生的企业家精神和企业归属感 (3)培养学生的团队精神和合作意识,合作共赢发展观,建立共享发展理念
	熟悉建设工程监理实施程序和原则	(1)建设工程监理实施程序 (2)建设工程监理实施原则	
项目监理机构及监理人员职责	了解项目监理机构的设立	项目监理机构设立的基本要求和设立步骤	
	掌握项目监理机构组织形式	直线制组织形式、职能制组织形式、直线职能制组织形式、矩阵制组织形式	
	熟悉项目监理机构人员配备及职责分工	(1)项目监理机构人员配备 (2)项目监理机构各类人员基本职责	

　　建设工程监理组织是完成建设工程监理工作的基础和前提。不同的建设工程组织管理模式可采用不同的建设工程监理委托方式。工程监理单位接受建设单位委托后,应成立项目监理机构,并按照一定的原则、程序、方法和手段实施监理。

　　项目监理机构作为工程监理单位派驻施工现场履行建设工程监理合同的组织机构,需要根据建设工程监理合同约定的服务内容、服务期限,以及工程特点、规模、技术复杂程度、环境等因素设立,同时需要明确项目监理机构中各类人员的基本职责。

4.1　建设工程监理委托方式及实施程序

4.1.1　建设工程监理委托方式

1)平行承包模式下建设工程监理委托方式

平行承包是指建设单位将建设工程设计、施工及材料设备采购任务分解后分别发包给若干设计单位、施工单位和材料设备供应单位,并分别与各承包单位签订合同的工程建设组织实施方式。平行承包模式中,各设计单位、各施工单位、各材料设备供应单位之间的关系是平行关系。在平行承包模式下,工程监理委托方式主要有以下两种形式。

(1)建设单位委托一家工程监理单位实施监理

这种委托方式要求被委托的工程监理单位应具有较强的合同管理与组织协调能力,并能做好全面规划工作。工程监理单位可以组建多个监理分支机构分别对各施工单位实施监理。在建设工程监理过程中,总监理工程师应重点做好总体协调工作,加强横向联系,保证建设工程监理工作的有效运行。该委托方式如图 4-1 所示(图中实线为合同关系,虚线为管理关系)。

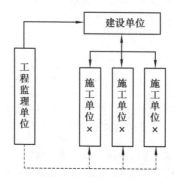

图 4-1　平行承包模式下委托一家工程监理单位的组织方式

(2)建设单位委托多家工程监理单位实施监理

建设单位委托多家工程监理单位针对不同施工单位实施监理,需要分别与多家工程监理单位签订建设工程监理合同,并协调各工程监理单位之间的相互协作与配合关系。采用这种委托方式,工程监理单位的监理对象相对单一,便于管理,但建设工程监理工作被肢解,各家工程监理单位各负其责,无法对建设工程进行总体规划与协调控制。该委托方式如图 4-2 所示(图中实线为合同关系,虚线为管理关系)。

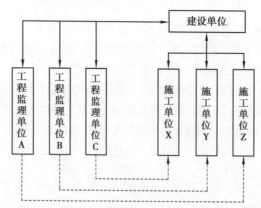

图 4-2　平行承包模式下委托多家工程监理单位的组织方式

为了克服上述不足,在某些大、中型建设工程监理实践中,建设单位首先委托一家"总监理单位",再由建设单位与"总监理单位"共同选择几家工程监理单位分别承担不同施工合同段监理任务;或由建设单位在已选定的几家工程监理单位中确定一家"总监理单位"。在建设工程监理工作中,"总监理单位"负责监理项目的总体规划和协调控制,管理其他各工程监理单位工作,可减轻建设单位的管理压力。该委托方式如图 4-3 所示(图中实线为合同关系,虚线为管理关系)。

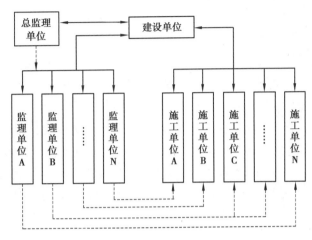

图 4-3　平行承包模式下委托"总监理单位"的组织方式

2) 施工总承包模式下建设工程监理委托方式

施工总承包模式是指建设单位将全部施工任务发包给一家施工单位作为总承包单位,总承包单位可以将其部分任务分包给其他施工单位,形成一个施工总包合同及若干个分包合同的工程建设组织实施方式。

建设单位宜委托一家工程监理单位实施监理,这样有利于工程在施工总承包模式下,监理单位统筹考虑工程质量、造价、进度控制,合理进行总体规划协调,有利于实施建设工程监理工作。

虽然施工总承包单位对施工合同承担承包方的最终责任,但分包单位的资格、能力直接影响工程质量、进度等目标的实现,因此,监理工程师必须做好对分包单位资格的审查、确认工作。

在施工总承包模式下,建设单位委托监理方式如图 4-4 所示(图中实线为合同关系,虚线为管理关系)。

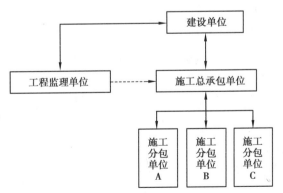

图 4-4　施工总承包模式下委托工程监理单位的组织方式

3) 工程总承包模式下建设工程监理委托方式

工程总承包是指建设单位将工程设计、材料设备采购、施工(EPC)或设计、施工(DB)等工作全部发包给一家单位,由该承包单位对工程质量、安全、工期和造价等全面负责的工程建设组织实施方式。按这种模式发包的工程也称"交钥匙工程"。

采用工程总承包模式,建设单位的合同关系简单,组织协调工作量小;由于工程设计与施工由一家承包单位统筹实施,一般能做到工程设计与施工的相互搭接,有利于控制工程进度,可缩短建设周期;也可从价值工程或全寿命周期费用角度取得明显的经济效果,有利于工程造价控制。但该模式的缺点是:合同条款不易准确确定,容易造成合同争议;合同数量虽少,但合同管理难度较大,造成招标发包工作难度大;由于承包范围大,介入工程项目时间早,工程信息未知数多,总承包单位要承担较大风险;由于有工程总承包能力的单位数量相对较少,建设单位选择余地也相应减少;工程质量标准和功能要求不易做到全面、具体、准确,"他人控制"机制薄弱,使工程质量控制难度加大。工程总承包模式下的监理组织方式如图4-5所示。

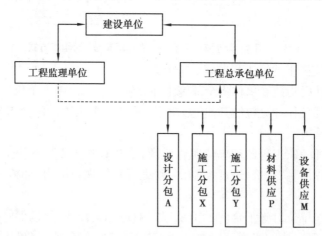

图 4-5 工程总承包模式下委托工程监理单位的组织方式

4.1.2 建设工程监理实施程序和原则

1) 建设工程监理实施程序

(1) 组建项目监理机构

工程监理单位在参与工程监理投标、承接工程监理任务时,根据建设工程规模、性质、建设单位对建设工程监理的要求,可选派符合总监理工程师任职资格要求的人员主持该项工作。在签订建设工程监理合同时,该主持人即可作为总监理工程师在工程监理合同中予以明确。

工程监理单位实施监理时,应在施工现场派驻项目监理机构,项目监理机构的组织形式和规模,可根据建设工程监理合同约定的服务内容、服务期限,以及工程特点、规模、技术复杂程度、环境等因素确定。

总监理工程师由工程监理单位法定代表人书面任命,负责履行建设工程监理合同,主持项目监理机构工作,是监理项目的总负责人,对内向工程监理单位负责,对外向建设单位负责。

总监理工程师应根据监理大纲和签订的建设工程监理合同确定项目监理机构人员及岗位职责,并在监理规划和具体实施计划执行中及时进行调整。

(2)收集工程监理有关资料

项目监理机构应收集工程监理有关资料,作为开展监理工作的依据。这些资料包括:

①反映工程项目特征的有关资料。主要包括:工程项目的批文,规划部门关于规划红线范围和设计条件的通知,土地管理部门关于准予用地的批文,批准的工程项目可行性研究报告或设计任务书,工程项目地形图,工程勘察成果文件,工程设计图纸及有关说明等。

②反映当地工程建设政策、法规的有关资料。主要包括:关于工程建设报建程序的有关规定,当地关于拆迁工作的有关规定,当地有关建设工程监理的有关规定,当地关于工程建设招标投标的有关规定,当地关于工程造价管理的有关规定等。

③反映工程所在地区经济状况等建设条件的资料。主要包括:气象资料,工程地质及水文地质资料,与交通运输(包括铁路、公路、航运)有关的可提供的能力、时间及价格等资料,与供水、供电、供热、供燃气、电信有关的可提供的容(用)量、价格等资料,勘察设计、土建、安装施工单位状况,建筑材料及构件、半成品的生产、供应情况,进口设备及材料的到货口岸、运输方式等。

④类似工程项目建设情况的有关资料。主要包括:投资方面的有关资料,建设工期方面的有关资料,其他技术经济指标等。

(3)编制监理规划及监理实施细则

监理规划是项目监理机构全面开展建设工程监理工作的指导性文件。监理实施细则是针对某一专业或某一方面建设工程监理工作的操作性文件。关于监理规划及监理实施细则的编制、审批等内容详见本书第5章。

(4)规范化地开展监理工作

项目监理机构应按照建设工程监理合同约定,依据监理规划及监理实施细则规范化地开展建设工程监理工作。建设工程监理工作的规范化体现在以下几个方面:

①工作的时序性。是指工程监理各项工作都应按一定的逻辑顺序开展,使建设工程监理工作能够有效地达到目的而不至于造成工作状态的无序和混乱。

②职责分工的严密性。建设工程监理工作是由不同专业、不同层次的专家群体共同完成的,他们之间严密的职责分工是协调进行建设工程监理工作的前提和实现建设工程监理目标的重要保证。

③工作目标的确定性。在职责分工的基础上,每一项监理工作的具体目标都应确定,完成的时间也应有明确的限定,从而能通过书面资料对建设工程监理工作及其效果进行检查和考核。

(5)参与工程竣工验收

建设工程施工完成后,项目监理机构应在正式验收前组织工程竣工预验收。在预验收中发现的问题,应及时与施工单位沟通,提出整改要求。项目监理机构应参加由建设单位组织的工程竣工验收,签署工程监理意见。

（6）向建设单位提交建设工程监理文件资料

建设工程监理工作完成后，项目监理机构应向建设单位提交在监理合同文件中约定的建设工程监理文件资料。如合同中未作明确规定，一般应向建设单位提交工程变更资料、监理指令性文件、各类签证等文件资料。

（7）进行监理工作总结

建设工程监理工作完成后，项目监理机构应及时从两方面进行监理工作总结。

①向建设单位提交的监理工作总结。主要内容包括：工程概况，项目监理机构，建设工程监理合同履行情况，监理工作成效，监理工作中发现的问题及其处理情况，监理任务或监理目标完成情况评价，由建设单位提供的供项目监理机构使用的办公用房、车辆、试验设施等的清单，表明建设工程监理工作终结的说明，其他说明和建议等。

②向工程监理单位提交的监理工作总结。主要内容包括：

a.建设工程监理工作的成效和经验。可以是采用某种监理技术、方法，或采用某种经济措施、组织措施；也可以是如何处理好与建设单位、施工单位之间的关系；还可以是其他工程监理合同执行方面的成效和经验。

b.建设工程监理工作中发现的问题、处理情况及改进建议。

2）建设工程监理实施原则

工程监理单位受建设单位委托实施建设工程监理时，应遵循以下基本原则：

（1）公平、独立、诚信、科学原则

工程监理单位在实施建设工程监理与相关服务时，要公平地处理工作中出现的问题，独立地进行判断和行使职权，科学地为建设单位提供专业化服务。既要维护建设单位的合法权益，也不能损害其他有关单位的合法权益。建设单位与施工单位都是独立运行的经济主体，他们追求的经济目标有差异，各自的行为也有差别。工程监理单位应在合同约定的权、责、利关系基础上，协调双方的一致性。独立是公平地开展监理活动的前提，诚信、科学是监理工作质量的根本保证。

（2）权责一致原则

工程监理单位实施监理是受建设单位的委托授权并根据有关建设工程监理法律法规而进行的。这种权力的授予，除体现在建设单位与工程监理单位签订的建设工程监理合同之中外，还应体现在建设单位与施工单位签订的建设工程施工合同中。工程监理单位履行监理职责、承担监理责任，需要建设单位授予相应的权力。同样，由于总监理工程师是工程监理单位履行建设工程监理合同的全权代表，由总监理工程师代表工程监理单位履行建设工程监理职责、承担建设工程监理责任，因此，工程监理单位应给予总监理工程师充分授权，体现权责一致原则。

（3）总监理工程师负责制原则

总监理工程师负责制指由总监理工程师全面负责建设工程监理工作，其内涵包括：

①总监理工程师是建设工程监理工作的责任主体。总监理工程师是实现建设工程监理目标的最高责任者。责任是总监理工程师负责制的核心，它构成总监理工程师的工作压力和动力，也是确定总监理工程师权力和利益的依据。

②总监理工程师是建设工程监理工作的权力主体。根据总监理工程师承担责任的要求,总监理工程师负责制体现了总监理工程师全面领导建设工程的监理工作,包括组建项目监理机构,主持编制建设工程监理规划,组织实施监理活动,总结、评价监理工作等。

③总监理工程师是建设工程监理工作的利益主体。总监理工程师对社会公众利益负责,对建设单位投资效益负责,同时也对所监理项目的监理效益负责。

（4）严格监理、热情服务原则

在处理工程监理单位与承包单位、建设单位与承包单位之间的利益关系时,一方面应坚持严格按合同办事、严格监理要求;另一方面,应立场公正,为建设单位提供热情服务。

严格监理就是要求监理人员严格按照法规、政策、标准和合同,控制工程项目目标,严格把关,依照规定的程序和制度,认真履行监理职责,建立良好的工作作风。

热情服务就是运用合理的技能,谨慎而勤奋地工作。工程监理单位应按照建设工程监理合同的要求,多方位、多层次地为建设单位提供良好的服务,维护建设单位的正当权益。但不顾施工单位的正当经济利益,一味向施工单位转嫁风险,也非明智之举。

（5）综合效益原则

建设工程监理活动既要考虑建设单位的经济利益,也必须考虑与社会效益和环境效益的有机统一。建设工程监理活动虽经建设单位的委托和授权才得以进行,但工程监理单位首先应严格遵守工程建设管理有关法律、法规及标准,既要对建设单位负责,谋求最大的经济效益,同时要对国家和社会负责,取得最佳的综合效益。只有在符合宏观经济效益、社会效益和环境效益的条件下,业主投资项目的微观经济效益才能得以实现。

（6）预防为主原则

由于工程项目具有一次性、单件性等特点,在工程建设过程中存在很多风险,工程监理单位要有预见性,将重点放在"预控"上,防患于未然。在编制监理规划和监理实施细则以及实施监理过程中,要分析和预测可能发生的问题,制订相应的对策和预控措施予以防范。

（7）实事求是原则

在建设工程监理工作中,工程监理单位应尊重事实。项目监理机构的任何指令、判断应以事实为依据,有证明、检验、试验资料等。

4.2　项目监理机构及监理人员职责

4.2.1　项目监理机构的设立

1）项目监理机构设立的基本要求

设立项目监理机构应满足以下基本要求:

①设立项目监理机构应遵循适应、精简、高效的原则,要有利于建设工程监理目标控制和合同管理,要有利于建设工程监理职责的划分和监理人员的分工协作,要有利于建设工程监理的科学决策和信息沟通。

②项目监理机构的监理人员应由一名总监理工程师、若干名专业监理工程师和监理员组成,且专业配套,数量应满足监理工作和建设工程监理合同对监理工作深度及建设工程监理目标控制的要求,必要时可设总监理工程师代表。

项目监理机构可设总监理工程师代表的情形包括:

a.工程规模较大、专业较复杂,总监理工程师难以处理多个专业工程时,可按专业设总监理工程师代表。

b.一个建设工程监理合同中包含多个相对独立的施工合同,可按施工合同段设总监理工程师代表。

c.工程规模较大、地域比较分散,可按工程地域设置总监理工程师代表。

除总监理工程师、专业监理工程师和监理员外,项目监理机构还可根据监理工作需要,配备文秘、翻译、司机和其他行政辅助人员。

项目监理机构应根据建设工程不同阶段的需要配备数量和专业满足要求的监理人员,有序安排相关监理人员进退场。

③一名监理工程师可担任一项建设工程监理合同的总监理工程师。当需要同时担任多项建设工程监理合同的总监理工程师时,应经建设单位书面同意,且最多不得超过3项。

④工程监理单位更换、调整项目监理机构监理人员,应做好交接工作,保证建设工程监理工作的连续性。工程监理单位调换总监理工程师时,应征得建设单位书面同意;调换专业监理工程师时,总监理工程师应书面通知建设单位。

2)项目监理机构设立步骤

工程监理单位在组建项目监理机构时,一般按以下步骤进行:

(1)确定项目监理机构目标

建设工程监理目标是项目监理机构建立的前提,项目监理机构的建立应根据建设工程监理合同中确定的目标,制订总目标并明确划分项目监理机构的分解目标。

(2)确定监理工作内容

根据监理目标和建设工程监理合同中规定的监理任务,明确列出监理工作内容,并进行分类归并及组合。监理工作的归并及组合应便于监理目标控制,并综合考虑工程组织管理模式、工程结构特点、合同工期要求、工程复杂程度、工程管理及技术特点;还应考虑工程监理单位自身组织管理水平、监理人员数量、技术业务特点等。

(3)设计项目监理机构组织结构

①选择组织结构形式。由于建设工程规模、性质、组织实施模式等不同,应选择适宜的项目监理机构组织形式,以适应监理工作需要。组织结构形式选择的基本原则是:有利于工程合同管理,有利于监理目标控制,有利于决策指挥,有利于信息沟通。

②确定管理层次与管理跨度。管理层次是指组织的最高管理者到最基层实际工作人员之间等级层次的数量。管理层次可分为3个层次,即决策层、中间控制层和操作层。组织的最高管理者到最基层实际工作人员权责逐层递减,而人数却逐层递增。

项目监理机构中的3个层次:

a.决策层。主要是指总监理工程师、总监理工程师代表,根据建设工程监理合同的要求和监理活动内容进行科学化、程序化决策与管理。

b.中间控制层(协调层和执行层)。由各专业监理工程师组成,具体负责监理规划的落实,监理目标控制及合同实施的管理。

c.操作层。主要由监理员组成,具体负责监理活动的操作实施。

管理跨度是指一名上级管理人员直接管理的下级人数。管理跨度越大,领导者需要协调的工作量越大,管理难度也越大。为使组织结构高效运行,必须确定合理的管理跨度。项目监理机构中,管理跨度的确定应考虑监理人员的素质、管理活动的复杂性和相似性、监理业务的标准化程度、各规章制度的建立健全情况、建设工程的集中或分散情况等。

③设置项目监理机构部门。组织中各部门的合理设置对发挥组织效用十分重要。管理部门设置要根据组织目标与工作内容确定,形成既有相互分工又有相互配合的组织机构。设置项目监理机构各职能部门时,应根据项目监理机构目标、可利用的人力和物力资源及合同结构情况,将质量控制、造价控制、进度控制、合同管理、信息管理及履行建设工程安全生产管理法定职责等监理工作内容,按不同的职能形成相应管理部门。

④制订岗位职责及考核标准。岗位职务及职责的确定要有明确的目的性,不可因人设事。根据权责一致原则,应进行适当授权,以承担相应的职责;并应确定考核标准,对监理人员的工作进行定期考核,包括考核内容、标准及时间。表4-1和表4-2分别为总监理工程师和专业监理工程师岗位职责考核参考标准。

表 4-1　总监理工程师岗位职责标准

项目	职责内容	考核要求	
		标准	时间
工作目标	质量控制	符合质量控制计划目标	工程各阶段末
	造价控制	符合造价控制计划目标	每月(季)末
	进度控制	符合合同工期及总进度控制计划目标	每月(季)末
基本职责	根据监理合同,建立和有效管理项目监理机构	项目监理组织机构科学合理项目监理机构有效运行	每月(季)末
	组织编制与组织实施监理规划;审批监理实施细则	建设工程监理工作系统策划监理实施细则符合监理规划要求,具有可操作性	编写和审核完成后
	审查分包单位资格	符合合同要求	规定时限内
	监督和指导专业监理工程师对质量、造价、进度进行控制;审核、签发有关文件资料;处理有关事项	监理工作处于正常工作状态,工程处于受控状态	每月(季)末
	做好监理过程中有关各方的协调工作	工程处于受控状态	每月(季)末
	组织整理监理文件资料	及时、准确、完整	按合同约定

表 4-2　专业监理工程师岗位职责标准

项目	职责内容	考核要求	
		标准	时间
工作目标	质量控制	符合质量控制分解目标	工程各阶段末
	造价控制	符合投资控制分解目标	每周(月)末
	进度控制	符合合同工期及总进度控制分解目标	每周(月)末
基本职责	熟悉工程情况,负责编制本专业监理工作计划和监理实施细则	反映专业特点,具有可操作性	实施前 1 个月
	具体负责本专业的监理工作	建设工程监理工作有序工程处于受控状态	每周(月)末
	做好项目监理机构内各部门之间监理任务的衔接、配合工作	监理工作各负其责,相互配合	每周(月)末
	处理与本专业有关的问题;对质量、造价、进度有重大影响的监理问题应及时报告总监理工程师	工程处于受控状态及时、真实	每周(月)末
	负责与本专业有关的签证、通知、备忘录,及时向总监理工程师提交报告、报表资料等	及时、真实、准确	每周(月)末
	收集、汇总、整理本专业的监理文件资料	及时、准确、完整	每周(月)末

⑤选派监理人员。根据监理工作任务,选择适当的监理人员,必要时可配备总监理工程师代表。监理人员的选择除应考虑个人素质外,还应考虑人员总体构成的合理性与协调性。

《建设工程监理规范》(GB/T 50319—2013)规定,总监理工程师由监理工程师担任;总监理工程师代表由具有工程类职业资格的人员(如监理工程师、造价工程师、建造师、建筑师、注册结构工程师、注册岩土工程师、注册机电工程师等)担任,也可由具有中级及以上专业技术职称、3 年及以上工程实践经验并经监理业务培训的人员担任;专业监理工程师由具有工程类职业资格的人员担任,也可由具有中级及以上专业技术职称、2 年及以上工程实践经验并经监理业务培训的人员担任;监理员由具有中专及以上学历并经过监理业务培训的人员担任。

(4)制订工作流程和信息流程

为使监理工作科学、有序地进行,应按监理工作的客观规律制订工作流程和信息流程,规范化地开展监理工作。如图 4-6 所示为建设工程监理工作基本程序。

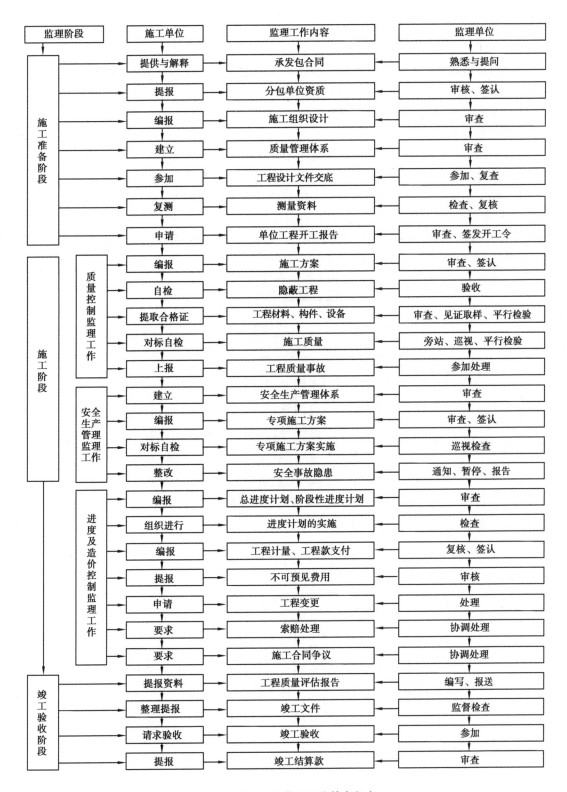

图 4-6　建设工程监理工作基本程序

4.2.2 项目监理机构组织形式

项目监理机构组织形式是指项目监理机构具体采用的管理组织结构。应根据建设工程特点、建设工程组织管理模式及工程监理单位自身情况等选择适宜的项目监理机构组织形式。常用的项目监理机构组织形式有直线制、职能制、直线职能制、矩阵制等。

1) 直线制组织形式

直线制组织形式的特点是项目监理机构中任何一个下级只接受唯一上级的命令。各级部门主管人员对各自所属部门的事务负责,项目监理机构中不再另设职能部门。

这种组织形式适用于能划分为若干个相对独立的子项目的大、中型建设工程。如图4-7所示,总监理工程师负责整个工程的规划、组织和指导,并负责整个工程范围内各方面的指挥协调工作;子项目监理机构分别负责各子项目的目标控制,具体领导现场专业或专项监理机构的工作。

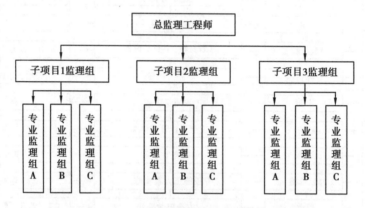

图4-7　按子项目分解的直线制项目监理机构组织形式

如果建设单位将相关服务一并委托,项目监理机构的部门还可按不同的建设阶段分解设立直线制项目监理机构组织形式,如图4-8所示。

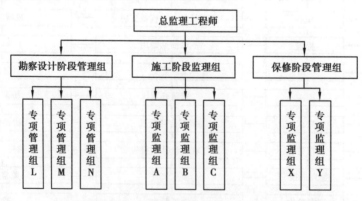

图4-8　按工程建设阶段分解的直线制项目监理机构组织形式

对于小型建设工程,项目监理机构也可采用按专业内容分解的直线制组织形式,如图4-9所示。

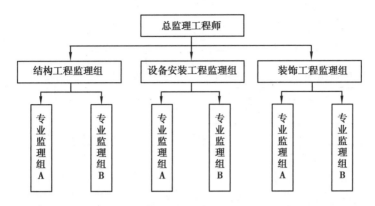

图 4-9 某工程直线制项目监理机构组织形式

直线制组织形式的主要优点是组织机构简单,权力集中,命令统一,职责分明,决策迅速,隶属关系明确。缺点是实行没有职能部门的"个人管理",这就要求总监理工程师通晓各种业务和多种专业技能,成为"全能"式人物。

2) 职能制组织形式

职能制组织形式是在项目监理机构内设立一些职能部门,将相应的监理职责和权力交给职能部门,各职能部门在其职能范围内有权直接发布指令指挥下级。职能制组织形式一般适用于大、中型建设工程,如图 4-10 所示。

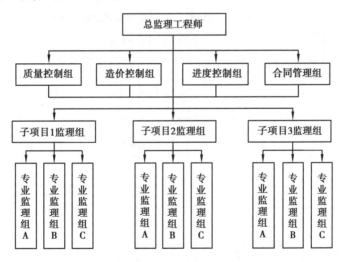

图 4-10 职能制项目监理机构组织形式

如果子项目规模较大时,也可以在子项目层设置职能部门,如图 4-11 所示。

职能组织形式的主要优点是加强了项目监理目标控制的职能化分工,可以发挥职能机构的专业管理作用,提高管理效率,减轻总监理工程师负担。缺点是由于下级人员受多头指令,如果这些指令相互矛盾,会使下级人员在监理工作中无所适从。

3) 直线职能制组织形式

直线职能制组织形式是吸收直线制组织形式和职能制组织形式的优点而形成的一种组织形式。这种组织形式将管理部门和人员分为两类:一类是直线指挥部门的人员,他们拥有对下级实行指挥和发布命令的权力,并对该部门的工作全面负责;另一类是职能部门的人员,

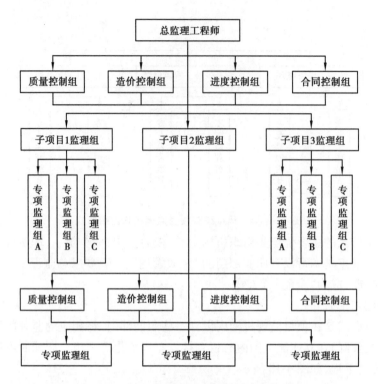

图 4-11　子项目 2 设立职能部门的职能制项目监理机构组织形式

他们是直线指挥人员的参谋,他们只能对下级部门进行业务指导,而不能对下级部门直接进行指挥和发布命令。如图 4-12 所示。

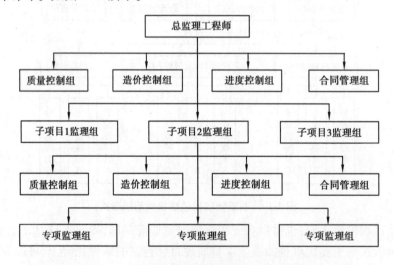

图 4-12　直线职能制项目监理机构组织形式

　　直线职能制组织形式既保持了直线制组织实行直线领导、统一指挥、职责分明的优点,又保持了职能制组织目标管理专业化的优点。缺点是职能部门与指挥部门易产生矛盾,信息传递路线长,不利于互通信息。

　　4) 矩阵制组织形式

　　矩阵制组织形式是由纵横两套管理系统组成的矩阵组织结构,一套是纵向职能系统,另一套是横向子项目系统,如图 4-13 所示。这种组织形式的纵、横两套管理系统在监理工作中是相互融合关系。图中虚线所绘的交叉点上,表示了两者协同以共同解决问题。如子项目 1 的质量验收是由子项目 1 监理组和质量控制组共同进行的。

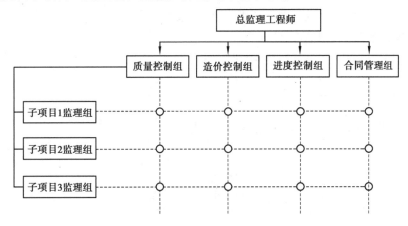

图 4-13　矩阵制项目监理机构组织形式

矩阵制组织形式的优点是加强了各职能部门的横向联系,具有较大的机动性和适应性,将上下左右集权与分权实行最优结合,有利于解决复杂问题,有利于监理人员业务能力的培养。缺点是纵横向协调工作量大,处理不当会造成扯皮现象,产生矛盾。

4.2.3　项目监理机构人员配备及职责分工

1) 项目监理机构人员配备

项目监理机构中配备监理人员的数量和专业应根据监理的任务范围、内容、工作期限以及工程的类别、规模、技术复杂程度、工程环境等因素综合考虑,并应符合建设工程监理合同中对监理工作深度及建设工程监理目标控制的要求,能体现项目监理机构的整体素质。

(1) 项目监理机构人员结构

项目监理机构应具有合理的人员结构,包括以下两方面:

①合理的专业结构。项目监理机构应由与所监理工程的性质(专业性强的生产项目或是民用项目)及建设单位对建设工程监理的要求(是否包含相关服务内容,是工程质量、造价、进度的多目标控制或是某一目标的控制)相适应的各专业人员组成,即各专业人员要配套,以满足项目各专业监理工作要求。

通常,项目监理机构应具备与所承担的监理任务相适应的专业人员。但当监理工程局部有特殊性或建设单位提出特殊监理要求而需要采用某种特殊监控手段(如局部的钢结构、网架、球罐体等质量监控需采用无损探伤、X 光及超声探测;水下及地下混凝土桩需要采用遥测仪器探测等)时,可将这些局部专业性强的监控工作另行委托给具有相应资质的咨询机构承担,这也应视为保证监理人员合理的专业结构。

②合理的技术职称结构。为了提高管理效率和经济性,应根据建设工程的特点和建设工程监理工作需要,确定项目监理机构中监理人员的技术职称结构。合理的技术职称结构表现为监理人员的高级职称、中级职称和初级职称的比例与监理工作要求相适应。

通常,工程勘察设计阶段的服务,对人员职称要求更高些,具有高级职称及中级职称的人员在整个监理人员构成中应占绝大多数。施工阶段监理,可由较多的初级职称人员从事实际操作工作,如旁站、见证取样、检查工序、施工结果复核、工程计量等。

这里所称的初级职称人员是指助理工程师、助理经济师、技术员等,也可包括具有相应能力的实践经验丰富的工人(应能看懂图纸、正确填报有关原始凭证)。施工阶段项目监理机构监理人员应具有的技术职称结构见表4-3。

表4-3 施工阶段监理机构监理人员应具有的技术职称结构

层次	人员	职能	职称要求		
决策层	总监理工程师、总监理工程师代表、专业监理工程师	项目监理的策划、规划;组织、协调、控制、评价等	高级职称	中级职称	
执行层/协调层	专业监理工程师	项目监理实施的具体组织、指挥、控制、协调			初级职称
作业层/操作层	监理员	具体业务的执行			

(2)项目监理机构监理人员数量的确定

①影响项目监理机构人员数量的主要因素。主要包括以下几方面:

a.工程建设强度。工程建设强度是指单位时间内投入的建设工程资金的数量,即工程建设强度=投资/工期。

其中,投资和工期是指工程监理单位所承担监理任务的工程的建设投资和工期。投资可按工程概算投资额或合同价计算,工期可根据进度总目标及其分目标计算。显然,工程建设强度越大,需投入的监理人数越多。

b.建设工程复杂程度。通常,工程复杂程度涉及设计活动、工程地点位置、气候条件、地形条件、工程地质、工程性质、工程结构类型、施工方法、工期要求、材料供应、工程分散程度等因素。

根据上述各项因素,可将工程分为若干复杂程度等级,不同等级的工程需要配备的监理人员数量有所不同。例如,可将工程复杂程度按五级划分:简单、一般、较复杂、复杂、很复杂。工程复杂程度定级可采用定量法,即对构成工程复杂程度的每一因素通过专家评估,根据工程实际情况给出相应权重,将各影响因素的评分加权平均后,根据其值的大小确定该工程的复杂程度等级。例如,将工程复杂程度按10分制考虑,则平均分值1~3分、3~5分、5~7分、7~9分者依次为简单工程、一般工程、较复杂工程和复杂工程,9分以上为很复杂工程。

显然,简单工程需要的监理人员较少,而复杂工程需要的监理人员较多。

c.工程监理单位的业务水平。每个工程监理单位的业务水平和对某类工程的熟悉程度不完全相同,在监理人员素质、管理水平和监理设备手段等方面也存在差异,这都会直接影响监理效率的高低。高水平的监理单位可以投入较少的监理人力完成一个建设工程的监理工作,而一个经验不多或管理水平不高的监理单位则需投入较多的监理人力。因此,各监理单位应当根据自己的实际情况制订监理人员需要量定额。

d.项目监理机构的组织结构和任务职能分工。项目监理机构的组织结构关系到具体的监理人员配备,务必满足任务职能分工的要求。必要时,还需要根据职能分工对监理人员的配备作进一步调整。

有时,监理工作需要委托专业咨询机构或专业监测、检验机构进行,因此,项目监理机构的监理人员数量可适当减少。

②项目监理机构人员数量的确定方法。项目监理机构人员数量可按如下方法确定:

a.项目监理机构人员需要量定额。根据监理工作内容和工程复杂程度等级,测定、编制项目监理机构监理人员需要量定额,见表4-4。

表4-4　监理人员需要量定额(人·年/千万元人民币)

工程复杂程度	监理工程师	监理员	行政、文秘人员
简单工程	0.30	1.10	0.15
一般工程	0.35	1.50	0.15
较复杂工程	0.50	1.60	0.35
复杂工程	0.70	2.20	0.50
很复杂工程	>0.70	>2.20	>0.50

b.确定工程建设强度。根据所承担的监理工程,确定工程建设强度。例如,某工程分为2个子项目,合同总价为28 000万元人民币,其中子项目1合同价为16 000万元人民币,子项目2合同价为12 000万元人民币,合同工期为30个月。

工程建设强度=28 000/30×12=11 200(万元人民币/年)=11.2(千万元人民币/年)

c.确定工程复杂程度。按构成工程复杂程度的10个因素考虑,根据工程实际情况分别按10分制打分。具体结果见表4-5。

表4-5　工程复杂程度等级评定表

序号	影响因素	子项目1	子项目2
1	设计活动	5	6
2	工程位置	9	5
3	气候条件	5	5
4	地形条件	7	5
5	工程地质	4	7
6	施工方法	4	6
7	工期要求	5	5
8	工程性质	6	6
9	材料供应	4	5
10	分散程度	5	5
平均分值		5.4	5.5

根据计算结果,此工程为较复杂工程。

d.根据工程复杂程度和工程建设强度套用监理人员需要量定额。从定额中可查到监理人员的需要量如下(人·年/千万元人民币):

监理工程师:0.50;监理员:1.60;行政文秘人员:0.35。

各类监理人员数量如下:

监理工程师:0.50×11.2 = 5.60 人,按 6 人考虑;

监理员:1.60×11.2 = 17.92 人,按 18 人考虑;

行政文秘人员:0.35×11.2 = 3.92 人,按 4 人考虑。

e.根据实际情况确定监理人员数量。该工程项目监理机构直线制组织结构如图 4-14 所示。

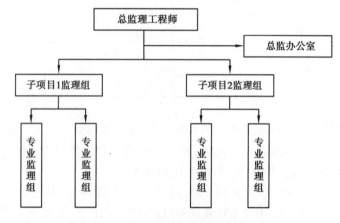

图 4-14　项目监理机构的直线制组织结构

根据项目监理机构情况决定每个部门各类监理人员如下:

监理总部(包括总监理工程师、总监理工程师代表和总监理工程师办公室):总监理工程师 1 人,总监理工程师代表 1 人,行政文秘人员 2 人。

子项目 1 监理组:专业监理工程师 2 人,监理员 10 人,行政文秘人员 1 人。

子项目 2 监理组:专业监理工程师 2 人,监理员 8 人,行政文秘人员 1 人。

项目监理机构监理人员数量和专业配备应随工程施工进展情况作相应调整,从而满足不同阶段监理工作的需要。

2) 项目监理机构各类人员基本职责

《建设工程监理规范》(GB/T 50319—2013)规定了总监理工程师、总监理工程师代表、专业监理工程师和监理员应履行的基本职责。

(1)总监理工程师职责

总监理工程师是由工程监理单位法定代表人书面任命,负责履行建设工程监理合同、主持项目监理机构工作的监理工程师。总监理工程师应履行下列职责:

①确定项目监理机构人员及其岗位职责;

②主持编写监理规划,审批监理实施细则;

③根据工程进展情况安排监理人员进场,检查监理人员工作,调换不称职的监理人员;

④组织召开监理例会;

⑤组织审核分包单位资格；

⑥组织审查施工组织设计、(专项)施工方案、应急救援预案；

⑦审查开复工报审表，签发工程开工令、暂停令和复工令；

⑧组织检查施工单位现场质量、安全生产管理体系的建立及运行情况；

⑨组织审核施工单位的付款申请，签发工程款支付证书，组织审核竣工结算；

⑩组织审查和处理工程变更；

⑪调解建设单位与施工单位的合同争议，处理工期索赔；

⑫组织验收分部工程，组织审查单位工程质量检验资料；

⑬审查施工单位的竣工申请，组织工程竣工预验收，组织编写工程质量评估报告，参与工程竣工验收；

⑭参与或配合工程质量安全事故的调查和处理；

⑮组织编写监理月报、监理工作总结，组织整理监理文件资料。

⑯总监理工程师代表是经工程监理单位法定代表人同意，由总监理工程师书面授权，代表总监理工程师行使其部分职责和权力的人员。总监理工程师不得将下列工作委托给总监理工程师代表：

a.组织编制监理规划，审批监理实施细则；

b.根据工程进展情况安排监理人员进场，调换不称职的监理人员；

c.组织审查施工组织设计、(专项)施工方案、应急救援预案；

d.签发工程开工令、暂停令和复工令；

e.签发工程款支付证书，组织审核竣工结算；

f.调解建设单位与施工单位的合同争议，处理工期索赔；

g.审查施工单位的竣工申请，组织工程竣工预验收，组织编写工程质量评估报告，参与工程竣工验收；

h.参与或配合工程质量安全事故的调查和处理。

(2)专业监理工程师职责

专业监理工程师是由总监理工程师授权，负责实施某一专业或某一岗位的监理工作，有相应监理文件签发权的人员。专业监理工程师应履行下列职责：

①参与编制监理规划，负责编制监理实施细则；

②审查施工单位提交的涉及本专业的报审文件，并向总监理工程师报告；

③参与审核分包单位资格；

④指导、检查监理员工作，定期向总监理工程师报告本专业监理工作实施情况；

⑤检查进场的工程材料、构配件、设备的质量；

⑥验收检验批、隐蔽工程、分项工程，参与验收分部工程；

⑦处置发现的质量问题和安全事故隐患；

⑧进行工程计量；

⑨参与工程变更的审查和处理；

⑩填写监理日志，参与编写监理月报；

⑪收集、汇总、参与整理监理文件资料；

⑫参与工程竣工预验收和竣工验收。

（3）监理员职责

监理员是在专业监理工程师领导下从事工程检查、材料的见证取样、有关数据复核等具体监理工作的人员。监理员应履行下列职责：

①检查施工单位投入工程的人力、主要设备的使用及运行状况；

②进行见证取样；

③复核工程计量有关数据；

④检查工序施工结果；

⑤发现施工作业中的问题，及时指出并向专业监理工程师报告。

专业监理工程师和监理员的上述职责为其基本职责，在建设工程监理实施过程中，项目监理机构还应针对工程实际情况，明确各岗位专业监理工程师和监理员的职责分工。

思考题

1.项目监理机构应收集哪些有关的工程监理资料？

2.建设工程监理工作的规范化体现在哪几个方面？

3.简述建设工程监理工作完成后，监理机构向建设单位提交的监理工作总结的主要内容。

4.简述建设工程监理实施的原则。

5.简述项目监理机构可设总监理工程师代表的情形。

6.简述建立监理组织的步骤。

7.简述监理组织的形式和对应的特点。

8.确定监理组织人员数量时通常要考虑哪些因素？

9.简述总监理工程师和总监理工程师代表的职责。

第 **5** 章
监理规划与监理实施细则

知识点	能力要求	相关知识	素质目标
监理规划	了解监理规划编写依据和要求	监理规划编写依据和编写要求	(1)培养学生规则意识和规范意识 (2)培养学生事前计划和事前控制的能力 (3)培养学生创新精神和统筹能力
	掌握监理规划主要内容	(1)工程概况 (2)监理工作的范围、内容和目标、依据 (3)监理组织形式、人员配备及进退场计划、监理人员岗位职责、监理工作制度 (4)工程质量、造价、进度控制 (5)安全生产管理、合同管理与信息管理的监理工作 (6)组织协调和监理设施	
	了解监理规划报审	监理规划报审程序和审核内容	
监理实施细则	了解监理实施细则编写依据和要求	监理实施细则编写依据和要求	
	掌握监理实施细则主要内容	(1)专业工程特点 (2)监理工作流程和工作要点 (3)监理工作方法及措施	
	熟悉监理实施细则报审	监理实施细则报审程序和审核内容	

　　监理规划是项目监理机构全面开展建设工程监理工作的指导性文件,监理实施细则是在监理规划的基础上,针对工程项目中某一专业或某一方面监理工作编制的操作性文件。监理规划和监理实施细则的内容全面具体,而且需要按程序报批后才能实施。

5.1 监理规划

5.1.1 监理规划编写依据和要求

1) 监理规划编写依据

(1) 工程建设法律法规和标准

①国家层面工程建设有关法律、法规及政策。无论在任何地区或任何部门进行工程建设,都必须遵守国家层面工程建设相关法律、法规及政策。

②工程所在地或所属部门颁布的工程建设相关法规、规章及政策。

③工程建设标准。

(2) 建设工程外部环境调查研究资料

①自然条件方面的资料。

②社会和经济条件方面的资料。

(3) 政府批准的工程建设文件

①政府发展改革部门批准的可行性研究报告、立项批文。

②政府规划土地、环保等部门确定的规划条件、土地使用条件、环境保护要求、市政管理规定。

(4) 建设工程监理合同文件

建设工程监理合同的相关条款和内容,工程监理投标书。

(5) 建设工程合同

在编写监理规划时,也要考虑建设工程合同(特别是施工合同)中关于建设单位和施工单位义务和责任的内容,以及建设单位对于工程监理单位的授权。

(6) 建设单位要求

工程监理单位应竭诚为客户服务,在不超出合同职责范围的前提下,工程监理单位应最大程度地满足建设单位的合理要求。

(7) 工程实施过程中输出的有关工程信息

主要包括方案设计、初步设计、施工图设计、工程实施状况、工程招标投标情况、重大工程变更、外部环境变化等。

2) 监理规划编写要求

(1) 监理规划的基本构成内容应当力求统一

监理规划的基本构成内容主要取决于工程监理制度对于工程监理单位的基本要求。就某一特定的建设工程而言,监理规划应根据建设工程监理合同所确定的监理范围和深度编制,但其主要内容应力求体现上述内容。

(2) 监理规划的内容应具有针对性、指导性和可操作性

监理规划作为指导项目监理机构全面开展监理工作的纲领性文件,其内容应具有很强的针对性、指导性和可操作性。每个项目的监理规划既要考虑项目自身特点,也要根据项目监理机构的实际状况,在监理规划中明确规定项目监理机构在工程实施过程中各个阶段的工作

内容、工作人员、工作时间和地点、工作的具体方式方法等。监理规划只要能有效指导建设工程监理工作,使项目监理机构最终圆满完成监理任务,就是一个合格的监理规划。

(3)监理规划应由总监理工程师组织编制

《建设工程监理规范》(GB/T 50319—2013)明确规定,总监理工程师应组织编制监理规划。编制一份合格的监理规划,还要充分调动整个项目监理机构中专业监理工程师的积极性,广泛征求各专业监理工程师和其他监理人员的意见,并组织水平较高的专业监理工程师共同参与编制。

监理规划的编写还应听取建设单位的意见,以便能最大限度地满足其合理要求,使监理工作得到有关各方的理解和支持,为进一步做好监理服务奠定基础。

(4)监理规划应把握工程项目的运行脉搏

监理规划要把握工程项目的运行脉搏,是指随着工程的推进,监理规划可能需要进行不断的补充、修改及完善。在工程项目运行过程中,内外因素和条件不可避免会发生变化,造成工程实际情况偏离计划,此时,往往需要调整计划乃至目标。因此,监理规划在内容上往往也要进行相应调整。

(5)监理规划应有利于工程监理合同的履行

监理规划是针对特定一个工程的监理范围和内容编写的,而建设工程监理范围和内容是由工程监理合同明确的。项目监理机构应充分了解工程监理合同中建设单位、工程监理单位的义务和责任,对完成工程监理合同目标控制任务的主要影响因素进行分析,制定具体的措施和方法,确保工程监理合同的履行。

(6)监理规划的表达方式应当标准化、格式化

监理规划的内容需要选择最有效的方式和方法表示,图、表和简单的文字说明是基本方法。规范化、标准化是科学管理的标志之一。所以,编写监理规划应当采用什么表格、图示以及哪些内容需要采用简单的文字说明,应当作出统一规定。

(7)监理规划的编制应充分考虑时效性

监理规划应在签订建设工程监理合同及收到工程设计文件后,由总监理工程师组织编制,并应在召开第一次工地会议7天前报建设单位。监理规划报送前,还应由监理单位技术负责人审核签字。因此,监理规划的编写还要留出必要的审查和修改时间。为此,应当对监理规划的编写时间事先作出明确规定,以免编写时间过长,从而耽误监理规划对监理工作的指导,使监理工作陷于被动和无序。

(8)监理规划经审核批准后方可实施

监理规划在编写完成后需进行审核并经批准。监理单位的技术管理部门是内部审核单位,技术负责人应当签认。同时,还应当按工程监理合同约定,提交给建设单位,由建设单位确认。

5.1.2　监理规划主要内容

《建设工程监理规范》(GB/T 50319—2013)明确规定,监理规划的内容包括:工程概况,监理工作的范围、内容、目标,监理工作依据,监理组织形式、人员配备及进退场计划、监理人员岗位职责,监理工作制度,工程质量控制,工程造价控制,工程进度控制,安全生产管理的监理工作,合同与信息管理,组织协调,监理工作设施。

1) 工程概况

工程概况包括:工程项目名称,工程项目建设地点,工程项目组成及建设规模(表5-1),主要建筑结构类型(表5-2),工程概算投资额或建安工程造价,工程项目计划工期(包括开竣工日期),工程质量目标,设计单位及施工单位情况(表5-3和表5-4),工程项目结构图、组织关系图和合同结构图,工程项目特点,其他说明。

表5-1 工程项目组成及建设规模

序号	工程名称	承建单位	工程数量

表5-2 主要建筑结构类型

工程名称	基础	主体结构	设备	……	装修

表5-3 设计单位情况

设计单位	设计内容	负责人

表5-4 施工单位情况

施工单位	承包工程内容	负责人

2) 监理工作的范围、内容和目标

(1) 监理工作范围

工程监理单位所承担的建设工程监理任务,可能是全部工程项目、某单位工程或某专业工程,监理工作范围虽然已在建设工程监理合同中明确,但需要在监理规划中列明并作进一步说明。

（2）监理工作内容

建设工程监理的基本工作内容包括：工程质量、造价、进度三大目标控制，合同管理和信息管理，组织协调，以及履行建设工程安全生产管理的法定职责。监理规划中需要根据建设工程监理合同约定，进一步细化监理工作内容。

（3）监理工作目标

监理工作目标是指工程监理单位预期达到的工作目标。通常以建设工程质量、造价、进度三大目标的控制值表示。

①工程质量控制目标：工程质量合格及建设单位的其他要求。

②工程造价控制目标：预算以_____万元为基价，静态投资以_____万元（或以合同价_____万元）为基价。

③工期控制目标：_____个月或自_____年_____月_____日至_____年_____月_____日。

在建设工程监理的实际工作中，应进行工程质量、造价、进度目标的分解，运用动态控制原理对分解的目标进行跟踪检查，将实际值与计划值进行比较、分析和预测。发现问题时，及时采取组织、技术、经济和合同等措施进行纠偏和调整，以确保工程质量、造价、进度目标的实现。

3）监理工作依据

依据《建设工程监理规范》（GB/T 50319—2013），实施建设工程监理的依据主要包括法律、法规、工程建设标准、建设工程勘察设计文件、建设工程监理合同及其他合同文件等。编制特定工程的监理规划，不仅要以上述内容为依据，而且还要收集有关资料作为编制依据，见表 5-5。

表 5-5　监理规划的编制依据

编制依据	文件资料名称	
反映工程特征的资料	勘察设计阶段监理相关服务	可行性研究报告或设计任务书 项目立项批文 规划红线范围 用地许可证 设计条件通知书 地形图
	施工阶段监理	设计图纸和施工说明书 地形图 施工合同及其他建设工程合同
反映建设单位对项目监理要求的资料	监理合同 监理大纲、监理投标文件	

续表

编制依据	文件资料名称
反映工程建设条件的资料	当地气象资料和工程地质及水文资料 当地建筑材料供应状况的资料 当地勘察设计和土建安装力量的资料 当地交通、能源和市政公用设施的资料 检测、监测、设备租赁等其他工程参建方的资料
反映当地工程建设法规及政策方面的资料	工程建设程序 招标投标和工程监理制度 工程造价管理制度等 有关法律、法规及政策
工程建设相关法律、法规及标准	法律、法规、部门规章 建设工程监理规范 勘察、设计、施工、质量评定、工程验收等方面的规范、规程、标准等

4)监理组织形式、人员配备及进退场计划、监理人员岗位职责

（1）项目监理机构组织形式

工程监理单位派驻施工现场的项目监理机构的组织形式和规模,应根据建设工程监理合同约定的服务内容、服务期限,以及工程特点、规模、技术复杂程度、环境等因素确定。

项目监理机构组织形式可用项目组织机构图表示。图5-1为某项目监理机构组织示例。在监理规划的组织机构图中可注明各相关部门所任职监理人员的姓名。

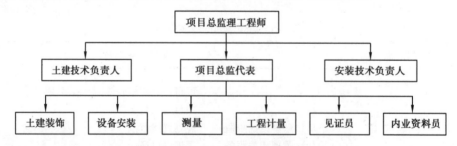

图 5-1 某项目监理机构组织示例

（2）项目监理机构人员配备计划

项目监理机构监理人员应由总监理工程师、专业监理工程师和监理员组成,且专业配套、数量应满足建设工程监理工作需要,必要时可设总监理工程师代表。

项目监理机构配备的监理人员应与监理投标文件或监理项目建议书的内容一致,并详细注明职称及专业等。可按表5-6格式填报,要求填入真实到位人数。对于某些兼职监理人员,要说明参加本建设工程监理的确切时间,以便核查,以免名单开列数与实际数不相符而发生纠纷。这是监理工作中易出现的问题,必须避免。

表 5-6　项目监理机构人员配备计划表

序号	姓名	性别	年龄	职称或职务	本工程拟担任岗位	专业特长	以往承担过的主要工程及岗位	进场时间	退场时间
1									
……									

项目监理机构人员配备计划应根据工程监理进程合理安排，可用表 5-7 或表 5-8 等形式表示。

表 5-7　项目监理机构人员配备计划

月份	3	4	5	……	12
专业监理工程师	8	9	10		6
监理员	24	26	30		20
文秘人员	3	4	4		4

表 5-8　某工程项目监理机构人员配备计划

月份	3	4	5	6	7	8	9	10	11	12	……	合计
总监理工程师	★	★	★	★	★	★	★	★	★	★		
总监理工程师代表	★				★	★	★		★			
土建监理工程师	★	★	★	★	★	★	★					
机电监理工程师					★	★		★	★	★		
造价监理工程师	★	★		★	★							
土建监理员	★	★	★	★	★	★	★					
土建监理员	★	★	★	★	★	★	★		★			
机电监理员							★		★	★		
资料员	★	★	★	★	★	★	★	★	★	★		
……												
合计（人）											……	

（3）项目监理人员岗位职责

项目监理机构的监理人员分工及岗位职责应根据监理合同约定的监理工作范围和内容以及《建设工程监理规范》（GB/T 50319—2013）规定，由总监理工程师安排和明确。总监理工程师应督促和考核监理人员职责的履行。必要时，可设总监理工程师代表，行使部分总监理工程师的岗位职责。

总监理工程师应根据项目监理机构监理人员的专业、技术水平、工作能力、实践经验等,细化和落实相应的岗位职责。

5) 监理工作制度

为全面履行建设工程监理职责,确保建设工程监理服务质量,监理规划中应根据工程特点和工作重点明确相应的监理工作制度。主要包括项目监理机构现场监理工作制度、内部工作制度及相关服务工作制度(必要时)。

(1)项目监理机构现场监理工作制度

①图纸会审及设计交底制度;

②施工组织设计审核制度;

③工程开工、复工审批制度;

④整改制度,包括签发监理通知单和工程暂停令等;

⑤平行检验、见证取样、巡视检查和旁站制度;

⑥工程材料、半成品质量检验制度;

⑦隐蔽工程验收、分项(部)工程质量验收制度;

⑧单位工程验收、单项工程验收制度;

⑨监理工作报告制度;

⑩安全生产监督检查制度;

⑪质量安全事故报告和处理制度;

⑫技术经济签证制度;

⑬工程变更处理制度;

⑭现场协调会及会议纪要签发制度;

⑮施工备忘录签发制度;

⑯工程款支付审核、签认制度;

⑰工程索赔审核、签认制度等。

(2)项目监理机构内部工作制度

①项目监理机构工作会议制度,包括监理交底会议、监理例会、监理专题会、监理工作会议等;

②项目监理机构人员岗位职责制度;

③对外行文审批制度;

④监理工作日志制度;

⑤监理周报、月报制度;

⑥技术、经济资料及档案管理制度;

⑦监理人员教育培训制度;

⑧监理人员考勤、业绩考核及奖惩制度。

(3)相关服务工作制度

如果提供相关服务时,还需要建立以下制度:

①项目立项阶段:包括可行性研究报告评审制度和工程估算审核制度等。

②设计阶段:包括设计大纲、设计要求编写及审核制度,设计合同管理制度,设计方案评审办法,工程概算审核制度,施工图纸审核制度,设计费用支付签认制度,设计协调会制度等。

③施工招标阶段：包括招标管理制度，标底或招标控制价编制及审核制度，合同条件拟订及审核制度，组织招标实务有关规定等。

6) 工程质量控制

工程质量控制重点在于预防，即在既定目标的前提下，遵循质量控制原则，制定总体质量控制措施、专项工程预控方案，以及质量事故处理方案，具体包括：

（1）工程质量控制目标描述

①施工质量控制目标；

②材料质量控制目标；

③设备质量控制目标；

④设备安装质量控制目标；

⑤质量目标实现的风险分析，即项目监理机构宜根据工程特点、施工合同、工程设计文件及经过批准的施工组织设计，对工程质量目标控制进行风险分析，并提出防范性对策。

（2）工程质量控制主要任务

①审查施工单位现场的质量保证体系，包括质量管理组织机构、管理制度及专职管理人员和特种作业人员的资格；

②审查施工组织设计、（专项）施工方案；

③审查工程使用的新材料、新工艺、新技术、新设备的质量认证材料和相关验收标准的适用性；

④检查、复核施工控制测量成果及保护措施；

⑤审核分包单位资格，检查施工单位为本工程提供服务的试验室；

⑥审查施工单位用于工程的材料、构配件、设备的质量证明文件，并按要求对用于工程的材料进行见证取样、平行检验，对施工质量进行平行检验；

⑦审查影响工程质量的计量设备的检查和检定报告；

⑧采用旁站、巡视检查、平行检验等方式对施工过程进行检查监督；

⑨对隐蔽工程、检验批、分项工程和分部工程进行验收；

⑩对质量缺陷、质量问题、质量事故及时进行处置和检查验收；

⑪对单位工程进行竣工验收，并组织工程竣工预验收。

⑫参加工程竣工验收，签署工程监理意见。

（3）工程质量控制工作流程与措施

①工程质量控制工作流程。依据分解的目标编制质量控制工作流程图。

②工程质量控制的具体措施。

a.组织措施：建立健全项目监理机构，完善职责分工，制定有关质量监督制度，落实质量控制责任。

b.技术措施：协助完善质量保证体系；严格事前、事中和事后的质量检查监督。

c.经济措施及合同措施：严格质量检查和验收，对不符合合同规定质量要求的，拒付工程款；对达到建设单位特定质量目标要求的，按合同支付工程质量补偿金或奖金。

（4）旁站方案

旁站方案应结合工程实际，明确需要旁站的主要施工过程及关键工序，以确保主要施工过程及关键工序的施工质量处于受控状态。旁站方案的具体内容可包括旁站基本工作范围、旁站人员主要职责、旁站基本工作要求、旁站流程等。

（5）工程质量目标状况动态分析

工程质量目标控制范围应包括影响工程质量的 5 个要素，即要对人、材料、机械、方法和环境进行全面控制。工程质量是建设工程监理工作的核心，项目监理机构应根据建设工程施工的不同阶段进行工程质量控制目标状况动态分析，发现问题尽早采取措施予以解决，确保实现工程质量目标。

7) 工程造价控制

项目监理机构应全面了解工程施工合同文件、工程设计文件、施工进度计划等内容，熟悉合同价款的计价方式、施工投标报价及组成、工程预算等情况，明确工程造价控制的目标和要求，制订工程造价控制工作流程、方法和措施，以及针对工程特点确定工程造价控制的重点和目标值，将工程实际造价控制在计划造价范围内。

（1）工程造价控制的目标分解

①按建设工程费用组成分解；

②按年度、季度分解；

③按建设工程实施阶段分解。

（2）工程造价控制工作内容

①熟悉施工合同及约定的计价规则，复核、审查施工图预算；

②定期进行工程计量，复核工程进度款申请，签署进度款付款签证；

③建立月完成工程量统计表，对实际完成量与计划完成量进行比较分析，发现偏差的，应提出调整建议，并报告建设单位；

④按程序进行竣工结算款审核，签署竣工结算款支付证书。

（3）工程造价控制主要方法

在工程造价目标分解的基础上，依据施工进度计划、施工合同等文件，编制资金使用计划，可列表编制（表 5-9），并运用动态控制原理，对工程造价进行动态分析、比较和控制。

表 5-9　资金使用计划表

工程名称	××××年度				××××年度				××××年度				总额
	一	二	三	四	一	二	三	四	一	二	三	四	

工程造价动态比较的内容包括：

①工程造价目标分解值与实际值的比较；

②工程造价目标值的预测分析。

（4）工程造价目标实现的风险分析

工程造价受诸多因素影响，尤其是工程变更、材料市场价格变化等因素。为有效控制工程造价，对工程造价目标实现的风险进行分析，并采取相应防范对策是十分必要的。项目监理机构宜根据工程特点、施工合同、工程设计文件及经过批准的施工组织设计,对工程造价目标控制进行风险分析,从而提出防范对策。

（5）工程造价控制工作流程与措施

①工程造价控制工作流程。依据工程造价目标分解编制工程造价控制工作流程图。

②工程造价控制具体措施。

a.组织措施:包括建立健全项目监理机构,完善职责分工及有关制度,落实工程造价控制责任。

b.技术措施:通过对材料、设备采购的质量价格比选,合理确定生产供应单位;通过审核施工组织设计和施工方案,使施工组织合理化。

c.经济措施:包括及时进行计划费用与实际费用的分析比较;因采用设计或施工方案的合理化建议实现投资节约的,按合同规定予以奖励。

d.合同措施:按合同条款支付工程款,防止过早、过量支付;减少施工单位索赔,正确处理索赔事宜等。

8) 工程进度控制

项目监理机构应全面了解工程施工合同文件、施工进度计划等内容,明确施工进度控制的目标和要求,制订施工进度控制工作流程、方法和措施,以及针对工程特点确定工程进度控制的重点和目标值,将工程的实际进度控制在计划工期范围内。

（1）工程总进度目标分解

①年度、季度进度目标;

②各阶段进度目标;

③各子项目进度目标。

（2）工程进度控制工作内容

①审查施工总进度计划和阶段性施工进度计划;

②检查、督促施工进度计划的实施;

③进行进度目标实现的风险分析,制订进度控制的方法和措施;

④预测实际进度对工程总工期的影响,分析工期延误原因,制订对策和措施,并报告工程实际进展情况。

（3）工程进度控制方法

①加强施工进度计划的审查,督促施工单位制订和履行切实可行的施工计划。

②运用动态控制原理进行进度控制。施工进度计划在实施过程中,受各种因素的影响可能会出现偏差。项目监理机构应对施工进度计划的实施情况进行动态检查,对照施工实际进度和计划进度,判定实际进度是否出现偏差。发现实际进度严重滞后且影响合同工期时,应签发监理通知单,召开专题会议,要求施工单位采取调整措施加快施工进度,并督促施工单位按调整后批准的施工进度计划实施。

工程进度动态比较的内容包括:

a.工程进度目标分解值与实际值的比较;

b.工程进度目标值的预测分析。

（4）工程进度控制工作流程与措施

①工程进度控制工作流程图。图 5-2 为某工程施工进度控制工作流程图示例。

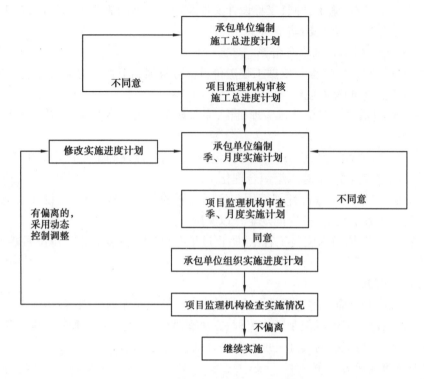

图 5-2 某工程施工进度控制工作流程图

②工程进度控制具体措施。

a.组织措施:落实进度控制的责任,建立进度控制协调制度。

b.技术措施:建立多级网络计划体系,监控施工单位的实施作业计划。

c.经济措施:对工期缩短者实行奖励;对应急工程实行较高的计件单价;确保资金的及时供应等。

d.合同措施:按合同要求及时协调有关各方的进度,以确保建设工程的形象进度。

9)安全生产管理的监理工作

项目监理机构应根据法律法规、工程建设强制性标准,履行建设工程安全生产管理的监理职责。项目监理机构应根据工程项目的实际情况,加强对施工组织设计中涉及安全技术措施的审核,加强对专项施工方案的审查和监督,加强对现场安全事故隐患的检查,发现问题及时处理,避免安全事故的发生。

(1)安全生产管理的监理工作目标

履行法律法规赋予工程监理单位的法定职责,尽可能避免施工安全事故的发生。

(2)安全生产管理的监理工作内容

①编制工程监理实施细则,落实相关监理人员;

②审查施工单位现场安全生产规章制度的建立和实施情况;

③审查施工单位安全生产许可证及施工单位项目经理、专职安全生产管理人员和特种作业人员的资格,核查施工机械和设施的安全许可验收手续;

④审查施工单位提交的施工组织设计,重点审查其中的质量安全技术措施、专项施工方案与工程建设强制性标准的符合性;

⑤审查施工机械和设施的安全许可验收手续,包括施工起重机械和整体提升脚手架、模

板等自升式架设设施等;

⑥巡视检查危险性较大的分部分项工程专项施工方案实施情况;

⑦施工单位拒不整改或不停止施工时,应及时向有关主管部门报送监理报告。

(3)专项施工方案的编制、审查和实施的监理要求

①专项施工方案编制要求。实行施工总承包的,专项施工方案应当由施工总承包单位组织编制。其中,起重机械安装拆卸工程、深基坑工程、附着式升降脚手架等专业工程实行分包的,其专项施工方案可由专业分包单位组织编制。实行施工总承包的,专项施工方案应当由施工总承包单位技术负责人及相关专业分包单位技术负责人签字。对于超过一定规模且危险性较大的分部分项工程专项方案,应当由施工单位组织召开专家论证会。

②专项施工方案监理审查要求。

a.对编审程序进行符合性审查;

b.对实质性内容进行符合性审查。

(4)安全生产管理的监理方法和措施

①通过审查施工单位现场安全生产规章制度的建立和实施情况,督促施工单位落实安全技术措施和应急救援预案,加强风险防范意识,避免安全事故的发生。

②项目监理机构通过安全管理责任风险分析,制订监理实施细则,落实监理人员,加强日常巡视和安全检查。发现安全事故隐患时,项目监理机构应当履行监理职责,以会议、通知、停工、报告等方式明确告知施工单位管理人员,避免安全事故的发生。

10)合同管理与信息管理

(1)合同管理

合同管理主要是对建设单位与施工单位、材料设备供应单位等签订的合同进行管理,涉及合同执行等各个环节,督促合同双方履行合同,并维护合同订立双方的正当权益。

①合同管理的主要工作内容:

a.处理工程暂停及复工、工程变更、索赔及施工合同争议、合同解除等事宜;

b.处理施工合同终止的有关事宜。

②合同结构。结合项目结构图和项目组织结构图,以合同结构图形式表示,并列出项目合同目录一览表见表5-10。

表5-10　项目合同目录一览表

序号	合同编号	合同名称	施工单位	合同价	合同工期	质量要求

(2)信息管理

信息管理是建设工程监理的基础性工作。通过对建设工程形成的信息进行收集、整理、处理、存储、传递与运用,确保能够及时、准确地获取所需要的信息。具体工作包括监理文件资料的管理内容、管理原则和要求、管理制度和程序,监理文件资料的主要内容,以及归档和移交等。

①信息分类表见表5-11。

表 5-11 信息分类表

序号	信息类别	信息名称	信息管理要求	责任人

②信息管理工作流程。

某建设工程信息管理工作流程图如图 5-3 所示。

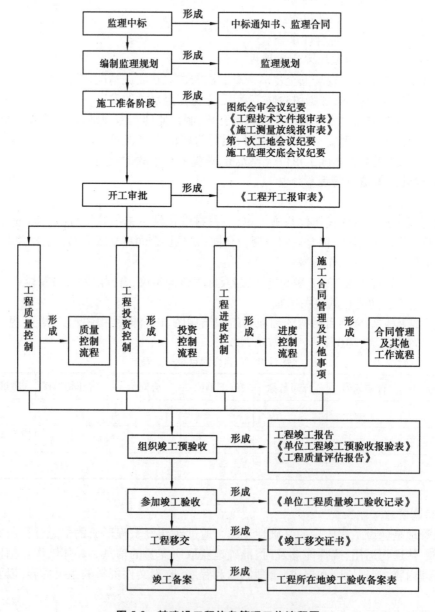

图 5-3 某建设工程信息管理工作流程图

11) 组织协调

组织协调工作是指监理人员通过对项目监理机构内部人与人之间、机构与机构之间，以及监理组织与外部环境组织之间的工作进行调和与联结，从而使工程参建各方相互理解、步调一致。具体包括编制工程项目组织管理框架、明确组织协调的范围和层次，制订项目监理机构内外协调的范围、对象和内容，制订监理组织协调的原则、方法和措施，明确处理危机关系的基本要求等。

(1) 组织协调的范围和层次

①组织协调的范围：项目组织协调的范围包括建设单位、工程建设参与各方(政府管理部门)之间的关系。

②组织协调的层次，包括：

a.协调工程参与各方之间的关系；

b.工程技术协调。

(2) 组织协调的主要工作

①项目监理机构的内部协调，包括：

a.总监理工程师牵头，做好项目监理机构内部人员之间的工作关系协调；

b.明确监理人员分工及各自的岗位职责；

c.建立信息沟通制度；

d.及时交流信息、处理矛盾，建立良好的人际关系。

②与工程建设有关单位的外部协调，包括：

a.建设工程系统内的单位协调重点分析，主要包括建设单位、设计单位、施工单位、材料和设备供应单位、资金提供单位等；

b.建设工程系统外的单位协调重点分析，主要包括政府建设行政主管机构、政府其他有关部门、工程毗邻单位、社会团体等。

(3) 组织协调方法和措施

①组织协调方法，包括：

a.会议协调：监理例会、专题会议等方式；

b.交谈协调：面谈、电话、网络等方式；

c.书面协调：通知书、联系单、月报等方式；

d.访问协调：走访或约见等方式。

②不同阶段组织协调措施，包括：

a.开工前的协调：如第一次工地会议等；

b.施工过程中协调；

c.竣工验收阶段协调。

(4) 协调工作程序

①工程质量控制协调程序。

②工程造价控制协调程序。

③工程进度控制协调程序。

④其他方面工作协调程序。

12) 监理设施

①制订监理设施管理制度。

②根据建设工程类别、规模、技术复杂程度、所在地的环境条件,按建设工程监理合同约定,配备满足监理工作需要的常规检测设备和工具。

③落实场地、办公、交通、通信、生活等设施,配备必要的影像设备。

④项目监理机构应将拥有的监理设备和工具(如计算机、设备、仪器、工具、照相机、摄像机等)列表,见表5-12,注明数量、型号和使用时间,并指定专人负责管理。

表5-12 常规检测设备和工具

序号	仪器设备名称	型号	数量	使用时间	备注
1					
2					
3					
4					
5					
6					
……					

5.1.3 监理规划报审

1) 监理规划报审程序

依据《建设工程监理规范》(GB/T 50319—2013),监理规划应在签订建设工程监理合同及收到工程设计文件后编制,在召开第一次工地会议前报送建设单位。监理规划报审程序的时间节点安排、各节点工作内容及负责人,见表5-13。

表5-13 监理规划报审程序

序号	时间节点安排	工作内容	负责人
1	签订监理合同及收到工程设计文件后	编制监理规划	总监理工程师组织 专业监理工程师参与
2	编制完成、总监理工程师签字后	监理规划审批	监理单位技术负责人审批
3	第一次工地会议前	报送建设单位	总监理工程师报送
4	设计文件、施工组织设计和施工方案等发生重大变化时	调整监理规划	总监理工程师组织 专业监理工程师参与
		重新审批监理规划	监理单位技术负责人审批

2) 监理规划的审核内容

监理规划在编写完成后需要进行审核并报批。监理单位技术管理部门是内部审核单位,

监理规划应由其技术负责人签认。监理规划审核的内容主要包括以下方面:

(1)监理范围、工作内容及监理目标的审核

依据监理招标文件和建设工程监理合同,审核是否理解建设单位的工程建设意图,监理范围、监理工作内容是否已包括全部委托的工作任务,监理目标是否与建设工程监理合同要求和建设意图相一致。

(2)项目监理机构的审核

①组织机构方面。组织形式、管理模式等是否合理,是否已结合工程实施特点,是否能够与建设单位的组织关系和施工单位的组织关系相协调等。

②人员配备方面。人员配备方案应从以下几个方面审查:

a.派驻监理人员的专业满足程度。应根据工程特点和建设工程监理任务的工作范围,不仅要考虑专业监理工程师(如土建监理工程师、安装监理工程师等)能否满足监理工作的需要,而且要看专业监理人员是否覆盖了工程实施过程中的各种专业要求,以及高、中级职称和年龄结构是否合理。

b.人员数量的满足程度。主要审核从事监理工作人员在数量和结构上的合理性。例如,根据中国建设监理协会 2020 年 3 月颁布的《项目监理机构人员配备标准》,房屋总建筑面积在 $60\ 000\sim120\ 000\ m^2$ 的住宅项目,需配备总监理工程师 1 名,专业监理工程师 $1\sim2$ 名,监理员 $2\sim3$ 名。专业类别较多的工程,监理人员数量应适当增加。

c.专业人员不足时采取的措施是否恰当。大、中型建设工程由于技术复杂、涉及的专业面宽,当工程监理单位的技术人员不足以满足全部监理工作要求时,对拟临时聘用的监理人员的综合素质应认真审核。

d.派驻现场人员计划表。对于大、中型建设工程,不同阶段对所需要的监理人员在人数和专业等方面的要求不同,应对各阶段所派驻现场监理人员的专业、数量计划是否与建设工程进度计划相适应进行审核。还应平衡正在其他工程上执行监理业务的人员,是否能按照预定计划进入本工程参加监理工作。

(3)工作计划的审核

审查工程进展中各个阶段的工作实施计划是否合理、可行,审查工作计划在每个阶段如何控制建设工程目标以及组织协调。

(4)工程质量、造价、进度控制方法的审核

应重点审查三大目标控制方法和措施,看其如何应用组织、技术、经济、合同措施保证目标的实现,其方法是否科学、合理、有效。

(5)对安全生产管理监理工作内容的审核

主要审核安全生产管理的监理工作内容是否明确;是否制订了相应的安全生产管理实施细则;是否建立了对施工组织设计、专项施工方案的审查制度;是否建立了对现场安全隐患的巡视检查制度;是否建立了安全生产管理状况的监理报告制度;是否制订了安全生产事故的应急预案等。

(6)监理工作制度的审核

主要审查项目监理机构内外工作制度是否健全、有效。

5.2　监理实施细则

5.2.1　监理实施细则编写依据和要求

监理实施细则是在监理规划的基础上,当落实了各专业监理责任和工作内容后,由专业的监理工程师针对工程具体情况制订出更具实施性和操作性的业务文件,其作用是具体指导监理业务的实施。

1)监理实施细则编写依据

《建设工程监理规范》(GB/T 50319—2013)规定了监理实施细则编写的依据:

①已批准的建设工程监理规划;

②与专业工程相关的标准、设计文件和技术资料;

③施工组织设计、(专项)施工方案。

除《建设工程监理规范》(GB/T 50319—2013)中规定的相关依据,监理实施细则在编制过程中,还可融入工程监理单位的规章制度和经认证发布的质量体系,使监理内容的全面、完整,有效提高工程监理自身的工作质量。

2)监理实施细则编写要求

《建设工程监理规范》(GB/T 50319—2013)规定,采用新材料、新工艺、新技术、新设备的工程,以及专业性较强、危险性较大的分部分项工程,应编制监理实施细则。对工程规模较小、技术较为简单且有成熟监理经验和施工技术措施的,可不必编制监理实施细则。

监理实施细则应符合监理规划的要求,并应结合工程专业特点,做到详细具体、具有可操作性。监理实施细则可随工程进展编制,但应在相应工程开始前由专业监理工程师编制完成,并经总监理工程师审批后实施。可根据建设工程实际情况及项目监理机构工作需要增加其他内容。当工程发生变化导致监理实施细则所确定的工作流程、方法和措施需要调整时,专业监理工程师应对监理实施细则进行补充、修改。

从监理实施细则目的角度,监理实施细则应满足以下三个方面要求。

(1)内容全面

监理工作包括"三控两管一协调"与安全生产管理两大方面,监理实施细则作为指导监理工作的操作性文件应涵盖这些内容。在编制监理实施细则前,专业监理工程师应依据建设工程监理合同和监理规划确定的监理范围和内容,结合专业工程特点,对工程质量、造价、进度主要影响因素以及安全生产管理的要求,制订内容细致、翔实的监理实施细则,确保建设工程监理目标的实现。

(2)针对性强

独特性是工程项目的本质特征之一,没有两个完全一样的项目。因此,监理实施细则应在相关依据的基础上,结合工程项目实际建设条件、环境、技术、设计、功能等进行编制,确保监理实施细则的针对性。为此,在编制监理实施细则前,各专业监理工程师应组织本专业监理人员熟悉本专业的设计文件、施工图纸和施工方案,应结合工程特点,分析本专业监理工作的难点、重点及其主要影响因素,制订有针对性的组织、技术、经济和合同措施。同时,在监理工作实施过程中,监理实施细则要根据实际情况进行补充、修改和完善。

(3)可操作性

监理实施细则应有可行的操作方法、措施,详细、明确的控制目标值和全面的监理工作计划。

5.2.2　监理实施细则主要内容

《建设工程监理规范》(GB/T 50319—2013)明确规定了监理实施细则应包含的内容,即专业工程特点、监理工作流程、监理工作要点,以及监理工作方法及措施。

1)专业工程特点

专业工程特点是指需要编制监理实施细则的工程专业特点,而不是简单的工程概述。专业工程特点应从专业工程施工的重点和难点、施工范围和施工顺序、施工工艺、施工工序等方面进行有针对性的阐述,体现工程施工的特殊性、技术的复杂性,与其他专业的交叉和衔接以及各种环境约束条件。

例如,对于某拟建于古河道分布区域的工程,监理细则中专业工程特点部分阐述了工程地质情况、场地水文地质条件、存在的不良地质现象等;对于某房地产开发项目,监理细则中专业工程特点部分则主要明确了土方开挖与基坑支护工程特点等。

除专业工程外,新材料、新工艺、新技术以及对工程质量、造价、进度应加以重点控制等特殊要求也需要在监理实施细则中体现。

2)监理工作流程

监理工作流程是结合工程相应专业制订的,具有可操作性和可实施性的流程图。不仅涉及最终产品的检查验收,更多地涉及施工中各个环节及中间产品的监督检查与验收。

监理工作涉及的流程包括开工审核工作流程、施工质量控制流程、进度控制流程、造价(工程量计量)控制流程、安全生产和文明施工监理流程、测量监理流程、施工组织设计审核工作流程、分包单位资格审核流程、建筑材料审核流程、技术审核流程、工程质量问题处理审核流程、旁站检查工作流程、隐蔽工程验收流程、工程变更处理流程、信息资料管理流程等。

某工程预制混凝土空心管桩工程监理工作流程,如图 5-4 所示。

3)监理工作要点

监理工作要点及目标值是对监理工作流程中工作内容的增加和补充,应对流程图设置的相关监理控制点和判断点进行详细而全面的描述,将监理工作目标和检查点的控制指标、数据和频率等阐述清楚。

例如,某工程预制混凝土空心管桩工程监理工作要点如下:

①预制桩进场检验:保证资料、外观检查(管桩壁厚,内外平整)。

②压桩顺序:宜按中间向四周,中间向两端,先长后短,先高后低的原则确定压桩顺序。

③桩机就位:桩架龙口必须垂直。确保桩机桩架、桩身在同一轴线上,桩架要坚固、稳定,并有足够刚度。

④桩位:放样后认真复核,控制吊桩就位准确。

⑤桩垂直度:第一节管桩起吊就位插入地面时的垂直度用长条水准尺或两台经纬仪随时校正,垂直度偏差不得大于桩长的 0.5%,必要时拔出重插,每次接桩均应用长条水准尺测垂直度,偏差控制在 0.5%内;在静压过程中,桩机桩架、桩身的中心线应重合,当桩身倾斜超过

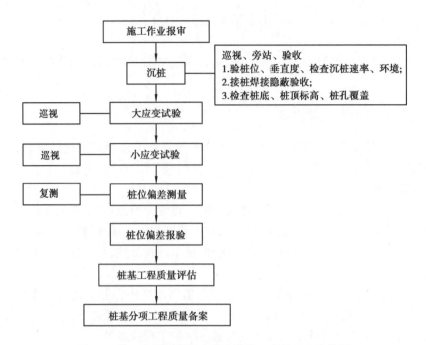

图 5-4 某工程预制混凝土空心管桩工程监理工作流程

0.8%时,应找出原因并设法校正,当桩尖进入硬土层后,严禁用移动桩架等强行回扳的方法纠偏。

⑥沉桩前,施工单位应提交沉桩先后顺序和每日班沉桩数量计划。

⑦管桩接头焊接:管桩入土部分桩头高出地面 0.5~1.0 m 时接桩,接桩时,上节桩应对直,轴向错位不得大于 2 mm。采用焊接接桩时,上下节桩之间的空隙用铁片添实焊牢,结合面的间隙不得大于 2 mm。焊接坡口表面用铁刷子刷干净,露出金属光泽。焊接时宜先在坡口圆周上对称点焊 6 点,待上下桩节固定后,拆除导向箍再分层施焊。施焊宜由 2~3 名焊工对称进行。焊缝应连续饱满,焊接层数不少于 3 层,内层焊渣必须清理干净后方能施焊外一层。焊好的桩必须自然冷却 8 min 后方可施打,严禁焊接后即用水冷却施打。

⑧送桩:当桩顶打至地面需要送桩时,应测出桩垂直度并检查桩顶质量,合格后立即送桩,用送桩器将桩送入设计桩顶位置。送桩时,送桩器应保证与压入的桩垂直一致,送桩器下端与桩顶断面应平整接触,以免桩顶面受力不均匀而发生偏位或桩顶破碎。

⑨截桩头:桩头截除应采用锯桩器截割,严禁用大锤横向敲击或强行扳拉截桩。截桩后桩顶标高偏差不得大于 10 cm。

4)监理工作方法及措施

监理规划中的方法是针对工程总体概括要求的方法和措施,监理实施细则中的监理工作方法和措施是针对专业工程而言,应更具体、更具有可操作性和可实施性。

(1)监理工作方法

监理工程师通过旁站、巡视、见证取样、平行检测等监理方法,对专业工程作全面监控。对每一个专业工程的监理实施细则而言,其工作方法必须加以详尽阐明。

除上述四种常规方法外,监理工程师还可采用指令文件、监理通知、支付控制手段等方法实施监理。

（2）监理工作措施

各专业工程的控制目标要有相应的监理措施以保证控制目标的实现。制订监理工作措施通常有两种方式。

①根据措施实施内容的不同，可将监理工作措施分为技术措施、经济措施、组织措施和合同措施。

例如，某建筑工程钻孔灌注桩分项工程监理工作组织措施和技术措施如下：

A.组织措施：根据钻孔桩工艺和施工特点，对项目监理机构人员进行合理分工，现场专业监理人员分 2 班(8:00~20:00 和 20:00~次日 8:00，每班 1 人)，进行全程巡视、旁站、检查和验收。

B.技术措施：

a.组织所有监理人员全面阅读图纸等技术文件，提出书面意见，参加设计交底，制订详细的监理实施细则。

b.详细审核施工单位提交的施工组织设计；严格审查施工单位现场质量管理体系的建立和实施。

c.研究分析钻孔桩施工质量风险点，合理确定质量控制关键点，包括桩位控制、桩长控制、桩径控制、桩身质量控制和桩端施工质量控制。

②根据措施实施时间的不同，可将监理工作措施分为事前控制措施、事中控制措施及事后控制措施。

事前控制措施是指为预防发生差错或问题而提前采取的措施；事中控制措施是指监理工作过程中，及时获取工程实际状况信息，以供及时发现问题、解决问题而采取的措施；事后控制措施是指发现工程相关指标与控制目标或标准之间出现差异后而采取的纠偏措施。

例如，某工程预制混凝土空心管桩工程监理工作措施包括：

A.工程质量事前控制：

a.认真学习和审查工程地质勘察报告，掌握工程地质情况。

b.认真学习和审查桩基设计施工图纸，并进行图纸会审，组织或协助建设单位技术交底（技术交底主要内容为：地质情况，设计要求，操作规程，安全措施和监理工作程序及要求等）。

c.审查施工单位的施工组织设计、技术保障措施、施工机械配置的合理性及完好率、施工人员到位情况、施工前期情况、材料供应情况并提出整改意见。

d.审查预制桩生产厂家的资质情况、生产工艺、质量保证体系、生产能力产品合格证、各种原材料的试验报告、企业信誉，并提出审查意见（若条件许可，监理人员应到生产厂家进行实地考察）。

e.审查桩机备案情况，检查桩机显著位置标注的单位名称、机械备案编号。进入施工现场时机长及操作人员必须备齐基础施工机械备案卡及上岗证，供项目监理机构、安全监管机构、质量监督机构检查。未经备案的桩机不得进入施工现场施工。

f.要求施工单位在桩基平面布置图上对每根桩进行编号。

g.要求施工单位设专职测量人员，按桩基平面布置图测放轴线及桩位，其尺寸允许偏差应符合基础工程施工质量验收标准要求。

h.建筑物四大角轴线必须引测到建筑物外并设置龙门桩或采用其他固定措施。压桩前应复核测量轴线、桩位及水准点，确保无误，且须经签验收证明后方可压桩。

i.要求施工单位提交书面技术交底资料，如预制桩的配合比、钢筋、水泥出厂合格证及试验报告,现场相关人员上岗证等并留复印件备案。各种操作人员均须持证上岗。

j.检查预制桩的标志、产品合格证书等。

k.施工现场准备情况的检查:施工场地平整情况;场区测量情况;压桩设备及起重工具;水电管网铺设;设备的架立组装、调试和试压;标尺的设置情况;待施工预制桩的质量。

B.工程质量事中控制:

a.确定合理的压桩程序。按尽量避免各工程桩相互挤压而造成桩位偏差的原则,根据地基土质情况、桩基平面布置、桩的尺寸、密集程度、深度、桩机移动方向以及施工现场情况等因素确定合理的压桩程序。定期复查轴线控制桩、水准点是否有变化,应使其不受压桩及运输的影响。复查周期每10天不少于1次。

b.管桩数量及位置应严格按照设计图纸要求确定。施工单位应详细记录试桩施工过程中沉降速度及最后压桩力等重要数据,作为工程桩施工过程中的重要数据,并借此校验压桩设备、施工工艺以及技术措施是否适宜。

c.经常检查各工程桩定位是否准确。

d.开始沉桩时应注意观察桩身、桩架等是否垂直一致。确认垂直后,方可转入正常压桩。桩插入时的垂直度偏差不得超过0.5%。在施工过程中,应密切注意桩身的垂直度,如发现桩身不垂直,要督促施工单位设法纠正,但不得采用移动桩架的方法纠正(因为这样做会造成桩身弯曲,继续施压会发生桩身断裂)。

e.按设计图纸要求,进行工程桩标高和压力桩的控制。

f.在沉桩过程中,若遇桩身突然下沉且速度较快及桩身回弹时,应立即通知设计人员及有关各方人员到场,确定处理方案。

g.当桩顶标高较低,须送桩入土时应用钢制送桩器放于桩头上,将桩送入土中。

h.若需接桩时,常用的接头方式有焊接、法兰盘连接及硫磺胶泥锚接。前两种可用于各类土层,硫黄胶泥锚接适用于软土层。

i.接桩用焊条或半成品硫磺胶泥应有产品质量合格证书,或送有关部门检验。半成品硫磺胶泥应每100kg做一组试件(3件);重要工程应对焊接接头做10%的探伤检查。

j.应经常检查压力、桩垂直度、接桩间歇时间、桩的连接质量及压入深度;检查已施压的工程桩有无异常情况,如桩顶水平位移或桩身上升等,如有异常情况应通知有关各方人员到场确定处理意见。

k.工程桩应按设计要求和基础工程施工质量验收标准进行承载力和桩身完整性检验,检验标准应按《建筑基桩检测技术规范》的规定执行。

l.预制桩的质量检验标准应符合基础工程施工质量验收标准要求。

m.认真做好压桩记录。

C.工程质量事后控制(验收)。工程质量验收,均应在施工单位自检合格的基础上进行。施工单位确认自检合格后提出工程验收申请,由项目监理机构进行验收。

5.2.3 监理实施细则报审

1)监理实施细则报审程序

《建设工程监理规范》(GB/T 50319—2013)规定,监理实施细则可随工程进展编制,但必须在相应的工程施工前完成,并经总监理工程师审批后实施。监理实施细则报审程序见表5-14。

表 5-14　监理实施细则报审程序

序号	节点	工作内容	负责人
1	相应工程施工前	编制监理实施细则	专业监理工程师编制
2	相应工程施工前	监理实施细则审批、批准	专业监理工程师送审 总监理工程师批准
3	工程施工过程中	若发生变化,监理实施细则中工作流程 与方法措施调整	专业监理工程师调整 总监理工程师批准

2)监理实施细则的审核内容

监理实施细则由专业监理工程师编制、报总监理工程师批准后方能实施。监理实施细则审核的内容主要包括以下几方面:

(1)编制依据、内容的审核

审核监理实施细则是否符合监理规划的要求,是否符合专业工程相关的标准,是否符合设计文件的内容,是否与提供的技术资料相符合,是否与施工组织设计、(专项)施工方案使用的规范、标准、技术要求相一致,监理的目标、范围和内容是否与监理合同和监理规划相一致,编制的内容是否涵盖专业工程的特点、重点和难点,内容是否全面、翔实、可行,是否能确保监理工作质量等。

(2)项目监理人员的审核

①组织方面。组织方式、管理模式是否合理,是否结合了专业工程的具体特点,是否便于监理工作的实施,制度、流程上是否能保证监理工作,是否与建设单位和施工单位相协调等。

②人员配备方面。人员配备的专业满足程度、数量等是否满足监理工作的需要、专业人员不足时采取的措施是否恰当、是否有操作性较强的现场人员计划安排表等。

(3)监理工作流程、监理工作要点的审核

监理工作流程是否完整、翔实,节点检查验收的内容和要求是否明确,监理工作流程是否与施工流程相衔接,监理工作要点是否明确、清晰,目标值控制点设置是否合理、可控等。

(4)监理工作方法和措施的审核

监理工作方法是否科学、合理、有效,监理工作措施是否具有针对性、可操作性、安全可靠,是否能确保监理目标的实现等。

(5)监理工作制度的审核

针对专业工程监理,其内、外监理工作制度是否能有效保证监理工作的实施,监理记录、检查表格是否完备等。

思 考 题

1.简述监理规划编写依据和编写要求。

2.简述监理规划的主要内容。

3.简述监理规划审核的内容。

4.简述安全生产管理的监理工作内容。

5.简述从目的角度,监理实施细则应满足的要求。

6.简述监理实施细则的主要内容。

7.简述监理实施细则审核的内容。

8.简述工程项目实施监理的程序。

9.简述建设工程监理基本工作内容。

中　篇

建设工程监理的目标控制

第 **6** 章
建设工程监理的质量控制

知识点	能力要求	相关知识	素质目标
建设工程质量控制概述	熟悉工程质量	(1)工程质量的概念和特性 (2)建设工程质量形成过程和影响因素	(1)使学生认识到工程项目质量管理是百年大计,科学技术是推动产品质量的关键要素,树立科学发展观 (2)使学生认识到实现质量管理必须遵守相关的法律法规,做到遵纪守法,具有法治精神 (3)培养学生的社会责任感和认真严谨的工作态度
	掌握工程各方的工程质量控制责任	(1)工程质量控制的概念 (2)施工单位、监理单位等工程项目各方的质量责任;建筑材料、构配件及设备生产或供应单位的质量责任	
施工质量控制实务	熟悉施工质量控制工作程序	施工质量控制的分类和依据、工作程序	
	熟悉施工准备阶段质量控制实务	(1)工程定位及标高基准控制 (2)施工平面布置、材料构配件采购订货、施工机械配置的控制 (3)监督组织内部的监控准备工作	
	掌握施工阶段质量控制实务	工序质量控制、控制重点内容、控制重点部位	
	掌握施工验收阶段质量控制实务	建筑工程施工质量验收体系和验收实务	
工程质量问题和质量事故处理	了解工程质量问题	工程质量问题的概念、成因和处理	
	掌握工程质量事故处理程序	(1)工程质量事故的成因、特点及分类 (2)工程质量事故的处理程序	

6.1　建设工程质量控制概述

6.1.1　工程质量

1) 工程质量的概念

建设工程质量简称工程质量,是指工程满足建设单位需要的,符合国家法律、法规、技术规范标准、设计文件及合同规定的特性综合。

建设工程作为一种特殊产品,除具有一般产品共有的质量特性外,如性能、寿命、可靠性、安全性、经济性等满足社会需要的使用价值及其属性外,还具有特定的内涵。

2) 工程质量的特性

①适用性。适用性是指工程满足使用目的的各种性能。包括理化性能、结构性能、使用性能、外观性能等。

②耐久性。耐久性是指工程在规定的条件下,满足规定功能要求使用的年限,也就是工程竣工后的合理使用寿命周期。

③安全性。安全性是指工程建成后在使用过程中保证结构安全、保证人身和环境免受危害的程度。

④可靠性。可靠性是指工程在规定的时间和规定的条件下完成规定功能的能力。

⑤经济性。经济性是指工程从规划、勘察、设计、施工到整个产品使用寿命周期内的成本和消耗的费用。

⑥与环境的协调性。与环境的协调性是指工程与其周围生态环境、与所在地区经济环境以及与周围已建工程相协调,以适应可持续发展的要求。

上述六个方面的质量特性彼此之间是相互依存的。总体而言,适用、耐久、安全、可靠、经济、与环境的适应性,都是必须达到的基本要求,缺一不可。

3) 建设工程质量形成过程

工程建设的不同阶段,对工程项目质量的形成有不同的作用和影响。项目可行性研究阶段,确定工程项目的质量要求,并与投资目标相协调。项目决策阶段,对项目的建设方案做出决策,确定工程项目应达到的质量目标和水平。工程地质勘察是为建设场地的选择和工程的设计与施工提供地质资料依据。而工程设计是根据建设项目总体需要和地质报告,对工程的外形和内在的实体进行筹划、研究、构思、设计和描绘,形成设计说明书和图纸等相关文件,使得质量目标和水平具体化,为施工提供直接依据。

工程设计质量是决定工程质量的关键环节。工程施工活动决定了设计意图能否体现,它直接关系到工程的安全可靠、使用功能的保证,以及外表观感能否体现建筑设计的艺术水平。在一定程度上,工程施工是形成实体质量的决定性环节。工程竣工验收就是通过检查评定、试车运转,考核项目施工阶段的质量是否达到设计要求,是否符合决策阶段确定的质量目标和水平,并通过验收确保工程项目的质量。所以工程竣工验收对质量的影响是保证最终产品的质量。

4)建设工程质量影响因素

影响工程质量的因素很多,但归纳起来主要有五个方面,即人(Man)、机械(Machine)、材料(Material)、方法(Method)和环境(Environment),简称为 4M1E 因素。

①人员素质。人员素质直接和间接地对规划、决策、勘察、设计和施工的质量产生影响。因此,建筑行业实行经营资质管理和各类专业从业人员持证上岗制度,这是保证人员素质的重要管理措施。

②机械设备。机械设备可分为两类:一是指组成工程实体及配套的工艺设备和各类机具,它们构成了建筑设备安装工程或工业设备安装工程,形成完整的使用功能;二是指施工过程中使用的各类机具设备,简称施工机具设备,它们是施工生产的手段。工程用机具设备其产品质量优劣,直接影响工程使用功能质量。施工机具设备的类型是否符合工程施工特点,性能是否先进稳定,操作是否方便安全等,都将会影响工程项目的质量。

③工程材料。工程材料选用是否合理、产品是否合格、材质是否经过检验、保管使用是否得当等,都将直接影响建设工程的结构刚度和强度,影响工程外表及观感,影响工程的使用功能,影响工程的使用安全。

④方法。在工程施工中,施工方案是否合理,施工工艺是否先进,施工操作是否正确,都将对工程质量产生重大的影响。大力推进采用新技术、新工艺、新方法,不断提高工艺技术水平,是保证工程质量稳定提高的重要因素。

⑤环境条件。是指对工程质量特性起重要作用的环境因素,包括工程技术环境、工程作业环境、工程管理环境、周边环境等。环境条件往往对工程质量产生特定的影响。加强环境管理,改进作业条件,把握好技术环境,辅以必要的措施,是控制环境对质量影响的重要措施。

6.1.2 工程各方的工程质量控制责任

1)工程质量控制的概念

工程质量控制是指致力于满足工程质量要求,也就是为了保证工程质量满足工程合同、规范标准所采取的一系列措施、方法和手段。

①工程质量控制按其实施主体不同,可分为政府工程质量控制和工程监理单位质量控制的监控主体以及勘察设计单位质量控制和施工单位质量控制的自控主体。前者指对他人质量能力和效果的监控者,后者指直接从事质量职能的活动者。

②工程质量控制按工程质量形成过程,包括全过程各阶段的质量控制,主要是决策阶段的质量控制、工程勘察设计阶段的质量控制、工程施工阶段的质量控制。

2)工程项目各方的质量责任

在工程项目建设中,参与工程建设的各方,应根据国家颁布的《建设工程质量管理条例》以及合同、协议及有关文件的规定承担相应的质量责任。

(1)建设单位的质量责任

①建设单位要根据工程特点和技术要求,按有关规定选择相应资质等级的勘察、设计单位和施工单位。在合同中必须有质量条款,明确质量责任,并真实、准确、齐全地提供与建设工程有关的原始资料。凡建设工程项目的勘察、设计、施工、监理以及工程建设有关重要设备材料等的采购,均实行招标,依法确定程序和方法,择优选定中标者。不得将应由一个施工单

位完成的建设工程项目肢解成若干部分发包给几个施工单位;不得迫使承包方以低于成本的价格竞标;不得任意压缩合理工期;不得明示或暗示设计单位或施工单位违反建设强制性标准,降低建设工程质量。建设单位对其自行选择的设计、施工单位发生的质量问题承担相应责任。

②建设单位应根据工程特点,配备相应的质量管理人员。对国家规定强制实行监理的工程项目,必须委托有相应资质等级的工程监理单位进行监理。建设单位应与监理单位签订监理合同,明确双方的责任和义务。

③建设单位在工程开工前,负责办理有关施工图设计文件审查、工程施工许可证和工程质量监督手续,组织设计和施工单位认真进行设计交底。在工程施工中,可按国家现行有关工程建设法规、技术标准及合同规定,对工程质量进行检查,涉及建筑主体和承重结构变动的装修工程,建设单位应在施工前委托原设计单位或者相应资质等级的设计单位提出设计方案,经原审查机构审批后方可施工。工程项目竣工后,应及时组织设计、施工、工程监理等有关单位进行施工验收,未经验收备案或验收备案不合格的,不得交付使用。

④建设单位按合同约定负责采购供应的建筑材料、建筑构配件和设备,应符合设计文件和合同要求,对发生的质量问题,应承担相应的责任。

（2）勘察、设计单位的质量责任

①勘察、设计单位必须在其资质等级许可的范围内承揽相应的勘察设计任务,不许承揽超越其资质等级许可范围以外的任务,不得将承揽工程转包或违法分包,也不得以任何形式用其他单位的名义承揽业务或允许其他单位或个人以本单位的名义承揽业务。

②勘察、设计单位必须按照国家现行的有关规定、工程建设强制性技术标准和合同要求进行勘察、设计工作,并对所编制的勘察、设计文件的质量负责。勘察单位提供的地质、测量、水文等勘察成果文件必须真实、准确。设计单位应提供的设计文件应当符合国家规定的设计深度要求,注明工程合理使用年限。设计文件中选用的材料、构配件和设备,应当注明规格、型号、性能等技术指标,其质量必须符合国家规定的标准。除有特殊要求的建筑材料、专用设备、工艺生产线外,不得指定生产厂家、供应商。设计单位应就审查合格的施工图文件向施工单位做出详细说明,解决施工中对设计提出的问题,负责设计变更,参与工程质量事故分析,并对因设计造成的质量事故提出相应的技术处理方案。

3）施工单位的质量责任

施工单位必须在其资质等级许可的范围内承揽相应的施工任务,不许承揽超越其资质等级业务范围以外的任务,不得将承接的工程转包或违法分包,也不得以任何形式用其他施工单位的名义承揽工程或允许其他单位或个人以本单位的名义承揽工程。

施工单位对所承包的工程项目的施工质量负责。应当建立健全质量管理体系,落实质量责任制,确定工程项目的项目经理、技术负责人和施工管理负责人。实行总承包的工程,总包单位应对全部建设工程质量负责。建设工程勘察、设计、施工、设备采购的一项或多项实行总承包的,总包单位应对其承包的建设工程或采购的设备的质量负责;实行总分包的工程,分包可按照分包合同约定对其分包工程的质量向总包单位负责,总包单位与分包单位对分包工程的质量承担连带责任。

施工单位必须按照工程设计图纸和施工技术规范标准组织施工。未经设计单位同意,不得擅自修改工程设计。在施工中,必须按照工程设计要求、施工技术规范标准和合同约定,对建筑材料、构配件、设备和商品混凝土进行检验,不得偷工减料,不使用不符合设计和强制性技术标准要求的产品,不使用未经检验和试验或检验和试验不合格的产品。

4) 工程监理单位的质量责任

工程监理单位可在其资质等级许可的范围内承揽工程监理业务,不许超越本单位资质等级许可的范围或以其他工程监理单位的名义承揽工程监理业务,不得转让工程监理业务,不得允许其他单位或个人以本单位的名义承揽工程监理业务。

工程监理单位应依照法律、法规以及有关技术标准、设计文件和建设工程承包合同,与建设单位签订监理合同,代表建设单位对工程质量实施监理,并对工程质量承担监理责任。监理责任主要有违法责任和违约责任两个方面。如果工程监理单位故意弄虚作假,降低工程质量标准,造成质量事故的,要承担法律责任。若工程监理单位与施工单位串通,牟取非法利益,给建设单位造成损失的,应当与施工单位承担连带赔偿责任。如果监理单位在责任期内,不按照监理合同约定履行监理职责,给建设单位或其他单位造成损失的,属违约责任,应当向建设单位赔偿。

5) 建筑材料、构配件及设备生产或供应单位的质量责任

建筑材料、构配件及设备生产或供应单位对其生产或供应的产品质量负责。生产厂家或供应商必须具备相应的生产条件、技术装备和质量管理体系。所生产或供应的建筑材料、构配件及设备的质量应符合国家和行业现行的技术规定的合格标准和设计要求,并与说明书和包装上的质量标准相符,且应有相应的产品检验合格证,设备应有详细的使用说明等。

6.2 施工质量控制实务

6.2.1 施工质量控制工作程序

施工阶段的质量控制是一个全过程的系统控制过程。始于对投入的资源和条件的质量控制,进而对生产过程及各环节的质量控制,直到完成工程产出品的质量检验与控制。

1) 施工质量控制的分类

按工程实体质量形成过程的时间阶段划分,施工质量控制可以分为以下三个环节:

①施工准备控制。指在各工程对象正式施工活动开始前,对各项准备工作及影响质量的各因素进行控制,这是确保施工质量的先决条件。

②施工过程控制。指在施工过程中对实际投入的生产要素质量及作业技术活动的实施状态和结果所进行的控制,包括作业者发挥技术能力过程的自控行为和来自有关管理者的监控行为。

③竣工验收控制。是指对施工完成的具有独立功能和使用价值的最终产品(单位工程或整个工程项目)及有关方面(例如质量文档)的质量进行控制。

上述三个环节的质量控制涉及的主要内容如图6-1所示。

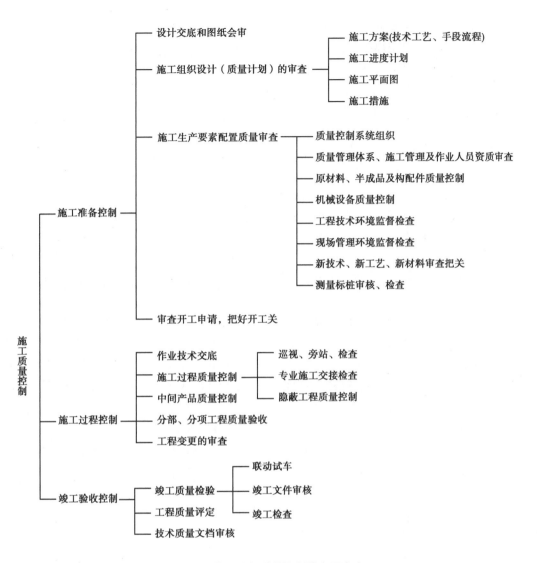

图 6-1 施工阶段质量控制的主要内容

2）工程质量控制的依据

施工阶段项目监理机构进行质量控制的依据,大体上有以下四类。

①工程合同文件(包括工程承包合同文件、委托监理合同文件等)。

②经过批准的设计图纸和技术说明书等设计文件。

③国家及政府有关部门颁布的有关质量管理方面的法律法规性文件。

④有关质量检验与控制的专门技术法规性文件,主要有以下四类。

a.工程项目施工质量验收标准。

b.有关工程材料、半成品和构配件质量控制方面的专门技术法规性依据。

c.控制施工作业活动质量的技术规程。

d.凡采用新工艺、新技术、新材料的工程,事先应进行试验,并应有权威技术部门的技术鉴定书及有关的质量数据、指标。在此基础上制定有关的质量标准和施工工艺规程,以此作为控制质量的依据。

3) 工程质量控制的工作程序

施工质量控制的工作程序体现在施工阶段全过程中,监理工程师要进行全过程、全方位的监督、检查与控制,不仅涉及最终产品的检查、验收,而且涉及施工过程的各环节及中间产品的监督、检查与验收。这种全过程、全方位的质量监理一般工作流程如图 6-2 至图 6-4 所示(注:图内各表参见《建设工程监理规范》附录 A、附录 B、附录 C)。

在每项工程开始前,施工单位须做好施工准备工作,然后填报《工程开工报审表》,附上该项工程的开工报告、施工方案以及施工进度计划、人员及机械设备配置、材料准备情况等,报送监理审查。若审查合格,则由总监理工程师批复准予施工。否则,施工单位应进一步做好施工准备,待条件具备时,再次填报开工申请。

在施工过程中,监理应督促施工单位加强内部质量管理,严格质量控制。施工作业过程均应按规定工艺和技术要求进行。在每道工序完成后,施工单位应进行自检,确保工序质量合格。对需要隐蔽的工序,施工单位自检合格后填报《隐蔽工程报验单》交监理检验。监理收到检查申请后,应在合同规定的时间内到现场检验,检验合格后予以确认,施工单位方可进行下一工序。

只有上一道工序被确认质量合格后,方可准许下道工序施工,按上述程序完成逐道工序。当一个检验批、分项、分部工程完成后,施工单位首先进行自检,填写相应质量验收记录,确认工程质量符合要求,向监理提交《_____报审、报验表》,并附上自检的相关资料。监理对相关资料进行审核并现场检查,符合要求的,予以签认验收;否则签发意见,指令施工单位进行整改或返工。

在施工质量验收过程中,涉及结构安全的试块、试件以及有关材料,可按规定进行见证取样检测;对涉及结构安全和使用功能的重要分部工程,应进行抽样检测,承担见证取样检测及有关结构安全检测的单位应具有相应资质。

通过返修或加固仍不能满足安全使用要求的分部工程、单位工程严禁验收。

6.2.2 施工准备阶段质量控制实务

1) 工程定位及标高基准控制

①监理工程师应要求施工单位对建设单位(或其委托的单位)给定的原始基准点、基准线和标高等测量控制点进行复核,并将复测结果报其审核。经批准,施工单位方能据此进行准确的测量放线,建立施工测量控制网,并对其正确性负责,同时做好基桩的保护。

②复测施工测量控制网(复测施工测量控制网时应抽检建筑方格网、控制高程的水准网点以及标桩埋设位置等)。

施工过程中的施工测量放线审查程序:

a.施工单位测量放线完毕,应进行自检,合格后填写《施工控制测量成果报验表》,并附上放线的依据材料及放线成果表——《基槽及各层放线测量及复测记录》,报送项目监理机构。

b.专业监理工程师对《施工控制测量成果报验表》及附件进行审核,核查施工单位测量人员及测量设备,核对测量成果,并实地查验放线精度是否符合规范及标准要求。经审核查验合格,专业监理工程师签认《施工控制测量成果报验表》,并在其《基槽及各层放线测量及复测记录》签字盖章;对存在问题的,应及时签发意见,要求施工单位重新放线,整改后更新报验。

c.未经项目监理机构复验确认测量放线,不得进行下一工序。

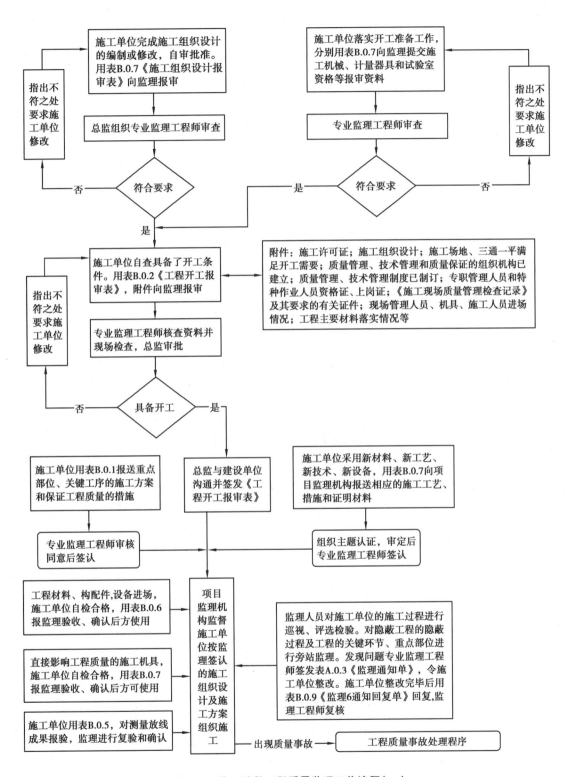

图 6-2　施工阶段工程质量监理工作流程(一)

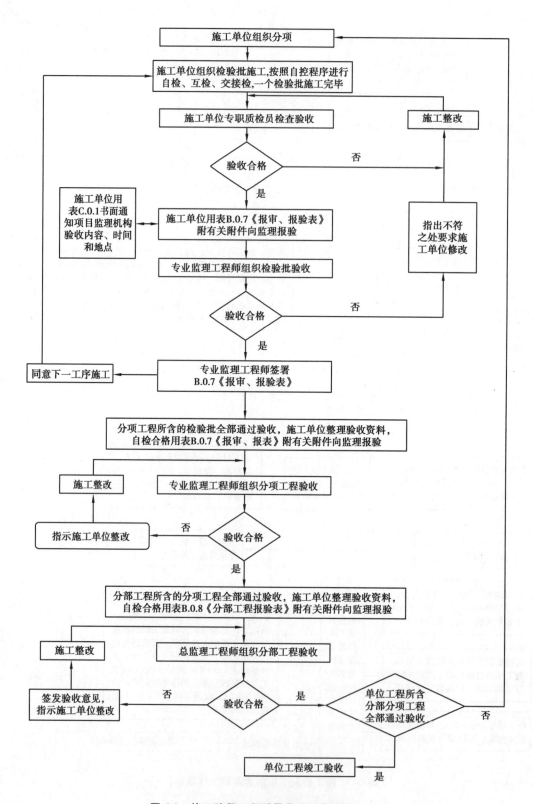

图 6-3 施工阶段工程质量监理工作流程(二)

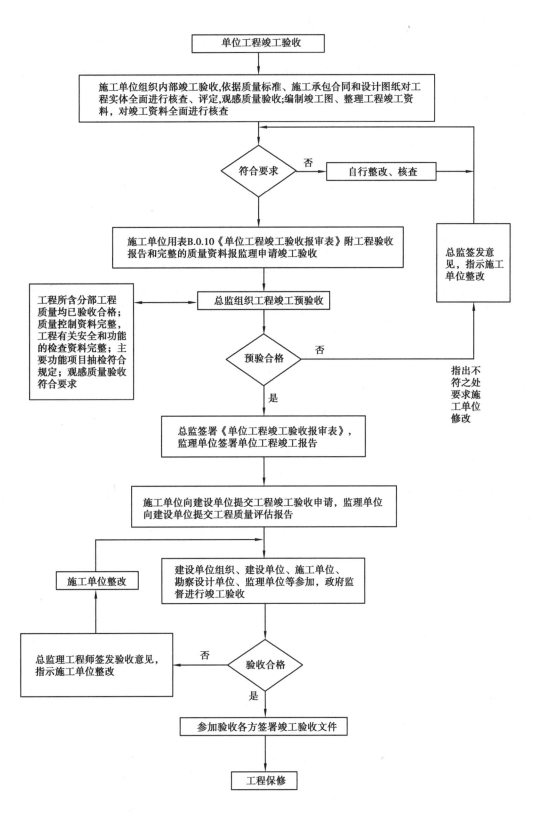

图 6-4　施工阶段工程质量监理工作流程（三）

2) 施工平面布置的控制

监理工程师要检查施工现场总体布置是否合理,是否有利于保证施工的正常、顺利进行,是否有利于保证质量,场区道路、防洪排水、器材存放、给水及供电、混凝土供应及主要垂直运输机械设备布置等方面应予以特别重视。

3) 材料构配件采购及进场的控制

(1) 工程材料、构配件采购订货的控制

①凡由施工单位负责采购的原材料、半成品或构配件,在采购订货前应向监理工程师申报。对于重要的材料,还应提交样品供试验或鉴定;有些材料则要求供货单位提交理化试验单(如预应力钢筋的硫、磷含量等)。经监理工程师审查认可后,方可进行订货采购。

②对于半成品或构配件,可按经过审批认可的设计文件和图纸要求采购订货,质量应满足有关标准和设计的要求,交货期应满足施工及安装进度的需要。

③供货厂家是提供材料、半成品、构配件的主体。考察优选合格的供货厂家,是保证采购、订货质量的前提。为此,大宗的器材或材料的采购应当实行招标采购的方式。

④对于半成品和构配件的采购、订货,监理工程师应提出明确的质量要求,如质量检测项目及标准,出厂合格证或产品说明书等质量文件的要求,以及是否需要权威性的质量认证等。

⑤某些材料,诸如瓷砖等装饰材料,订货时最好一次订齐和备足货源,以免因分批而出现色泽不一的质量问题。

⑥供货厂方应向需方(订货方)提供质量文件,用以表明其提供的货物能够完全达到需方提出的质量要求。

(2) 工程材料、构配件进场程序控制的

①施工单位在工程材料、构配件设备到场后,经自检合格,应及时报送拟进场《工程材料、构配件、设备报审表》,并附材料清单和质量证明资料、自查结果(进场验收记录)。

②项目监理机构接收报审表后,由专业监理工程师在24小时内对施工单位报送的拟进场《工程材料、构配件、设备报审表》及其质量证明资料进行审核,并对实物进行核对及观感质量验收,查验是否与清单、质量证明资料(合格证)及自检结果相符,是否与"封样"相符,有无质量缺陷等情况,并将检查情况记录在监理日记中。有见证取样要求的,见证人根据有关工程质量管理文件规定的比例进行见证取样送检。

工程材料具体的质量证明资料、观感质量验收及见证取样要求的详细内容见对应专业基础知识及质量控制篇中的"材料质量控制"。

③工程材料、构配件、设备进场验收合格,经专业监理工程师签认后,方可在工程上使用。

④工程材料、构配件、设备,未经监理人员验收或验收不合格的,监理人员应拒绝签认,并应签署意见,要求施工单位限期将不合格材料、构配件、设备撤出现场。

⑤若发现未经签认的工程材料、构配件、设备已用于工程上,由总监理工程师签发《工程暂停令》,要求施工单位从工程中拆除。

4) 施工机械配置的控制

①施工机械设备的选择。除应考虑施工机械的技术性能、工作效率、工作质量、可靠性及维修难易、能源消耗,以及安全、灵活等方面外,还应考虑其数量配置对施工质量的影响与保证。此外,设备形式还应与施工对象的特点及施工质量要求相适应。在机械性能参数选择方面,也要与施工对象特点及质量要求相适应。例如选择起重机械进行吊装施工时,其起重量、起重高度及起重半径均应满足吊装要求。

②审查施工机械设备的数量是否足够;审查所需的施工机械设备,是否按已批准的计划备妥,所准备的机械设备是否与监理工程师审查认可的施工组织设计或施工计划中所列一致,是否都处于完好的可用状态等。

③进场施工机械设备性能及工作状态的控制。

a.施工机械设备的进场检查。

b.机械设备工作状态的检查。

c.特殊设备安全运行的审核。对于现场使用的塔吊及有关特殊安全要求的设备,进入现场后在使用前,必须经当地劳动安全部门鉴定,符合要求并办好相关手续后方可投入使用。

d.大型临时设备的检查。

5)分包单位资格的审核确认

①施工单位应在工程项目开工前或拟分包的分项、分部工程开工前,填写《分包单位资格报审表》,附上经自审认可的分包单位的有关资料(包括营业执照、企业资质等级证书,安全生产许可文件,类似工程业绩,专职管理人员和特种作业人员的资格等),报项目监理机构审核。

②监理工程师审查施工单位提交的《分包单位资格报审表》。审查要点包括:施工承包合同是否允许分包,分包的范围和工程部位是否可进行分包,分包单位是否具有按工程承包合同规定的条件完成分包工程任务的能力(审查、控制的重点一般是分包单位资质证书,分包单位施工组织者、管理者的资格与质量管理水平,特殊专业工种、关键施工工艺或新技术、新工艺、新材料等操作者的素质与能力)。

③项目监理机构和建设单位认为必要时,可会同施工单位对分包单位进行实地考察,以验证分包单位有关资料的真实性。

④分包单位的资格符合有关规定并满足工程需要,由总监理工程师签发《分包单位资格报审表》予以确认。

⑤分包合同签订后,施工单位将分包合同报项目监理机构备案。

6)严把开工关

①工程具备开工条件,施工单位应向项目监理机构报送《工程开工报审表》及《施工现场质量管理检查记录》、开工报告、施工许可证、项目经理、质检员、安全员岗位证书、特殊工种上岗证书、施工方案、有关标准和制度等。

②总监理工程师应指定监理人员对拟开工工程的现场各项施工准备工作(包括:施工许可证,施工组织设计,道路、水、电、通信;施工单位现场管理人员;施工机具、人员;主要工程材料;现场质量管理制度、质量责任制;有关施工技术标准和质量检验制度;施工图;施工现场临时设施;地下障碍物;试验室等)进行检查,确认符合开工条件后,方可发布书面的开工指令。如监理合同中约定需建设单位批准的,总监理工程师审核后报建设单位,由建设单位批准。

③在总监理工程师向施工单位发出开工通知书时,建设单位应及时按计划、保质保量地向施工单位提供所需的场地、施工通道以及水、电供应等,以保证及时开工,避免承担补偿工期和费用损失的责任。

④对于已停工程,则需有总监理工程师的复工指令方能复工。对于合同中所列单项工程及工程变更的项目,开工前施工单位必须提交《工程开工报审表》,经监理工程师审查前述各方面条件已具备,并由总监理工程师予以批准后,施工单位才能开始正式进行施工。

7)监督组织内部的监控准备工作

建立并完善项目监理机构的质量监控体系,做好监控准备工作,使之能适应工程项目质量监控的需要,这是监理工程师做好质量控制的基础工作之一。例如,针对分部、分项工程的施工特点拟定监理实施细则,配备相应人员,明确分工及职责,配备所需的检测仪器设备并使之处于良好的可用状态,熟悉有关的检测方法和规程等。

6.2.3 施工阶段质量控制实务

1) 工序质量控制

工程项目的施工过程,是由一系列相互关联、相互制约的工序所构成。工序质量是基础,直接影响工程项目的整体质量。要控制工程项目施工过程的质量,首先必须控制工序的质量。

工序质量包含工序活动条件的质量和工序活动效果的质量。从质量控制的角度,一方面要控制工序活动条件的质量,即每道工序投入品的质量(即人、机械、材料、方法和环境的质量)是否符合要求;另一方面又要控制工序活动效果的质量,即每道工序施工完成的工程产品是否达到有关质量标准。因此,项目监理机构质量控制工作应体现在对作业活动的控制上。就具体作业活动而言,项目监理机构的质量控制主要围绕影响其施工质量的因素进行。

(1)质量控制点的设置

①质量控制点是指为了保证作业过程质量而确定的重点控制对象、关键部位或薄弱环节。设置质量控制点是保证达到施工质量要求的必要前提。监理在拟定质量控制工作计划时,应予以详细地考虑,并以制度来保证落实。对于质量控制点,一般要事先分析可能造成质量问题的原因,再针对原因制订对策和措施进行预控。施工单位在工程施工前应根据施工过程质量控制的要求,列出质量控制点明细表,提交项目监理机构审查批准后,实施质量预控。建筑工程质量控制点设置的一般位置示例如表6-1所示。

表6-1 建筑工程质量控制点设置位置

分项工程	质量控制点
工程测量定位	标准轴线桩、水平桩、龙门板、定位轴线、标高
地基、基础(含设备基础)	基坑(槽)尺寸、标高、土质、地基承载力,基础垫层标高,基础位置、尺寸、标高,预留洞孔、预埋件的位置、规格、数量,基础标高、杯底弹线
砌体	砌体轴线,皮数杆,砂浆配合比,预留洞孔、预埋件位置、数量,砌块排列
模板	位置、尺寸、标高,预埋件位置预留洞孔尺寸、位置,模板强度及稳定性,模板内部清理及润湿情况
钢筋混凝土	水泥品种、强度等级,砂石质量,混凝土配合比,外加剂比例,混凝土振捣,钢筋品种、规格、尺寸、搭接长度,钢筋焊接,预留洞、孔及预埋件规格、数量、尺寸、位置,预制构件吊装或出场(脱模)强度,吊装位置、标高、支承长度、焊缝长度
吊装	吊装设备起重能力、吊具、索具、地锚
钢结构	翻样图、放大样
焊接	焊接条件、焊接工艺
装修	视具体情况而定

②选择质量控制点的一般原则

a.施工过程中的关键工序或环节以及隐蔽工程；

b.施工中的薄弱环节，或质量不稳定的工序、部位或对象；

c.对后续工程施工、后续工序质量或安全有重大影响的工序、部位或对象；

d.采用新技术、新工艺、新材料的部位或环节；

e.施工上无足够把握的、施工条件困难的或技术难度大的工序或环节。

是否设置为质量控制点，主要是视其对质量特性影响的大小、危害程度以及其质量保证的难度大小而定。

（2）见证点

①见证点的理解。

见证点监督，也称为 W 点监督。凡是列为见证点的质量控制对象，在规定的关键工序施工前，施工单位应提前通知监理人员在约定的时间内到现场进行见证，并对其施工实施监督。如果监理人员未能在约定的时间内到现场见证和监督，施工单位有权进行该 W 点的相应的工序操作和施工。

②见证点的监理实施程序。

a.施工单位应在某见证点施工之前一定时间内，用《工作联系单》书面通知项目监理机构，说明该见证点准备施工的日期与时间，请监理人员届时到达现场进行见证和监督。

b.项目监理机构收到《工作联系单》后，应注明收到该通知的日期并签字。

c.监理工程师可按规定的时间到现场见证。

d.如果监理人员在规定的时间不能到场见证，施工单位可以认为已获监理默认，有权进行该项施工。

（3）见证取样

见证取样是指项目监理机构对施工现场涉及的结构安全的试块、试件及工程材料现场取样、封样、送检的监督程序。

①见证取样和送检范围依据《房屋建筑工程和市政基础设施工程实行见证取样和送检的规定》（建建〔2000〕211 号），涉及结构安全的试块、试件和材料见证取样和送检的比例不得低于有关技术标准中规定应取样数量的 30%。下列试块、试件和材料必须实施见证取样和送检。

a.用于承重结构的混凝土试块；

b.用于承重墙体的砌筑砂浆试块；

c.用于承重结构的钢筋及连接接头试件；

d.用于承重墙的砖和混凝土小型砌块；

e.用于拌制混凝土和砌筑砂浆的水泥；

f.用于承重结构的混凝土中使用的掺加剂；

g.地下、屋面、厕浴间使用的防水材料；

h.国家规定必须实行见证取样和送检的其他试块、试件和材料。

另外，对承揽工程质量见证取样的检测单位有如下规定："未取得建设工程质量检测资质的单位不得承揽见证取样检验检测业务；承揽工程质量见证取样的检测单位，不得与该工程的施工单位、建设单位有经济关系或隶属关系。"

②见证取样的工作程序

a.工程项目施工开始前,项目监理机构要督促施工单位尽快落实见证取样的送检试验室。初步确定后,施工单位应填写查验试验室资格的《＿＿＿＿＿＿＿＿报审、报验表》及其附件(资料包括:试验范围、法定计量部门对试验室出具的计量检定证明或法定计量部门对用于本工程的试验项目的试验设备出具的定期检定证明、试验室管理制度、试验人员的资格证书、本工程的试验项目及其要求),报请项目监理机构进行审核。

b.项目监理机构应及时审核施工单位报送的试验室报审资料,必要时可对拟委托的试验室进行考察,并记录:试验室的资质范围;经国家或地方计量、试验主管部门认证的试验项目与本工程的试验项目要求的满足程度;试验室出具的报告对外具有的法定效力;试验室是否与该工程的施工单位、建设单位有经济关系或隶属关系。对存在的问题,监理机构应用《工作联系单》通知施工单位。如认定试验室不具备与本工程相适应的试验资质和能力,专业监理工程师应简要指出不具备之处,并签署不同意委托该试验室进行相关试验的书面文件。

c.施工单位在对进场材料、试块、试件、钢筋接头等实施见证取样前,要通知负责见证取样的监理人员。在该见证取样员的现场监督下,施工单位按相关规范的要求,完成材料、试块、试件等的取样。

d.完成取样后,施工单位将送检样品装入见证取样箱,由见证取样员加封。不能装入箱中的试件,如钢筋样品,钢筋接头,则贴上专用加封标志,然后送往试验室。

2)质量控制重点内容

①检查施工单位是否按照工程设计文件、工程建设标准和批准的施工组织设计、(专项)施工方案施工。施工单位必须按照工程设计图纸和施工技术标准施工,不得擅自修改工程设计,不得偷工减料。

②检查施工单位使用的工程原材料、构配件和设备是否合格。不得在工程中使用不合格的原材料、构配件和设备,只有经过复试检测合格的原材料、构配件和设备才能用于工程。

重点检查施工现场原材料、构配件的采购和堆放是否符合施工组织设计(方案)要求;其规格、型号等是否符合设计要求;是否已见证取样,并检测合格;是否已按程序报项目监理机构验收并允许使用;有无使用不合格材料、质量合格证明资料缺失的材料等。

③对施工现场管理人员(特别是施工质量管理人员)的到位及履职情况做好检查和记录。重点检查项目经理、项目技术负责人及质检员是否在岗并持证上岗,能否确保各项工程质量管理制度和质保体系的及时落实、稳定有效。

④对施工单位特种作业人员是否持证上岗进行检查。根据《建筑施工特种作业人员管理规定》,对于建筑电工、建筑架子工、建筑起重信号司索工、建筑起重机械司机、建筑起重机械安装拆卸工、高处作业吊篮安装拆卸工、焊接切割操作工以及经省级以上人民政府建设主管部门认定的其他特种作业人员,必须持施工特种作业人员操作证上岗。

3)质量控制重点部位

(1)深基坑土方开挖工程

①土方开挖前的准备工作是否到位、充分、开挖条件是否具备。

②土方开挖顺序、方法是否与设计工况一致,是否符合"开槽支撑,先撑后挖,分层开挖,

"严禁超挖"的要求。

③挖土是否分层、分块进行,分层高度和挖面放坡坡度是否符合要求,垫层混凝土的浇筑是否及时。

④基坑边和支撑上的堆载是否允许,是否存在安全隐患。

⑤挖土机械有无碰撞或损伤基坑围护和支撑结构、工程桩、降水井等情况。

⑥设计是否允许挖土机械在已浇筑的混凝土支撑上行走,有无采取覆土、铺钢板等措施。挖土机械严禁在底部掏空的支撑构件上行走与操作(因施工需要而设计的主栈桥除外)。

⑦是否限时开挖,是否尽快形成围护支撑。挖土、支撑要连续施工尽量缩短围护结构无支撑的暴露时间。

⑧对围护体表面的修补、止水帷幕的渗漏处理是否有专人负责,是否符合设计和技术处理方案的要求。

⑨每道支撑上的安全通道和临边防护的搭设是否及时、符合要求。

⑩挖土机械工是否有专人指挥,有无违章、冒险作业。

(2)施工现场拌制砂浆等混合料配合比检查

①是否使用有资质的材料检测单位提供的正式配合比,是否根据实际含水量进行了配合比调整。

②现场配合比标牌的制作和放置是否规范、耐用、美观,内容是否齐全、清楚、具有可操作性。

③是否有专人负责计量,能否做到"车车计量",尤其是外加剂和水的掺量是否严格控制在允许范围之内,计量记录是否真实、完整。

④计量衡器是否有合格证,物证是否相符,是否已经法定计量检定部门检定合格并在有效期内使用,其使用和保管是否正常,有无损坏、人为拆卸调整。

(3)砌体工程

①基层清理是否干净,是否按要求用细石混凝土进行了找平。

②是否有"碎砖"集中使用和外观质量不合格的块材使用情况。

③是否按要求使用皮数杆,墙体拉结筋型式、规格、尺寸、位置是否正确,砂浆饱满度是否合格,灰缝厚度是否超标,有无"透明缝""瞎缝"和"假缝"。

④工程需要的预留孔、预埋件等有无遗漏等。

(4)钢筋工程

①钢筋有无锈蚀、被隔离剂和淤泥等污染的情况,是否已清理干净。

②垫块规格、尺寸是否符合要求,强度能否满足施工需要,有无用木块、大理石板等代替水泥砂浆(或混凝土)垫块的情况。

③钢筋的数量、规格型号、搭接长度、位置、连接方式是否符合设计要求,搭接区段箍筋是否按要求"加密";对于梁柱或梁梁交叉部位的"核心区"有无主筋被截断、箍筋漏放等情况。

(5)模板工程

①模板安装和拆除是否符合施工组织设计或施工方案的要求,支模前隐蔽工程项目是否

已经专业监理工程师验收合格。

②模板表面是否清理干净、有无变形损坏,是否已涂刷隔离剂,模板拼缝是否严密,安装是否牢固。

③拆模是否事先按程序和要求向专业监理工程师报审,并经专业监理工程师签认同意,拆模有无违章冒险行为,模板捆扎、吊运、堆放是否符合要求。

(6)混凝土工程

①现浇混凝土结构构件的保护是否符合要求,是否允许堆载、踩踏。

②拆模后混凝土构件的尺寸偏差是否在允许范围内,有无质量缺陷,其修补处理是否符合要求。

③现浇构件的养护措施是否有效、可行、及时等。

(7)钢结构工程

主要检查内容:钢结构零部件加工条件是否合格(如场地、温度、机械性能等),安装条件是否具备(如基础是否已经验收合格等);施工工艺是否合理且符合相关规定;钢结构原材料及零部件的加工、焊接、组装、安装及涂饰质量是否符合设计文件和相关标准、要求等。

(8)屋面工程

①基层是否平整坚固、清理干净。

②防水卷材搭接部位、宽度、施工顺序、施工工艺是否符合要求,卷材收头、节点、细部处理是否合格。

③屋面块材搭接、铺贴质量如何、有无损坏等。

(9)装饰装修工程

①基层处理是否合格,是否按要求使用垂直、水平控制线,施工工艺是否符合要求。

②需要进行隐蔽的部位和内容是否已经按程序报验并通过验收。

③细部制作、安装、涂饰等是否符合设计要求和相关规定。

④各专业之间工序穿插是否合理,有无相互污染、相互破坏情况等。

(10)安装工程及其他

重点检查是否按规范、规程、设计图纸、图集和经专业监理工程师审批的施工组织设计或施工方案施工;是否有专人负责,施工是否正常等。

6.2.4 施工验收阶段质量控制实务

1)隐蔽工程验收

隐蔽工程验收是指将被其后工程施工所隐蔽的检验批、分项和分部工程,在隐蔽前所进行的检查验收。它是对一些已完检验批、分项和分部工程的最后一道质量检查。由于检查对象要被其他工程覆盖,以后的检查整改相对困难,故隐蔽工程验收是质量控制的一个关键过程。

(1)隐蔽工程验收程序

①隐蔽工程施工完毕,施工单位按有关技术规程、规范、施工图纸先进行自检。自检合格后,填写隐蔽工程报审、报验表(参见《建设工程监理规范》(GB/T 50319—2013)附录表 B.0.7),

附上相关的工程检查证明资料(如隐蔽工程验收记录)、试验报告、复试报告等,报送项目监理机构。

②专业监理工程师收到报验申请后,首先对质量证明资料进行审查,并在合同规定的时间内到现场开展检查(检测或核查),施工单位的专职质检员及相关施工人员应随同一起到现场。

③经现场检查,如符合质量要求,专业监理工程师在隐蔽工程报审、报验表及工程检查证明资料(如隐蔽工程验收记录)上签字确认,准予施工单位隐蔽、覆盖,进入下一道工序施工。

如经现场检查发现不合格,专业监理工程师签发意见,指令施工单位整改,整改完成并自检合格后再报专业监理工程师复查。

施工单位未通知专业监理工程师到场检查,私自将工程隐蔽部位覆盖,或覆盖工程隐蔽部位后,专业监理工程师对质量有疑问的,可要求施工单位对已覆盖的部位进行钻孔探测或揭开重新检查。施工单位应遵照执行,并在检查后重新覆盖恢复原状。

(2)隐蔽工程检查验收的质量控制要点

以工业及民用建筑为例,以下节点,须进行隐蔽工程检查验收。

①基础施工前对地基质量的检查,尤其要检测地基承载力。

②基坑回填土前对基础质量的检查。

③混凝土浇筑前对钢筋的检查(包括模板检查)。

④混凝土墙体施工前,对敷设在墙内的电线管的检查。

⑤防水层施工前对基层质量的检查。

⑥建筑幕墙挂板施工之前对龙骨系统的检查。

⑦屋面板与屋架(梁)埋件的焊接检查。

⑧避雷引下线及接地引下线的连接。

⑨覆盖前对直埋于楼地面的电缆、封闭前对敷设于暗井道、吊顶、楼板垫层内的设备管道。

⑩易出现质量通病的部位。

(3)钢筋隐蔽工程验收要点(示例)

①按施工图核查绑扎成型的钢筋骨架,检查钢筋品种、直径、数量、间距、形状。

②骨架外形尺寸,其偏差是否超过规定;检查保护层厚度,构造筋是否符合构造要求。

③锚固长度,箍筋加密区及加密间距是否符合要求。

④检查钢筋接头:绑扎搭接,要检查搭接长度,接头位置和数量(错开长度、接头百分率);焊接接头或机械连接,要检查外观质量,取样试件力学性能,接头位置(相互错开)、数量(接头百分率)是否达到要求。

2)检验批的验收

分项工程可由一个或若干个检验批组成。检验批可根据施工进度、质量控制和专业验收需要,按楼层、施工段、变形缝等进行划分。建筑工程的地基与基础分部工程中的分项工程一般划分为一个检验批;有地下层的基础工程可按不同地下层划分检验批;屋面分部工程中的分项工程可按不同楼层屋面划分为不同的检验批;单层建筑工程中的分项工程可按变形缝等划分检验批,多层及高层建筑工程中主体分部的分项工程可按楼层或施工段来划分检验批;其他分部工程中的分项工程一般按楼层划分检验批;对于工程量较少的分项工程可统一划为一个检验批。安装工程一般按一个设计系统或组别划分为一个检验批。室外工程统一划分为一个检验批。散水、台阶、明沟等含在地面检验批中。

(1)检验批质量合格的规定

①具有完整的施工操作依据、质量检查记录。

②主控项目和一般项目的质量经抽样检验合格。

由此可见,检验批的质量验收包括质量资料的检查和主控项目、一般项目的检验两方面的内容。

(2)检验批按规定验收质量控制资料,反映了检验批从原材料到验收的各施工工序的施工操作依据。检查情况以及保证质量所必需的管理制度等。对其完整性的检查,实际是对过程控制的确认,这是检验批合格的前提。所要检查的资料主要包括:

①会审图纸、设计变更、洽商记录;

②建筑材料、成品、半成品、构配件、器具和设备的质量证明书及进场检(试)验报告;

③工程测量、放线记录;

④按专业质量验收规范执行的抽样检验报告;

⑤隐蔽工程验收记录;

⑥施工过程记录和施工过程检查记录;

⑦新材料、新工艺的施工记录;

⑧质量管理资料和施工单位操作依据等。

为确保工程质量,使检验批的质量符合安全和使用功能的基本要求,各专业质量验收规范明确规定了各检验批的主控项目和一般项目各子项的质量合格标准。

如砖砌体工程检验批质量验收时,主控项目包括砖强度等级、砂浆强度等级、斜槎留置、直槎拉结钢筋及接槎处理、砂浆饱满度、轴线位移、每层垂直度等;而一般项目则包括组砌方法、水平灰缝厚度、顶(楼)面标高、表面平整度、门窗洞口高宽、窗口偏移、水平灰缝的平直度以及清水墙游丁走缝等。

检验批质量是否合格主要取决于主控项目和一般项目的检验结果。主控项目是对检验批的基本质量起决定性作用,因此,必须全部符合有关专业工程验收规范的规定。这意味着主控项目不允许有不符合要求的检验结果,即这种项目的检查具有否决权。鉴于主控项目对基本质量的决定性影响,必须从严要求。

(3)检验批的质量验收记录

监理工程师或建设单位专业技术负责人组织项目专业质量检查员等对检验批进行验收,由专业质量检查员填写质量验收记录表,详见表6-2。

表 6-2　检验批质量验收记录　　　　　　　　　编号_____

工程名称		分项工程名称		验收部位	
施工单位				项目经理	
施工执行标准名称及编号				专业工长	
分包单位		分包项目经理		施工班组长	
	质量验收规范的规定		施工单位检查评定记录	监理(建设)单位验收记录	
主控项目	1				
	2				
	3				
	4				
	5				
	6				
一般项目	1				
	2				
	3				
	4				
施工单位检查评定结果		项目专业质量检查员：　　　　年　　月　　日			
监理(建设)单位验收结论		监理工程师： (建设单位项目专业技术负责人) 　　　　　　　　　　　年　　月　　日			

(4)检验批验收程序

①检验批施工完毕,施工单位自检合格,填写《_____报审、报验表》(参见 GB/T 50319—2013 附录表 B.0.7 所示),附检验批质量验收记录向专业监理工程师报验。

②施工单位应在检验批验收前 48 h 通知专业监理工程师验收内容、验收时间和地点。

③专业监理工程师应按时组织施工单位项目专业质量检查员等进行验收。专业监理工程师采取平行检验的方式进行现场实物检查、检测,审核有关资料。主控项目和一般项目的质量经抽样检查合格,施工质量验收记录完整、符合要求,专业监理工程师应予以签认。否则,专业监理工程师应签发意见,具体指出不符合规范或设计之处,要求施工单位整改。

④施工单位按工程质量整改通知要求整改完毕,自检合格后,用监理工程师通知回复单报专业监理工程师复核。施工单位应按前述程序重新报验。

⑤对未经专业监理工程师验收或验收不合格的、需旁站而未旁站或没有旁站记录的隐蔽工程或检验批,专业监理工程师不得签认,严禁施工单位进行下一道工序的施工。

⑥基槽(基坑)验收。基槽开挖是基础施工中的一项内容,由于其质量状况对后续工程质量影响大,故均作为一个关键工序或一个检验批进行质量验收。基槽开挖质量验收主要涉及地基承载力的检查确认、地质条件的检查确认、开挖边坡的稳定及支护状况的检查确认。由于部位的重要,基槽开挖验收均要有勘察、设计单位的有关人员参加,并请质量监督部门参加。经现场检查,测试(或平行检测)确认其地基承载力是否达到设计要求,地质条件是否与设计相符。如相符,则共同签署验收资料;如达不到设计要求或与勘察设计资料不符,则应采取措施进一步处理或工程变更,由原设计单位提出处理方案,经施工单位实施完毕后重新验收。

3)分项工程验收

分项工程应按主要工种、材料、施工工艺、设备类别等进行划分。如混凝土结构工程中按主要工种分为模板工程、钢筋工程、混凝土工程等分项工程;按施工工艺又分为预应力、现浇结构、装配式结构等分项工程。

建筑工程分部(子分部)工程、分项工程的具体划分见《建筑工程施工质量验收统一标准》(GB 50300—2013)。

(1)分项工程质量验收合格应符合的规定

分项工程所含的检验批均应符合质量合格规定。

分项工程所含的检验批的质量验收记录应完整。

(2)分项工程质量验收记录

分项工程质量应由专业监理工程师(建设单位项目专业技术负责人)组织项目专业技术负责人等进行验收,并按表6-3记录。

表6-3 分项工程质量验收记录

工程名称		结构类型		检验批数	
施工单位		项目经理		项目技术负责人	
分包单位		分包单位负责人		分包项目经理	
序号	检验批部位、区段	施工单位检查评定结果		监理(建设)单位验收结论	
1					
2					
3					
4					
5					
6					
7					
8					
9					
……	……	……			

签字栏	监理工程师: (建设单位项目专业技术负责人) 年 月 日	项目专业技术负责人: 年 月 日

（3）分项工程质量验收程序

①分项工程所含的检验批全部通过验收，施工单位整理验收资料，在自检评定合格后填报《_____报审、报验表》（参见 GB/T 50319—2013 附录表 B.0.7 所示），附分项工程质量验收记录报专业监理工程师。

②专业监理工程师组织施工单位项目专业技术负责人等进行验收，对施工单位所报资料和该分项工程的所有检验批质量验收记录进行审查，构成分项工程的各检验批的验收资料文件完整，并且均已验收合格，专业监理工程师予以签认。

4）分部工程验收

（1）验收程序和组织

①分部（子分部）工程所含的分项工程全部通过验收，施工单位整理验收资料，在自检评定合格后填写《分部工程报验表》（参见 GB/T 50319—2013 附录表 B.0.8 所示），附《分部（子分部）工程质量验收记录》及工程质量验收规范要求的质量控制资料、安全和功能检验（检测）报告等向项目监理机构报验。

②施工单位应在验收前 72 h 以书面形式通知监理验收内容、验收时间和地点。总监理工程师按时组织施工单位项目经理（项目负责人）和技术、质量负责人等进行验收；地基与基础、主体结构分部工程的勘察、设计单位工程项目负责人和施工单位技术、质量部门负责人也应参加相关分部工程验收。

③分部（子分部）工程质量验收含报验资料核查和实体质量抽样检测（检查）。分部（子分部）工程所含分项工程的质量均已验收合格，质量控制资料完整，地基与基础、主体结构和设备安装等分部工程有关安全及功能的检验和抽样检测结果均符合有关规定，观感质量验收符合要求，总监理工程师应予以确认，在《分部工程报验表》签署验收意见，各参加验收单位项目负责人签字。否则，总监理工程师应签发验收意见，指出不符合之处，要求施工单位整改。

（2）分部（子分部）工程质量验收合格规定

①分部（子分部）工程所含工程的质量均应验收合格。

②质量控制资料应完整。

③地基与基础、主体结构和设备安装等分部工程有关安全及功能的检验和抽样检测结果应符合有关规定。

④观感质量验收应符合要求。

分部工程的验收在其所含各分项工程验收的基础上进行。首先，分部工程的各分项工程必须已验收且相应的质量控制资料文件必须完整，这是验收的基本条件。由于各分项工程的性质不尽相同，因此分部工程不能简单地组合而加以验收，须增加两类检查。

一是涉及安全和使用功能的地基基础、主体结构、有关安全及重要使用功能的安装分部工程，应进行有关见证取样送样试验或抽样检测。如建筑物垂直度、标高、全高测量记录，建

113

筑物沉降观测测量记录,给水管道通水试验记录,暖气管道、散热器压力试验记录,照明动力全负荷试验记录等。

二是观感质量验收。观感质量验收的检查往往难以定量,只能以观察、触摸或简单量测的方式进行。检查结果并不给出"合格"或"不合格"的结论,而是给出综合质量评价。评价的结论为"好""一般"和"差"三种。对于"差"的检点应通过返修处理等进行补救。

5)单位工程竣工验收

(1)验收程序和组织

单位工程完工后,施工单位应自行组织有关人员进行检查评定,并向建设单位提交竣工验收申请报告。

建设单位收到竣工验收申请报告后,应由建设单位(项目)负责人组织施工(含分包单位)、设计、监理等单位(项目)负责人进行单位(子单位)工程验收。

单位工程由分包单位施工时,分包单位对所承包的工程按本标准规定的程度检查评定,总包单位应派人参加。分包工程完成后,应将工程有关资料交总包单位。

①单位(子单位)工程完成后,承包单位要依据质量标准、施工承包合同和设计图纸等组织有关人员自检,并对检测结果进行评定,符合要求后填写《单位工程竣工验收报审表》,并附工程验收申请报告和完整的质量资料报送项目监理机构,申请竣工预验收。

②总监理工程师组织各专业监理工程师对竣工资料进行核查:按施工承包合同核查是否已全部完成设计工作内容;构成单位工程的各分部工程是否均已验收,且质量验收合格;按《建筑工程施工质量验收统一标准》和相关专业质量验收规范的规定,核查相关资料文件是否完整;按《建筑工程施工质量验收统一标准》逐项复查涉及安全和使用功能的分部工程的有关安全和功能检验资料。不仅要全面检查其完整性(不得有漏检缺项),而且要复查分部工程验收时补充进行的见证抽样检验报告。

③总监理工程师应组织各专业监理工程师会同承包单位对各专业的工程质量进行全面检查、检测,按《建筑工程施工质量验收统一标准》进行观感质量检查。就影响竣工验收的问题签发验收意见,要求承包单位整改。承包单位整改完成,填报《监理通知回复单》,由专业监理工程师进行复查,直至符合要求。对需要进行功能试验的工程项目(包括单机试车和无负荷试车),专业监理工程师应督促承包单位及时进行试验,并对重要项目进行现场监督、检查,必要时请建设单位和设计单位参加。专业监理工程师应认真审查试验报告单。

④竣工资料及实物经项目监理机构全面检查,验收合格的,由总监理工程师签署《单位工程竣工验收报审表》和竣工验收申请报告。

⑤竣工验收申请报告经总监理工程师、监理单位法定代表人签字并加盖监理单位公章后,由施工单位向建设单位申请竣工。

⑥总监理工程师组织专业监理工程师编写质量评估报告。总监理工程师、监理单位技术负责人签字并加盖监理单位公章后报建设单位。

⑦建设单位收到竣工报告后28天内,进行公安消防、规划、环保、城建档案等政府管理部门专项验收。取得专项验收合格证明文件后,组织勘察设计、施工图审查、承包、监理单位参加工程竣工验收会(应提前3个工作日通知监督机构,并提交有关工程质量文件和质量保证资料)。监理应提供相关监理资料和工程质量评估报告。建设单位28天内未组织竣工验收,视为认可竣工验收报告,从第29天起,自行承担工程保管和一切意外责任。

⑧工程竣工验收后 14 天内,建设单位签署竣工验收报告或提出进一步整改意见。若 14 天内不提出修改意见,则视为认可竣工验收报告。若提出整改意见,则承包单位需整改后重新报验。

(2)单位(子单位)工程质量验收合格规定

单位工程质量验收也称质量竣工验收,是建筑工程投入使用前的最后一次验收,是最重要的一次验收。验收合格的条件有以下 5 个:

①单位(子单位)工程所含分部(子分部)工程的质量均应验收合格。

②质量控制资料应完整。

③单位(子单位)工程所含分部工程有关安全和功能的检测资料应完整。

④主要功能项目的抽查结果应符合相关专业质量验收规范的规定。

⑤观感质量验收应符合要求。

除此以外,还应进行以下三方面的检查:

一是涉及安全和使用功能的分部工程应进行检验资料的复查。不仅要全面检查其完整性(不得有漏检缺项),而且要复核分部工程验收时补充进行的见证抽样检验报告。这种强化验收的手段体现了对安全和主要使用功能的重视。

二是对主要使用功能还须进行抽查。使用功能的检查是对建筑工程和设备安装工程最终质量的综合检查,也是用户最关心的内容。因此,在分项、分部工程验收合格的基础上,竣工验收时应再作全面抽样检查。抽查项目是在检查资料文件的基础上由参加验收的各方人员商定,并用计量、计数的抽样方法确定检查部位。检查要求按有关专业工程施工质量验收标准的要求进行。

三是由参加验收的各方人员共同进行观感质量检查。检查的方法、内容、结论等应在分部工程的相应部分中阐述,最后共同确定是否通过验收。

6) 施工质量不符合要求时的处理

一般情况下,不合格现象在检验批的验收时就应发现并及时处理,所有质量隐患必须尽快消灭在萌芽状态,否则将影响后续检验批和相关的分项、分部工程的验收。但特殊情况下可按下述规定进行处理:

①经返工重做或更换器具、设备的检验批,应重新进行验收。

这种情况是指主控项目不能满足验收规范规定或一般项目超过偏差限制的子项不符合检验规定的要求时,应及时进行处理的检验批。其中,严重的缺陷应推倒重来;一般的缺陷通过返修或更换器具、设备予以解决。应允许施工单位在采取相应的措施后重新申请验收。

②经有资质的检测单位鉴定达到设计要求的检验批,应予以验收。

这种情况是指个别检验批不满足要求(如试块强度等),难以确定是否验收时,应请具有资质的法定检测单位检测。当鉴定结果能够达到设计要求时,该检验批应允许通过验收。

③经有资质的检测单位鉴定达不到设计要求,但经原设计单位核算认可,能满足结构安全和使用功能的检验批,可予以验收。

一般情况下,规范标准给出了满足安全和功能的最低限度要求,而设计往往在此基础上留有余量。可能存在不满足设计要求,但符合相应规范标准的情况。

④经返修或加固的分项、分部工程,虽然外形尺寸有所改变,但仍能满足安全使用要求的,可按技术处理方案和协商文件进行验收。

这种情况是指,因更为严重的缺陷或超过检验批更大范围内的缺陷,可能影响结构的安全性和使用功能,经法定检测单位检测鉴定认为达不到规范标准的相应要求,即不能满足最低限度的安全储备和使用功能,则必须按一定的技术方案进行加固处理,使之能保证满足安全使用的基本要求。这样会造成一些永久性缺陷,如改变结构的外形尺寸,影响一些次要的使用功能等。为了避免社会财富更大的损失,在不影响安全和主要使用功能条件下,可按技术处理方案和协商文件进行验收,但这不能作为轻视质量而回避责任的一种出路,责任人应承担相应的合同责任。

⑤通过返修或加固仍不能满足安全使用要求的分部工程、单位(子单位)工程,严禁验收。

6.3 工程质量问题和质量事故的处理

6.3.1 工程质量问题

(1)概念

根据国际标准化组织(ISO)ISO 9000 认证标准和我国有关质量、质量管理和质量保证标准的定义,凡工程产品质量没有满足某个规定的要求,就称为质量不合格。

凡是工程质量不合格,必须进行返修、加固或报废处理,由此造成直接经济损失低于5 000 元的称为质量问题;直接经济损失在 5 000 元(含 5 000 元)以上的称为工程质量事故。

(2)工程质量问题的成因

①违背建设程序。建设程序是工程项目建设过程及其客观规律的反映,不按建设程序办事。

②违法行为。例如,无证设计,无证施工,越级设计,越级施工,超常的低价中标,非法分包、转包、挂靠,擅自修改设计等行为。

③地质勘察失真。

④设计差错。

⑤施工与管理不到位。不按图纸施工或未经设计单位同意擅自修改设计;施工组织管理紊乱,不熟悉图纸,盲目施工;施工方案考虑不周,施工顺序颠倒;图纸未经会审,仓促施工;技术交底不清,违章作业;疏于检查、验收等,均可能导致质量问题。

⑥使用不合格的原材料、制品及设备。

⑦自然环境因素。

⑧使用不当。对建筑物或设施使用不当也易造成质量问题。

(3)工程质量问题的处理

①当施工而引起的质量问题还在萌芽状态时,应及时制止。并要求施工单位立即更换不合格材料设备或不称职人员,或要求施工单位立即改变不正确的施工方法和操作工艺。

②当因施工而引起的质量问题已出现时,应立即向施工单位发出《监理通知》,要求其对质量问题进行补救处理,并采取足以保证施工质量的有效措施后,填报《监理通知回复单》报监理单位。

③当某道工序或分项工程完工以后,出现不合格项,监理工程师应填写《工程质量整改通

知》,要求施工单位及时采取措施予以整改。监理工程师应对其补救方案进行确认,跟踪处理过程,对处理结果进行验收,否则不允许施工单位进行下道工序或分项的施工。

④在交工使用后的保修期内发现的施工质量问题,监理工程师应及时签发《监理通知》,指令施工单位进行修补、加固或返工。

监理工程师发现工程质量问题时,应按程序进行处理,如图6-5所示。

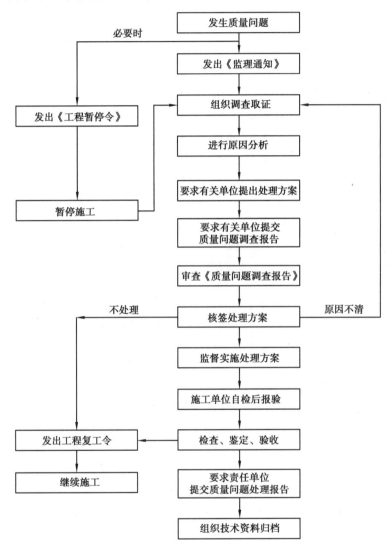

图6-5　工程质量问题处理程序

6.3.2　工程质量事故

1) 工程质量事故的成因、特点及分类

工程质量事故是较严重的质量问题,其成因与工程质量问题基本相同。工程质量事故具有复杂性、严重性、可变性和多发性的特点。国家对工程质量通常采用按造成损失严重程度进行分类,其基本分类如下:

①一般质量事故。凡具备下列条件之一者为一般质量事故。

a.直接经济损失在5 000元(含5 000元)以上,不满5万元的;

b.影响使用功能或工程结构安全,造成永久质量缺陷的。

②严重质量事故:凡具备下列条件之一者为严重质量事故。

a.直接经济损失在50 000元(含50 000元)以上,不满10万元的;

b.严重影响使用功能或工程结构安全,存在重大质量隐患的;

c.事故性质恶劣或造成2人以下重伤的。

③重大质量事故:凡具备下列条件之一者为重大质量事故,属建设工程重大事故范畴。

a.工程倒塌或报废;

b.由于质量事故,造成人员死亡或重伤3人以上;

c.直接经济损失10万元以上。

④国家建设行政主管部门规定,建设工程重大事故分为四个等级。

a.凡造成死亡30人以上(含30人)或直接经济损失300万元以上为一级;

b.凡造成死亡10人以上(含10人),29人以下(含29人)或直接经济损失100万元以上,不满300万元为二级;

c.凡造成死亡3人以上(含3人),9人以下(含9人)或重伤20人以上(含20人)或直接经济损失30万元以上,不满100万元为三级;

d.凡造成死亡2人以下(含2人),或重伤3人以上(含3人),19人以下(含19人)或直接经济损失10万元以上,不满30万元为四级。

2)工程质量事故的处理程序

①工程质量事故发生后,总监理工程师应签发《工程暂停令》,质量缺陷部位和与其有关联部位及下道工序停止施工,并要求施工单位采取必要措施,防止事故扩大并保护好现场。同时,要求质量事故发生单位迅速按类别和等级向相应的主管部门上报,并于24小时内书面报告。

质量事故报告应包括以下主要内容:

a.事故发生的单位名称,工程(产品)名称、部位、时间、地点;

b.事故概况和初步估计的直接损失;

c.事故发生原因的初步分析;

d.事故发生后采取的措施;

e.相关各种资料(有条件时)。

②在事故调查组展开工作后,监理工程师应积极给予协助,客观地提供相应证据。若监理方无责任,监理工程师可应邀参加调查组,参与事故调查;若监理方有责任,则应予以回避,但应配合调查组工作。质量事故调查组的职责有:

a.查明事故发生的原因、过程、事故的严重程度和经济损失情况。

b.查明事故的性质、责任单位和主要责任人。

c.明确事故主要责任单位和次要责任单位,承担经济损失的划分原则。

d.提出技术处理意见及防止类似事故再次发生应采取的措施。

e.提出对事故责任单位和责任人的处理建议。

f.出具事故调查报告。

③当监理工程师接到质量事故调查组提出的技术处理意见后,可组织相关单位研究,并

责成相关单位完成技术处理方案,并予以审核签认。质量事故技术处理方案,一般应委托原设计单位提出,由其他单位提供的技术处理方案,应经原设计单位同意签认。技术处理方案的制订,应征求建设单位意见。

④技术处理方案核签后,监理工程师应要求施工单位制订详细的施工方案,必要时应编制监理实施细则,对工程质量事故技术处理、施工质量进行监理,技术处理过程中的关键部位和关键工序应进行旁站,并会同设计、建设等有关单位共同检查认可。

⑤待施工单位完工自检报验结果后,监理工程师组织有关各方检查验收,必要时应进行处理结果鉴定。要求事故单位整理编写质量事故处理报告,并审核签认,组织将有关技术资料归档。

工程质量事故处理报告主要内容:a.工程质量事故情况、调查情况、原因分析(选自质量事故调查报告);b.质量事故处理的依据;c.质量事故技术处理方案;d.实施技术处理施工中有关问题和资料;e.对处理结果的检查鉴定和验收;f.质量事故处理结论。

⑥总监理工程师签发《工程复工令》,恢复正常施工。

思考题

1.简述工程质量的特性。

2.简述工程质量控制点选择的一般原则。

3.简述建设工程质量影响因素。

4.简述施工质量控制的类型。

5.简述工程质量事故的处理程序。

6.简述工程质量事故处理报告的主要内容。

7.简述施工质量不符合要求时对非正常情况的处理。

8.简述隐蔽工程的验收程序。

9.简述工程质量控制重点的内容。

第 **7** 章

建设工程监理的进度控制

知识点	能力要求	相关知识	素质目标
建设工程进度控制概述	掌握建设工程进度控制的概念		（1）培养学生正确的时间价值观（2）培养学生工作中的计划执行能力、职业道德精神和职业责任感（3）培养学生严谨工作态度和职业责任感
	熟悉影响建设工程进度的因素	建设单位因素、勘察设计因素、施工技术因素、自然环境因素、社会环境因素、组织管理因素、材料、设备因素、资金因素	
	熟悉建设工程施工阶段进度控制的措施	组织措施、技术措施、经济措施、合同措施	
	掌握施工进度计划的表示方法	横道图、网络图	
	掌握工程项目组织施工方式	依次施工、平行施工、流水施工	
建设工程进度的调整	掌握实际进度与计划进度的比较	横道图比较法、S曲线比较法、香蕉曲线比较法、前锋线比较法	
	掌握建设工程进度计划调整	建设工程进度计划分析与调整	
施工阶段进度控制实务	了解建设工程进度控制工作流程		
	施熟悉工阶段进度控制实务	（1）施工阶段进度控制程序（2）施工阶段进度控制主要工作内容	
工程延期的控制	熟悉工程延期的申报与审批	申报工程延期的条件、审批程序、审批原则	
	掌握工程延期的控制	下达工程开工令时机、工程延期事件处理	
	掌握工程延误的处理	拒绝签署付款凭证、误期损失赔偿、取消承包资格	

7.1　建设工程进度控制概述

控制建设工程进度,不仅能够确保工程建设项目按预定的时间交付使用,及时发挥投资效益,而且有益于维持国家良好的经济秩序。因此,监理工程师应采用科学的控制方法和手段来控制工程项目的建设进度。

7.1.1　建设工程进度控制的概念及影响因素

1)进度控制的概念

建设工程进度控制是指对工程项目建设各阶段的工作内容、工作程序、持续时间和衔接关系,根据进度总目标及资源优化配置的原则,编制计划并付诸实施,然后在进度计划的实施过程中,经常检查实际进度是否按计划要求进行,对出现的偏差情况进行分析,采取补救措施或调整、修改原计划后再付诸实施,如此循环,直到建设工程竣工验收交付使用。

建设工程进度控制的最终目的是确保建设项目按预定的时间交付使用或提前交付使用。

建设工程进度控制的总目标是建设工期。

2)影响建设工程进度的因素

(1)建设单位因素

如建设单位使用要求改变而进行设计变更;应提供的施工场地条件不能及时提供或所提供的场地不能满足工程正常需要;不能及时向施工承包单位或材料供应商付款等。

(2)勘察设计因素

如勘察资料不准确,特别是地质资料错误或遗漏;设计内容不完善,规范应用不恰当,设计有缺陷或错误;设计对施工的可能性未考虑或考虑不周;施工图纸供应不及时、不配套,或出现重大差错等。

(3)施工技术因素

如施工工艺错误;不合理的施工方案;施工安全措施不当;不可靠技术的应用等。

(4)自然环境因素

如复杂的工程地质条件;不明的水文气象条件;地下埋藏文物的保护、处理;洪水、地震、台风等不可抗力等。

(5)社会环境因素

如外单位临近工程施工干扰;节假日交通、市容整顿的限制;临时停水、停电、断路;以及在国外常见的法律及制度变化,经济制裁,战争、骚乱、罢工、企业倒闭等。

(6)组织管理因素

如向有关部门提出各种申请审批手续的延误;合同签订时遗漏条款、表达失当;计划安排不周密,组织协调不力,导致停工待料、相关作业脱节;领导不力、指挥失当,使参加工程建设的各个单位、各个专业、各个施工过程之间交接、配合上发生矛盾等。

(7)材料、设备因素

如材料、构配件、机具、设备供应环节的差错;品种、规格、质量、数量、时间不能满足工程的需要;特殊材料及新材料的不合理使用;施工设备不配套,选型失当,安装失误,有故障等。

(8)资金因素

如有关方拖欠资金,资金不到位,资金短缺,汇率浮动和通货膨胀等。

7.1.2 建设工程施工阶段进度控制的措施

进度控制的措施包括组织措施、技术措施、经济措施及合同措施。

1)组织措施

①建立进度控制目标体系,明确建设工程现场监理组织机构的进度控制人员及其职责分工。

②建立工程进度报告制度及进度信息沟通网络。

③建立进度计划审核制度和进度计划实施中的检查分析制度。

④建立进度协调会议制度,包括协调会议举行的时间、地点,协调会议的参加人员等。

⑤建立图纸审查、工程变更和设计变更管理制度。

2)技术措施

①审查承包单位提交的进度计划,使承包单位能在合理的状态下施工。

②编制进度控制工作细则,指导监理人员实施进度控制。

③采用网络计划技术及其他科学适用的计划方法,并结合电子计算机的应用,对建设工程进度实施动态控制。

3)经济措施

①及时办理工程预付款及工程进度款支付手续。

②对应急赶工给予优厚的赶工费用。

③对工期提前给予奖励。

④对工程延误收取误期损失赔偿金。

⑤加强索赔管理,公正地处理索赔。

4)合同措施

①推行 CM 承发包模式,对建设工程实行分段设计、分段发包和分段施工。

②加强合同管理,协调合同工期与进度计划之间的关系,保证合同中进度目标的实现。

③严格控制合同变更,对各方提出的工程变更和设计变更,监理工程师应严格审查后再补入合同文件之中。

④加强风险管理,在合同中应充分考虑风险因素及其对进度的影响,以及相应的处理方法。

7.1.3 施工进度计划的表示方法

建设工程进度计划的表示方法有多种,常用的有横道图和网络图法。

1)横道图

用横道图表示的建设工程进度计划,一般包括两个基本部分,即左侧的工作名称及工作的持续时间等基本数据部分和右侧的横道线部分。图7-1 即为用横道图表示的某桥梁工程施工进度计划。该计划明确地表示出各项工作的划分、工作的开始时间和完成时间、工作的持续时间、工作之间的相互搭接关系,以及整个工程项目的开工时间、完工时间和总工期。

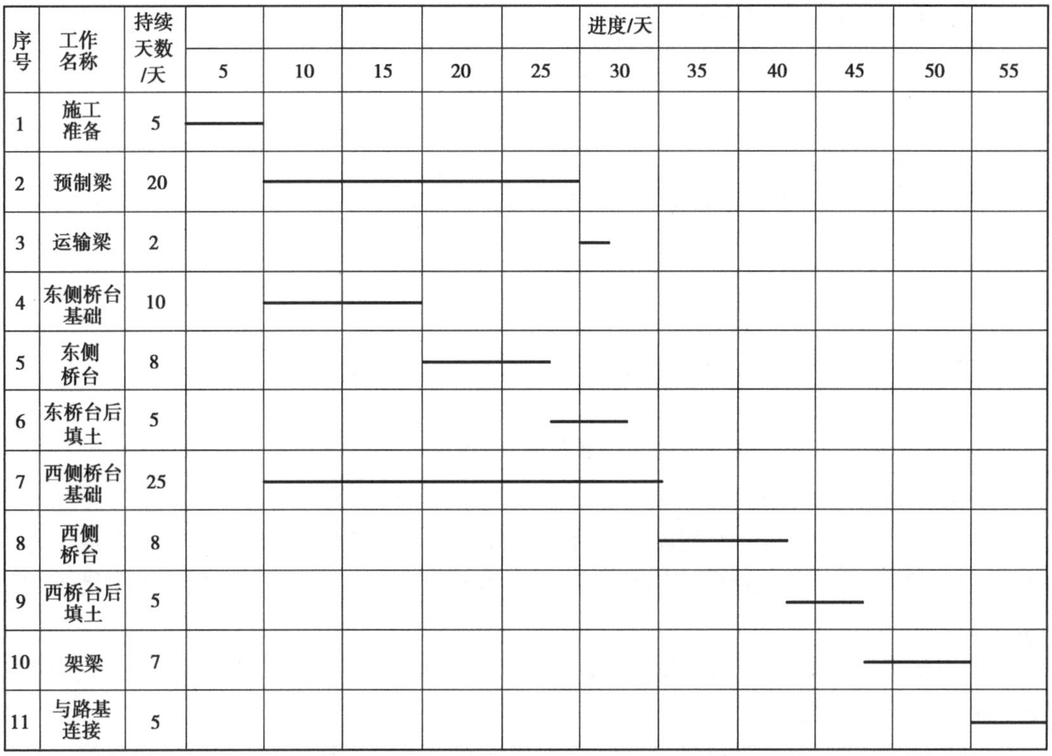

序号	工作名称	持续天数/天	进度/天										
			5	10	15	20	25	30	35	40	45	50	55
1	施工准备	5	▬										
2	预制梁	20		▬▬▬▬									
3	运输梁	2						▬					
4	东侧桥台基础	10		▬▬									
5	东侧桥台	8				▬▬							
6	东桥台后填土	5					▬						
7	西侧桥台基础	25		▬▬▬▬▬									
8	西侧桥台	8							▬▬				
9	西桥台后填土	5								▬			
10	架梁	7									▬		
11	与路基连接	5										▬	

图 7-1　某桥梁工程横道图施工进度计划

横道图计划具有编制容易,绘图简便,排列整齐有序,表达形象直观,便于统计劳动力、材料及机具的需要量等优点。它具有时间坐标,各施工过程(工作)的开始时间、工作持续时间、结束时间、相互搭接时间、工期以及流水施工的开展情况,都表示得清楚。

2)网络图

用网络图来表示建设工程进度计划,可以使建设工程进度得到有效控制。网络计划技术是用于控制建设工程进度的最有效工具。在建设工程设计阶段和施工阶段的进度控制,均可使用。作为监理工程师,必须掌握和应用网络计划技术。

(1)网络计划类型

网络计划可分为确定型和非确定型两类。如果网络计划中各项工作及其持续时间和各工作之间的相互关系都是确定的,就是确定型网络计划,否则属于非确定型网络计划。建设工程进度控制主要应用确定型网络计划。除了普通的双代号网络计划、单代号网络计划,还有时标网络计划、搭接网络计划、有时限的网络计划、多级网络计划等。图 7-2 即为某桥梁工程施工进度双代号网络图。

(2)网络图优缺点

与传统的横道图相比,具有以下优点:

①网络计划技术把一项工程中各有关的工作组成一个有机的整体,能全面、明确地表达出各项工作之间的先后顺序和相互制约、相互依赖的关系。

②通过网络图时间参数计算,可以在名目繁多、错综复杂的计划中找到关键工作和关键线路,从而使管理者能够采取技术组织措施,确保计划总工期。

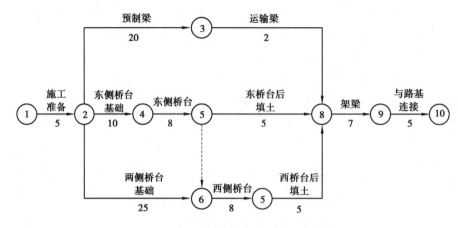

图 7-2　某桥梁工程施工进度双代号网络图

③通过网络计划的优化,可以在若干个可行方案中找到最优方案。

④在网络计划执行过程中,能够对其进行有效的监督和控制,如某项工作提前或推迟完成时,管理者可以预见到它对整个网络计划的影响程度,以便及时采取技术、组织措施加以调整。

⑤利用网络计划中某些工作的时间储备,可以合理地安排人力、物力和资源,达到降低工程成本和缩短工期的目的。

⑥网络计划可以为管理者提供工期、成本和资源方面的管理信息,有利于加强施工管理工作。

⑦可以利用电子计算机进行各项参数计算和优化,为管理现代化创造条件。

网络计划技术的缺点:在网络计划编制过程中,各项时间参数计算比较烦琐,绘制劳动力和资源需要量曲线比较困难。

7.1.4　工程项目组织施工方式

考虑工程项目的施工特点、工艺流程、资源利用、平面或空间布置等要求,建设工程项目施工可以采用依次、平行、流水等组织方式。

为说明三种施工方式及其特点,现有某工程项目含三幢结构相同的住宅,其编号分别为Ⅰ、Ⅱ、Ⅲ,各住宅的基础工程均可分解为挖土方、现浇混凝土基础和回填土三个施工过程,分别由相应的专业队按施工工艺要求依次完成,每个专业队在每幢住宅的施工时间均为 5 周,各专业队的人数分别为 10 人,16 人和 8 人。此项目基础工程施工的三种组织方式如图 7-3 所示。

1)依次施工

依次施工方式是将拟建工程项目中的每一个施工对象分解为若干个施工过程,按施工工艺要求依次完成每一个施工过程;当一个施工对象完成后,再按同样的顺序完成下一个施工对象,依次类推,直至完成所有施工对象。

2)平行施工

平行施工方式是组织几个劳动组织相同的工作队,在同一时间、不同的空间,按施工工艺要求完成各施工对象。

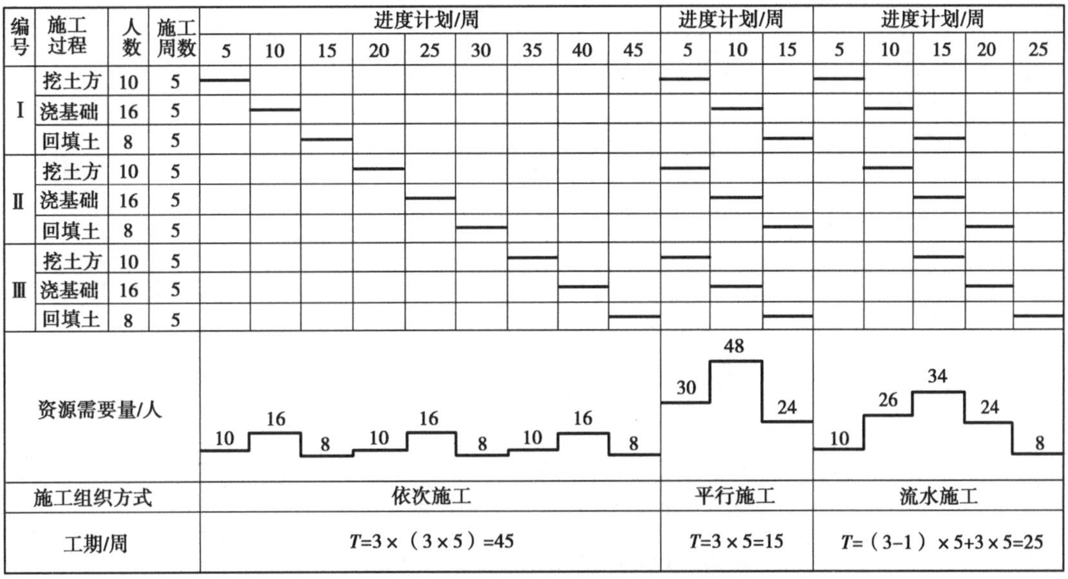

编号	施工过程	人数	施工周数	进度计划/周									进度计划/周			进度计划/周				
				5	10	15	20	25	30	35	40	45	5	10	15	5	10	15	20	25
Ⅰ	挖土方	10	5																	
	浇基础	16	5																	
	回填土	8	5																	
Ⅱ	挖土方	10	5																	
	浇基础	16	5																	
	回填土	8	5																	
Ⅲ	挖土方	10	5																	
	浇基础	16	5																	
	回填土	8	5																	

资源需要量/人：依次施工曲线 10、16、8、10、16、8、10、16、8；平行施工曲线 30、48、24；流水施工曲线 10、26、34、24、8

施工组织方式	依次施工	平行施工	流水施工
工期/周	$T = 3 \times (3 \times 5) = 45$	$T = 3 \times 5 = 15$	$T = (3-1) \times 5 + 3 \times 5 = 25$

图 7-3　某项目基础工程施工的三种组织方式的比较

3) 流水施工

流水施工方式是将拟建工程项目中的每一个施工对象分解为若干个施工过程,并按照施工过程成立相应的专业工作队,各专业队按照施工顺序依次完成各个施工对象的施工过程,同时保证施工在时间和空间上连续、均衡和有节奏地进行搭接作业。

三种组织方式的施工进度安排、总工期及劳动力需求曲线参见图 7-3。三种组织方式各有特点,如表 7-1 所示。尤其是流水施工,它是一种科学、有效的工程项目施工组织方法之一,可以充分地利用工作时间和操作空间,减少非生产性劳动消耗,提高劳动生产率,保证工程施工连续、均衡、有节奏地进行,从而对提高工程质量、降低工程造价、缩短工期有着显著的作用。因此,施工单位在条件允许的情况下,应尽量采用流水施工作业。

表 7-1　三种施工组织方式特点比较

序号	施工组织方式	特点
1	依次施工	①没有充分地利用工作面进行施工,工期长
		②如果按专业成立工作队,则各专业队不能连续作业,有时间间歇,劳动力及施工机具等资源无法均衡使用
		③如果由一个工作队完成全部施工任务,则不能实现专业化施工,不利于提高劳动生产率和工程质量
		④单位时间内投入的劳动力、施工机具、材料等资源量较少,有利于资源供应的组织
		⑤施工现场的组织、管理比较简单

续表

序号	施工组织方式	特点
2	平行施工	①充分地利用工作面进行施工、工期短
		②如果每一个施工对象均按专业成立工作队,则各专业队不能连续作业,劳动力及施工机具等资源无法均衡使用
		③如果由一个工作队完成一个施工对象的全部施工任务,则不能实现专业化施工,不利于提高劳动生产率和工程质量
		④单位时间内投入的劳动力、施工机具、材料等资源量成倍地增加,不利于资源供应的组织
		⑤施工现场的组织、管理比较复杂
3	流水施工	①尽可能地利用工作面进行施工,工期比较短
		②各工作队实现了专业化施工有利于提高技术水平和劳动生产率,也有利于提高工程质量
		③专业工作队能够连续施工,同时使相邻工作队的开工时间能够极大限度地搭接
		④单位时间内投入的劳动力、施工机具、材料等资源量较为均衡,有利于资源供应的组织
		⑤为施工现场的文明施工和科学管理创造了有利条件

7.2 建设工程进度的调整

7.2.1 实际进度与计划进度的比较

在建设工程实施进度检测过程中,一旦发现实际进度偏离计划进度,就要认真地分析进度偏差产生的原因及其对后续工作和总工期的影响,必要时采取合理、有效的进度计划调整措施,确保进度总目标的实现。

实际进度与计划进度的比较是建设工程进度监测的主要环节。常用的进度比较方法有横道图、S曲线、香蕉曲线、前锋线和列表比较法。

1)横道图比较法

横道图比较法是指将项目实施过程中实际进度的数据,经加工整理后直接用横道线平行绘于原计划的横道线下,进行实际进度与计划进度的比较方法。它适用于工程项目中某些工作实际进度与计划进度的局部比较,且在不同单位时间里的工作进展速度不相等的情形。不仅可以进行某一时刻实际进度与计划进度的比较,还能进行某一时间段实际进度与计划进度的比较。其特点是形象、直观。如某工程项目基础工程的计划进度和截止到第9周末的实际进度如图 7-4 所示(图中双线条表示该工程计划进度,粗实线表示实际进度)。

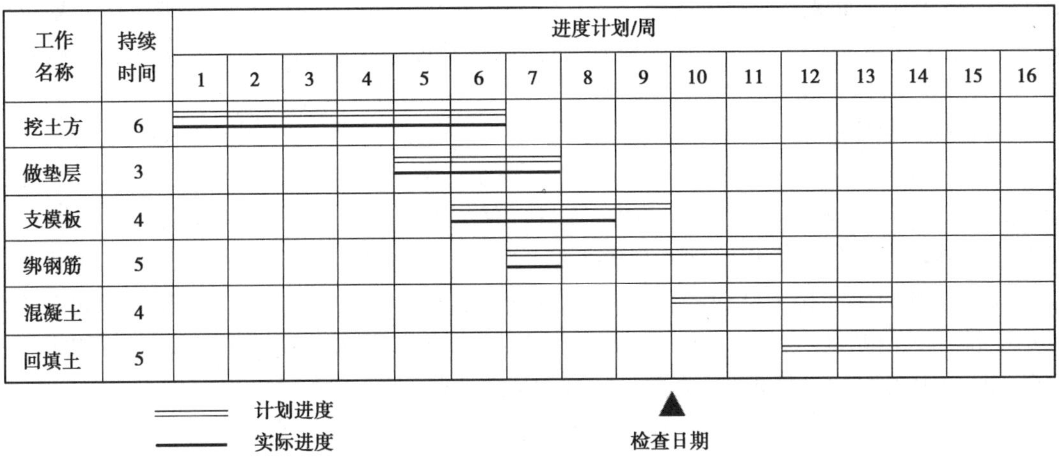

工作名称
持续时间
进度计划/周
1
2
3
4
5
6
7
8
9
10
11
12
13
14
15
16
挖土方
6
做垫层
3
支模板
4
绑钢筋
5
混凝土
4
回填土
5
计划进度
实际进度
检查日期

图 7-4　某工程项目实际进度与计划进度比较

从图 7-4 中实际进度与计划进度的比较可以看出,到第 9 周末进行实际进度检查时,挖土方和做垫层两项工作已经完成;支模板按计划也应该完成,但实际只完成 75%,任务量拖欠 25%;绑扎钢筋按计划应该完成 60%,而实际只完成 20%,任务量拖欠 40%。

2)S 曲线比较法

S 曲线比较法是以横坐标表示时间,纵坐标表示累计完成任务量,绘制一条按计划时间累计完成任务量的 S 曲线;然后将工程项目实施过程中各检查时间实际累计完成任务量的 S 曲线也绘制在同一坐标系中,进行实际进度与计划进度比较的一种方法。

从整个工程项目实际进展全过程看,单位时间投入的资源量一般是开始和结束时较少,中间阶段较多。与其相对应,单位时间完成的任务量也呈同样的变化规律,而随工程进展累计完成的任务量则应呈 S 形变化,如图 7-5 所示。

累计完成百分比/%
100
计划
预测
b
实际
a
计划
完成
日期
预计
完成
日期
时间
检查日期
检查日期

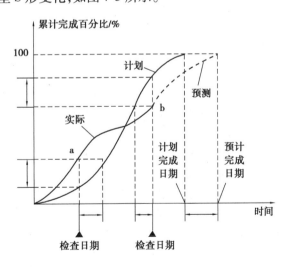

图 7-5　S 曲线比较图

S 曲线比较法也是在图上进行工程项目实际进度与计划进度的直观比较。在工程项目实施过程中,按照规定时间将检查收集到的实际累计完成任务量绘制在原计划 S 曲线图上,即可得到实际进度 S 曲线(如图 7-5 所示)。通过比较实际进度 S 曲线和计划进度 S 曲线,可以获得如下信息:如果工程实际进展点落在计划 S 曲线左侧,表明此时实际进度比计划进度超前;如果工程实际进展点落在 S 计划曲线的右侧,表明此时实际进度拖后;如果工程实际进展点正好落在计划 S 曲线上,则表示此时实际进度与计划进度一致。

3)香蕉曲线比较法

香蕉曲线是由两条 S 曲线组合而成的闭合曲线。由 S 曲线比较法可知,工程项目累计完成的任务量与计划时间的关系,可以用一条 S 曲线表示。对于一个工程项目的网络计划,如果以其中各项工程的最早开始时间安排进度而绘制 S 曲线,称为 ES 曲线;如果以其中各项工作的最迟开始时间安排进度而绘制 S 曲线,称为 LS 曲线。两条 S 曲线具有相同的起点和终点,因此,两条曲线是闭合的。在一般情况下,ES 曲线上的其余各点均落在 LS 曲线的相应点的左侧。由于该闭合曲线形似"香蕉",故称为香蕉曲线(如图 7-6 所示)。

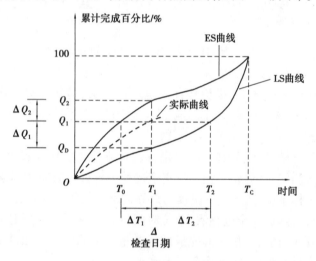

图 7-6　香蕉曲线比较图

香蕉曲线比较法能直观地反映工程项目的实际进展情况,并可以获得比 S 曲线更多的信息。

(1)合理安排工程项目进度计划

如果工程项目中的各项工作均按其最早开始时间安排进度,将导致项目的投资加大。而如果各项工作都按其最迟开始时间安排进度,则一旦受到进度影响因素的干扰,又将导致工期拖延,使工程进度风险加大。因此,一个科学合理的进度计划优化曲线应处于香蕉曲线所包括的区域之内,如图 7-6 中的 ES 与 LS 曲线形成的区域。

(2)定期比较工程项目的实际进度与计划进度

在工程项目的实施过程中,根据每次检查收集到的实际完成任务量,绘制出实际进度 S 曲线,便可以与计划进度进行比较。工程项目实施进度的理想状态是任一时刻工程实际进展点应落在香蕉曲线图的范围之内。如果工程实际进展点落在 ES 曲线的左侧,表明此刻实际进度比各项工作按其最早开始时间安排的计划进度超前;如果工程实际进展点落在 LS 曲线的右侧,则表明此刻实际进度比各项工作按其最迟开始时间安排的计划进度拖后。

4)前锋线比较法

前锋线比较法是通过绘制某检查时刻工程项目实际进度前锋线,进行工程实际进度与计划进度比较的方法,它主要适用于时标网络计划。

①前锋线是指在原时标网络计划上,从检查时刻的时标点出发,用点画线依次将各项工作实际进展位置点连接而成的折线。

②前锋线比较法就是通过实际进度前锋线与原进度计划各工作箭线交点的位置来判断工作的实际进度与计划进度的偏差,进而判定该偏差对后续工作及总工期影响程度的一种方法。

③前锋线主要适用于时标网络计划,既能用来进行工作实际进度与计划进度的局部比较,也可用来分析和预测工程项目整体进度情况。

④前锋线比较法是针对匀速进展的工作。

【例 7-1】　某工程项目时标网络计划如图 7-7 所示。该计划执行到第 6 周末检查实际进度时,发现工作 A 和 B 已经全部完成,工作 D、E 分别完成计划任务量的 20% 和 50%,工作 C 尚需 3 周完成,试用前锋线法进行实际进度与计划进度的比较。

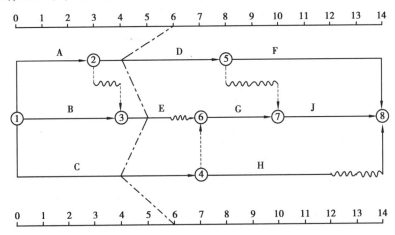

图 7-7　某工程项目时标网络计划

根据第 6 周末实际进度的检查结果绘制前锋线,如图 7-7 中点画线所示,通过比较可以看出:

(1)本工程项目的关键线路是 C→G→J 和 A→D→F。

(2)工作 D 实际进度拖后 2 周,将使其后续工作 F 的最早开始时间推迟 2 周,并使总工期延长 1 周。

(3)工作 E 实际进度拖后 1 周,既不影响总工期,也不影响其后续工作的正常进行。

(4)工作 C 实际进度拖后 2 周,将使其后续工作 G、H、J 的最早开始时间推迟 2 周,由于工作 G、J 开始时间的推迟,从而使总工期延长 2 周。

综上所述,如果不采取措施加快进度,该工程项目的总工期将延长 2 周。

5)列表比较法

当工程进度计划用非时标网络图表示时,可以采用列表比较法进行实际进度与计划进度的比较。这种方法是记录检查日期应该进行的工作名称及其已经作业的时间,然后列表计算有关时间参数,并根据工作总时差进行实际进度与计划进度比较的方法。

【例 7-2】　某工程项目进度计划如图 7-7 所示。该计划执行到第 10 周末检查实际进度时,发现工作 A、B、C、D、E 已经全部完成,工作 F 已进行 1 周,工作 G 和工作 H 均已进行 2

周,试用列表比较法进行实际进度与计划进度的比较。

【解】 根据工程项目进度计划及实际进度检查结果,可以计算出检查日期应进行工作的尚需作业时间、原有总时差及尚有总时差等,计算结果见表7-2,通过比较尚有总时差和原有总时差,即可判断目前工程实际进展状况。

表7-2 工程进度检查比较表

工作代号	工作名称	检查计划时尚需作业周数	到计划最迟完成时尚余周数	原有总时差	尚有总时差	情况判断
5-8	F	4	4	1	0	拖后一周,但不影响工期
6-7	G	1	0	0	−1	拖后一周,不影响工期1周
4-8	H	3	4	2	1	拖后一周,但不影响工期

7.2.2 建设工程进度计划调整

1)建设工程进度计划分析

在工程项目实施过程中,当通过实际进度与计划进度的比较,发现有进度偏差时,需要分析该偏差对后续工作及总工期的影响,从而采取相应的调整措施对原进度计划进行调整,以确保工期目标的顺利实现。进度偏差的大小及其所处的位置不同,对后续工作和总工期的影响程度是不同的,分析时需要利用网络计划中工作总时差和自由时差的概念进行判断,最后依据实际情况决定是否调整及如何调整的方法和措施。分析判断的过程如图7-8所示。

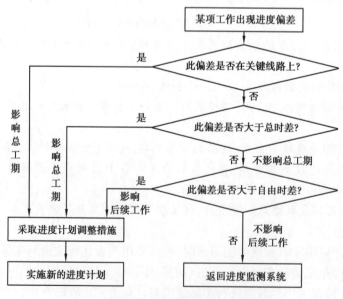

图7-8 建设工程进度调整分析判断过程

2) 建设工程进度计划调整

通过检查分析,如果发现原有进度计划已不能适应实际情况时,为了确保进度控制目标,需要调整施工进度计划,以此作为进度控制的新依据。

施工进度计划的调整方法主要有两种:一是通过缩短某些工作的持续时间来缩短工期;二是通过改变某些工作间的逻辑关系来缩短工期。在实际工作中,应根据具体情况选用上述方法进行进度计划调整。

(1) 缩短某些工作的持续时间

这种方法的特点是不改变工作之间的先后顺序关系,通过缩短网络计划中关键线路上工作的持续时间来缩短工期。通常需要采取一定的措施来达到目的,具体措施如下:

①组织措施。

a.增加工作面,组织更多的施工队伍。

b.增加每天的施工时间(如采用三班制等)。

c.增加劳动力和施工机械的数量。

②技术措施。

a.改进施工工艺和施工技术,缩短工艺技术间歇时间。

b.采用更先进的施工方法,以减少施工过程的数量(如将现浇框架方案改为预制装配方案)。

c.采用更先进的施工机械。

③经济措施。

a.实行包干奖励。

b.提高奖金数额。

c.对所采取的技术措施给予相应的经济补偿。

④其他配套措施。

a.改善外部配合条件。

b.改善劳动条件。

c.实施强有力的调度等。

通常,不管采取哪种措施,都会增加费用。因此,在调整施工进度计划时,应利用费用优化的原理选择费用增加量最小的关键工作作为压缩对象。

(2) 改变某些工作间的逻辑关系

这种方法的特点是不改变工作的持续时间,而只改变工作的开始时间和完成时间。对于大型建设工程,因单位工程较多且相互间的制约较小,可调整的幅度较大,所以可采用平行作业的方法来调整施工进度计划。而对于单位工程项目,因受工作之间工艺关系的限制,可调整的幅度较小,所以通常采用搭接作业的方法来调整施工进度计划。但不管是搭接作业还是平行作业,建设工程在单位时间内的资源需求量将会增加。

除了分别采用上述两种方法来缩短工期,有时由于工期拖延得太多,采用某一种方法可调整的幅度又受到限制时,还可以同时利用这两种方法对同一施工进度计划进行调整,以满足工期目标的要求。

7.3 施工阶段进度控制实务

7.3.1 建设工程进度控制工作流程

建设工程施工进度控制工作流程图如图 7-9 所示。

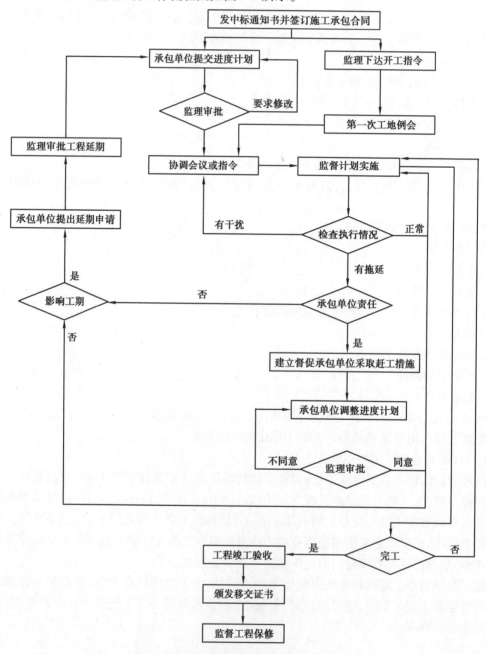

图 7-9 建设工程施工进度控制工作流程图

7.3.2　施工阶段进度控制实务

1) 施工阶段进度控制程序

施工阶段进度控制分事前、事中、事后控制。

（1）事前控制程序

①总监理工程师组织专业监理工程师预测和分析影响进度计划的可能因素，制订防范对策，依据施工承包合同的工期目标制订控制性进度计划。

②总监理工程师组织专业监理工程师审核施工承包单位提交的施工总进度计划，审核进度计划对工期目标的保证程度。施工方案与施工进度计划的协调性和合理性。

③总进度计划符合要求，总监理工程师在《施工进度计划报审表》签字确认，作为进度控制的依据。

（2）事中控制程序

①专业监理工程师负责检查工程进度计划的实施。每天了解施工进度计划实施情况，并做好实际进度情况记录；随时检查施工进度的关键控制点，当发现实际进度偏离进度计划时，应及时报告总监理工程师，由总监理工程师指令施工承包单位采取调整措施，并报建设单位备案。

②专业监理工程师审核施工承包单位提交的年度、季度、月度进度计划，向总监理工程师提交审查报告，总监理工程师审核签发《施工进度计划报审表》，并报建设单位备案。

③总监理工程师组织专业监理工程师审核施工承包单位提交的施工进度调整计划，并提出审查意见，经建设单位同意后，签发《施工进度调整计划报审表》，并报建设单位备案。

④总监理工程师定期向建设单位汇报有关工程进展情况。

⑤严格控制施工过程中的设计变更。对工程变更、设计修改等事项，专业监理工程师负责进度控制的预分析，如发现与原施工进度计划有较大差异时，应书面向总监理工程师报告并报建设单位。

（3）事后控制主要工作

由总监理工程师负责处理工期索赔工作。

2) 施工阶段进度控制主要工作内容

①编制施工进度控制监理细则，其内容包括：

a.施工进度控制目标分解图；

b.施工进度控制的主要工作内容和深度；

c.进度控制人员的职责分工；

d.与进度控制有关的各项工作的时间安排及工作流程；

e.进度控制的方法；

f.进度控制的具体措施；

g.施工进度控制目标实现的风险分析；

h.尚待解决的有关问题。

②编制或审核施工进度计划。对于大型工程项目，若建设单位采取分期分批发包或由若干个承包单位平行承包，项目监理机构有必要编制施工总进度计划。施工总进度计划应确定分期分批的项目组成，各批工程项目的开工、竣工顺序及时间安排，全场性施工准备工作，特

别是首批子项目进度安排及准备工作的内容等。当工程项目有总承包单位时,项日监理机构只需对总承包单位提交的工程总进度计划进行审核即可。而对于单位工程施工进度计划,项目监理机构只负责审核。施工进度计划审核的主要内容有以下几点:

a.进度安排是否符合工程项目建设总进度计划中总目标和分目标的要求,是否符合施工合同中开竣工日期的规定。

b.施工总进度计划中的项目是否有遗漏,分期施工是否满足分批动用的需要和配套动用的要求。

c.施工顺序的安排是否符合施工程序的原则要求。

d.劳动力、材料、构配件、机具和设备的供应计划是否能保证进度计划的实现,供应是否均衡,高峰期是否有足够实现计划的供应能力。

e.建设单位的资金供应能力是否满足进度需要。

f.施工的进度安排是否与设计单位的图纸供应进度相符。

g.建设单位应提供的场地条件及原材料和设备,特别是国外设备的到货与施工进度计划是否衔接。

h.总分包单位分别编制的各单位工程施工进度计划之间是否协调,专业分工与衔接的计划安排是否明确合理。

i.进度安排是否存在造成建设单位违约而导致索赔的可能。

如果监理工程师在审核施工进度计划的过程中发现问题,应及时向承包单位提出书面意见,并督促承包单位整改,其中重大问题应及时向建设单位汇报。

③按年、季、月编制工程综合计划。对于分期分批发包或由若干个承包单位平行承包的大型工程项目,在按计划期编制的年、季、月进度计划中,监理着重是解决各承包单位施工进度计划之间、施工进度计划与资源保障计划之间及外部协作条件的延伸性计划之间的综合平衡与相互衔接问题。并根据上期计划的完成情况对本期计划做必要的调整,从而作为承包单位近期执行的指令性(实施性)计划。

④下达工程开工令。

⑤协助承包单位实施进度计划。监理要随时了解施工进度计划执行过程中所存在的问题,并帮助承包单位解决承包单位无力解决的与建设单位、平行承包单位之间的内层关系协调问题。

⑥监督施工进度计划的实施。这是工程项目施工阶段进度控制的经常性工作。项目监理机构不仅要及时检查承包单位报送的施工进度报表和分析资料,同时还要进行必要的现场实地检查,核实所报送的已完成项目的时间及工程量,杜绝虚假现象。在对工程实际进度资料进行整理的基础上,监理人员应将其与计划进度相比较,以判定实际进度是否出现偏差。如果出现偏差,应进一步分析其产生的原因及偏差对进度控制目标的影响程度,以便研究对策、提出纠偏措施建议,必要时还应对后期工程进度计划做适当的调整。计划调整要及时有效。

⑦组织现场协调会。监理应每月、每周定期组织召开不同层次的现场协调会议,以解决工程施工过程中的相互协调配合问题。在平行、交叉施工单位多,工序交接频繁且工期紧迫的情况下,现场协调会甚至需要每日召开。会上应通报和检查当天的工程进度,确定薄弱环节,部署当天的赶工任务,以便为次日正常施工创造条件。对于某些未曾预料的突发变故或

问题,监理工程师还可以发布紧急协调指令,督促有关单位采取应急措施维护工程施工的正常秩序。

⑧签发工程进度款支付凭证。

⑨审批工程延期。

⑩向建设单位提供进度报告。

⑪督促承包单位整理技术资料。

⑫审批竣工申请报告、协助建设单位组织竣工验收(组织工程竣工预验收、签署工程竣工预验报验单和竣工报告、提交质量评估报告)。

⑬整理工程进度资料。在工程完工以后,监理工程师应将工程进度资料进行收集整理、归类、编目和建档,以便为今后类似工程项目的进度控制提供参考。

⑭工程移交。项目监理机构应督促承包单位办理工程移交手续,颁发工程移交证书。

【例 7-3】　某高架输水管道建设工程中有 20 组钢筋混凝土支架。每组支架的结构形式及工程量相同,均由基础、柱和托梁三部分组成。业主通过招标将 20 组钢筋混凝土支架的施工任务发包给某施工单位,并与其签订了施工合同,合同工期为 190 天。

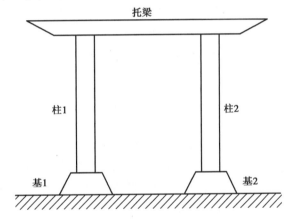

图 7-10　托梁示意图

在工程开工前,该承包单位向项目监理机构提交了施工方案及施工进度计划:

①施工方案

施工流向:从第 1 组支架依次流向第 20 组支架。

劳动组织:基础、柱和托梁分别组织混合工种专业工作队。

技术间歇:柱混凝土浇筑后需养护 20 天方能进行托梁施工。

物资供应:脚手架、模板、机具及商品混凝土等均按施工进度要求调度配合。

②施工进度计划(如图 7-11 所示,时间单位为天)

分析该施工进度计划,并判断监理工程师是否应批准该施工进度计划。

由施工方案及图 7-11 所示施工进度计划可以看出,为了缩短工期,承包单位将 20 组支架的施工按流水作业进行组织。

a.任意相邻两组支架开工时间的差值等于两个柱基础的持续时间,即:4+4=8 天。

b.每一组支架的计划施工时间为:4+4+3+20+5＝36 天。

c.20 组钢筋混凝土支架的计划总工期为:(20－1)×8＋36＝188 天。

d.20 组钢筋混凝土支架施工进度计划中的关键工作是所有支架的基础工程及第 20 组支架的柱 2、养护和托梁。

e.由于施工进度计划中各项工作逻辑关系合理,符合施工工艺及施工组织要求,较好地采用了流水作业方式,且计划总工期未超过合同工期,故监理工程师应批准该施工进度计划。

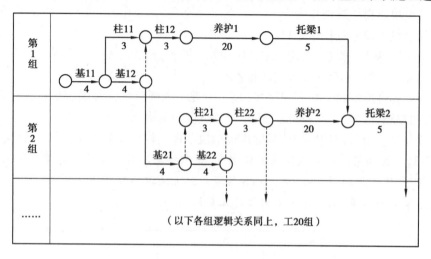

图 7-11　施工进度计划

7.4　工程延期的控制

在建设工程施工过程中,工期的延长分为工程延误和工程延期两种。虽然都使工程拖期,但由于性质不同,因而业主与承包单位所承担的责任也就不同。如果是属于工程延误,则由此造成的一切损失由承包单位承担。同时,业主还有权对承包单位施行误期违约罚款。而如果是属于工程延期,则承包单位不仅有权要求延长工期,而且还有权向业主提出赔偿费用的要求以弥补由此造成的额外损失。因此,监理工程师将施工过程中工期的延长认定为工程延误还是工程延期,对业主和承包单位都十分重要。

7.4.1　工程延期的申报与审批

1)申报工程延期的条件

以下原因导致工程拖期,承包单位有权提出延长工期的申请,监理工程师应按合同规定,批准工程延期时间。

①监理工程师发出工程变更指令而导致工程量增加;

②合同所涉及的任何可能造成工程延期的原因,如延期交图、工程暂停、对合格工程的剥离检查及不利的外界条件等;

③异常恶劣的气候条件;

④由业主造成的任何延误、干扰或障碍,如未及时提供施工场地、未及时付款等;

⑤除承包单位自身外的其他任何原因。

2) 工程延期的审批程序

工程延期的审批程序如图 7-12 所示。当工程延期事件发生后,承包单位应在合同规定的有效期内以书面形式通知监理工程师(即工程延期意向通知),以便于监理工程师尽早了解所发生的事件,及时做出减少延期损失的决定。随后,承包单位应在合同规定的有效期内(或监理工程师可能同意的合理期限内)向监理工程师提交详细的申述报告(延期理由及依据)。监理工程师收到该报告后应及时进行调查核实,准确地确定出工程延期时间。

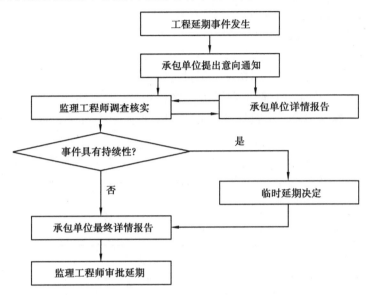

图 7-12　工程延期的审批程序

当延期事件具有持续性,承包单位在合同规定的有效期内不能提交最终详细的申述报告时,应先向监理工程师提交阶段性的详情报告。监理工程师应在调查核实阶段性报告的基础上,尽快做出延长工期的临时决定。临时决定的延期时间不宜太长,一般不超过最终批准的延期时间。

待延期事件结束后,承包单位应在合同规定的期限内向监理工程师提交最终的详情报告。监理工程师应复查详情报告的全部内容,然后确定该延期事件所需要的延期时间。

如果遇到比较复杂的延期事件,监理工程师可以成立专门小组进行处理。对于一时难以做出结论的延期事件,即使不属于持续性的事件,也可以采用先做出临时延期的决定,然后再做出最后决定的办法。这样既可以保证有充足的时间处理延期事件,又可以避免由于处理不及时而造成损失。

监理工程师在做出临时工程延期批准或最终工程延期批准之前,均应与业主和承包单位进行协商。

3) 工程延期的审批原则

监理工程师在审批工程延期时应遵循下列原则:

(1)合同条件

监理工程师批准的工程延期必须符合合同条件。也就是说,导致工期拖延的原因确实属于承包单位自身以外的,否则不能批准为工程延期。这是监理工程师确定工程延期成立的基础。

（2）工期的影响

发生延期事件的工程部位，无论其是否处在施工进度计划的关键线路上，只有当所延长的时间超过其相应的总时差而影响到工期时，才能批准工程延期。如果延期事件发生在非关键线路上，且延长的时间并未超过总时差时，即使符合批准为工程延期的合同条件，也不能核准工程延期。

应当说明，建设工程施工进度计划中的关键线路并非固定不变，它会随着工程的进展和情况的变化而转移。监理工程师应以承包单位提交的、经自己审核后的施工进度计划（不断调整后）为依据来决定是否批准工程延期。

（3）实际情况

批准的工程延期必须符合实际情况。为此，承包单位应对延期事件发生后的各类有关细节进行详细记载，并及时向监理工程师提交详细报告。与此同时，监理工程师也应对施工现场进行详细考察和分析，并做好有关记录，以便为合理确定工程延期时间提供可靠依据。

【例7-4】　某建设工程业主与监理单位、施工单位分别签订了监理委托合同和施工合同，合同工期为18个月。在工程开工前，施工承包单位在合同约定的时间内向监理工程师提交了施工总进度计划，如图7-13所示。

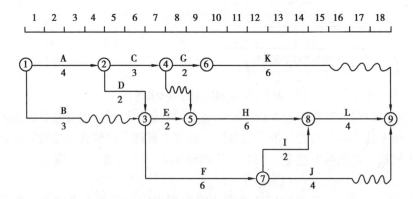

图7-13　某工程施工总进度计划

该计划经监理工程师批准后开始实施，在施工过程中发生以下事件：

①因业主要求需要修改设计，致使工作K停工等待图纸3.5个月；

②部分施工机械由于运输原因未能按时进场，致使工作H的实际进度拖后1个月；

③由于施工工艺不符合施工规范要求，发生质量事故而返工，致使工作F的实际进度拖后2个月。

承包单位在合同规定的有效期内提出工期延长3.5个月的要求，监理工程师应进行如下分析、处理：

出于工作H和工作F的实际进度拖后均属于承包单位自身原因，只有工作K的拖后可以考虑给予工程延期。从图7-13可知，工作K原有总时差为3个月，该工作停工等待图纸3.5个月，只影响工期0.5个月，故监理工程师应批准工程延期0.5个月。

7.4.2　工程延期的控制

发生工程延期事件,不仅影响工程的进展,而且会给业主带来损失。因此,监理工程师应做好以下工作,以减少或避免工程延期事件的发生。

1)选择合适的时机下达工程开工令

监理工程师在下达工程开工令之前,应充分考虑业主的前期准备工作是否充分。特别是征地、拆迁问题是否已经解决,设计图纸能否及时提供,以及付款方面有无问题等,以避免由于上述问题缺乏准备而造成工程延期。

2)提醒业主履行施工承包合同中所规定的职责

在施工过程中,监理工程师应经常提醒业主履行自己的职责,提前做好施工场地及设计图纸的提供工作,并能及时支付工程进度款,以减少或避免由此而造成的工程延期。

3)妥善处理工程延期事件

延期事件发生后,监理工程师应根据合同规定进行妥善处理,既要尽量减少工程延期时间及其损失,又要在详细调查研究的基础上合理批准工程延期时间。

此外,业主在施工过程中应尽量减少干预,以避免由于自身的干扰而导致延期事件的发生。

7.4.3　工程延误的处理

如果由于承包单位自身的原因造成工期拖延,而承包单位又未按照监理工程师的指令改变延期状态时,通常可以采用下列手段进行处理。

1)拒绝签署付款凭证

当承包单位的施工活动不能使监理工程师满意时,监理工程师有权拒绝承包单位的支付申请。因此,当承包单位的施工进度拖后且又不采取积极措施时,监理工程师可以采取拒绝签署付款凭证的手段制约承包单位。

2)误期损失赔偿

拒绝签署付款凭证一般是监理工程师在施工过程中制约承包单位延误工期的手段,而误期损失赔偿则是当承包单位未能按合同规定的工期完成合同范围内的工作时对其的处罚。如果承包单位未能按合同规定的工期和条件完成整个工程,则应向业主支付投标书附件中规定的金额,作为违约损失赔偿费。

3)取消承包资格

如果承包单位严重违反合同,又不采取补救措施,则业主为了保证合同工期有权取消其承包资格。例如:承包单位接到监理工程师的开工通知后,无正当理由推迟开工时间,或在施工过程中无任何理由要求延长工期,施工进度缓慢,又无视监理工程师的书面警告等,都有可能受到取消承包资格的处罚。

取消承包资格是对承包单位违约的严厉制裁。因为业主一旦取消了承包单位的承包资格,承包单位不但要被驱逐出施工现场,而且还要承担由此而造成的业主的损失费用。这种惩罚措施一般不轻易采用,而且在做出这项决定前,业主必须事先通知承包单位,并要求其在规定的期限内做好辩护准备。

思考题

1.什么是建设工程进度控制？简述影响工程进度的因素。

2.建设工程施工阶段进度控制的措施有哪些？

3.简述进度计划管理中网络图的优缺点。

4.简述工程项目组织施工的方式。

5.简述流水施工的技术经济效果。

6.简述流水施工参数包括的内容。

7.申报工程延期的条件和审批的原则。

8.监理工程师如何进行工程延误的处理？

第 **8** 章
建设工程监理的投资控制

知识点	能力要求	相关知识	素质目标
建设投资概述	了解建设工程项目投资	建设工程项目总投资理解和投资构成	（1）培养学生在实践工作中执行计划的能力，以及分析问题、解决问题的专业素养 （2）培养学生正确的价值观 （3）培养学生在学习和工作中，运用辩证思维和理性思维分析问题的能力
	熟悉建设工程投资控制	建设工程投资控制的目标、重点和主要任务	
建设工程承包计价	熟悉建设工程承包合同价格		
	熟悉建设工程投标计价方法	工料单价法、综合单价法	
	掌握施工图预算审查	审查工程量、单价和其他的有关费用	
施工阶段监理工程师的投资控制	了解施工阶段投资控制的措施	组织措施、经济措施、技术措施、合同措施	
	了解工程计量实务		
	掌握工程变更实务	（1）项目监理机构处理工程变更的程序和要求 （2）工程变更价款的确定	
	掌握索赔控制实务	索赔概念和索赔的处理	
	掌握工程结算实务	（1）工程价款的主要结算方式 （2）工程预付款、工程进度款、竣工结算、工程保留金控制	

8.1 建设投资概述

8.1.1 建设工程项目投资

1)建设工程项目总投资

建设工程项目总投资是为完成工程项目建设并达到使用要求或生产条件,在建设期内预计或实际投入的全部费用总和。生产性建设工程总投资包括建设工程投资加铺底流动资金。非生产性建设工程总投资等于建设工程投资。

建设工程投资由设备及工器具购置费用、建筑安装工程费用、工程建设其他费用、预备费(包括基本预备费和涨价预备费)、建设期利息、固定资产投资方向调节税(目前暂停征收)组成。

建设工程投资包括静态投资和动态投资。静态投资包括建筑安装工程费(直接工程费、间接费、利润、税金)、设备及工器具购置费、建设工程其他费、基本预备费。动态投资包括建设期利息、涨价预备费、固定资产投资方向调节税。

流动资金指生产经营性项目投产后,为正常生产运营,用于购买材料、燃料、支付工资及其他经营费用所需的周转资金。

2)我国现行建设工程项目总投资构成

我国现行建设工程项目总投资构成如表 8-1 所示,建筑安装工程费用构成如图 8-1 所示。

表 8-1 建设工程项目总投资构成

		第一部分 工程费用	设备及工器具购置费
建设工程项目总投资	建设投资		建筑安装工程费
		第二部分 工程建设 其他费用	建设用地费
			建设管理费
			可行性研究费
			专项评价费
			研究试验费
			勘察设计费
			场地准备和临时设施费
			引进技术和进口设备其他费
			特殊设备安全监督检验费
			市政公用配套设施费
			工程保险费
			专利及专有技术使用费
			联合试运转费

续表

建设工程项目总投资	建设投资	第二部分 工程建设 其他费用	生产准备费
			办公和生活家具购置费
			其他
		第三部分 预备费	基本预备费
			价差预备费
		资金筹措费	
	流动资产投资——流动资金		

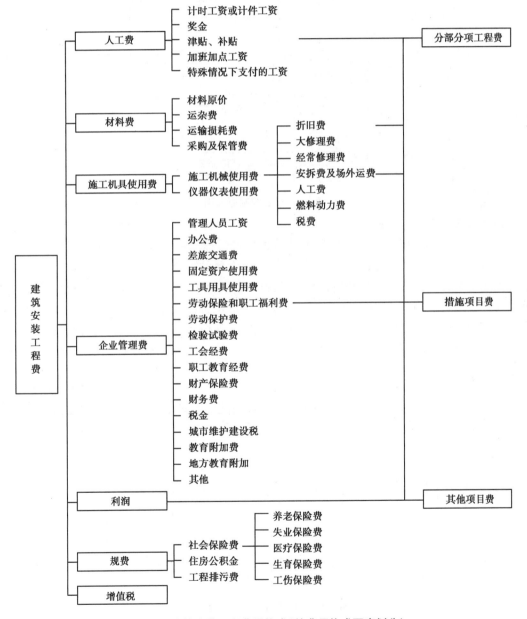

图 8-1　建筑安装工程费用构成（按费用构成要素划分）

143

8.1.2 建设工程投资控制

1) 概念

建设工程投资控制就是在投资决策、设计、发包、施工、竣工验收等阶段,随时纠正可能的偏差,以保证投资控制目标的实现。进而通过动态的、全方位的、全过程的主动控制,合理地使用人力、物力、财力,取得较好的投资效益和社会效益。投资控制原理图如图 8-2 所示。

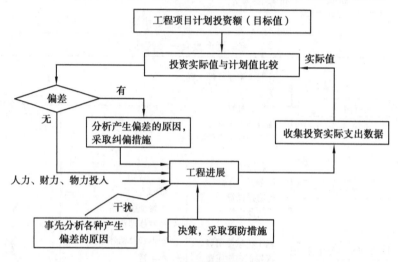

图 8-2 投资控制原理图

2) 建设工程投资控制的目标

工程项目建设过程是一个周期长、投入大的生产过程。在工程建设各个阶段应设置不同的投资控制目标。在工程建设伊始,只能设置一个大致的投资控制目标,即投资估算。投资估算是建设工程设计方案选择和进行初步设计的投资控制目标;设计概算是进行技术设计和施工设计的投资控制目标;施工图预算或建安工程承包合同价则应是施工阶段控制的目标。有机联系的各个阶段目标是一个"渐进明细"的过程,既相互制约又相互补充,前者控制后者,后者补充前者,共同组成建设工程投资控制的目标系统。建设工程投资确定示意图如图 8-3 所示。

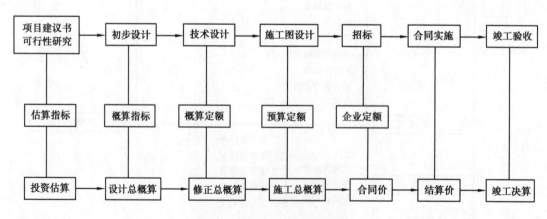

图 8-3 建设工程投资确定示意图

3) 建设工程投资控制的重点

投资控制贯穿项目建设的全过程,但是必须突出重点。图 8-4 描述的是不同建设阶段影响投资程度的坐标图。从该图可看出,影响项目投资最大的阶段,是约占工程项目建设周期 1/4 的技术设计结束前的工作阶段。在初步设计阶段,影响项目投资的可能性为 75%~95%;在技术设计阶段,影响项目投资的可能性为 35%~75%;在施工图设计阶段,影响项目投资的可能性则为 5%~35%。很显然,项目投资控制的重点在于施工以前的投资决策和设计阶段,而在项目做投资决策后,控制项目投资的关键就在于设计。一些西方国家分析,设计费一般不到相当于建设工程全寿命费用的 1%,但正是这少于 1% 的费用却基本决定了随后几乎全部的费用。

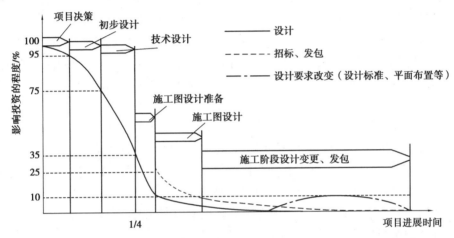

图 8-4　不同建设阶段影响投资程度坐标图

4) 施工阶段投资控制的主要任务

施工阶段是实现建设工程价值的主要阶段,也是资金投入最大的阶段。在实践中,监理工程师应采用价值工程理论进行投资控制,把施工阶段作为工程造价控制的重要阶段。在施工阶段工程造价控制的主要任务是通过工程计量、工程款付款控制,建立月完成工程量统计表,对实际完成量与计划完成量进行比较分析,以及最后的竣工结算款审核等措施,挖掘节约工程造价潜力来实现实际发生费用不超过计划投资。

在施工阶段,依据施工合同有关条款、施工图、对工程项目造价目标进行风险分析,并制订防范性对策。从项目的造价、功能要求、质量和工期方面审查工程变更的方案,并在工程变更实施前与建设单位、承包单位协商确定工程变更的价款。按施工合同约定的工程量计算规则和支付条款进行工程量计算和工程款支付。建立月完成工程量和工作量统计表,对实际完成量与计划完成量进行比较、分析,制订调整措施。收集、整理有关的施工和监理资料,为处理费用索赔提供证据。按施工合同的有关规定进行竣工结算,对竣工结算的价款总额与建设单位和承包单位进行协商。

8.2　建设工程承包计价

8.2.1　建设工程承包合同价格

1) 单价合同

当发包工程的内容和工程量一时不能明确时,可以采用单价合同形式,即根据计划工程内容和估算工程量,在合同中明确每项工程内容的单位价格(如每米、每平方米或者每立方米的价格),实际支付时则根据实际完成的工程量乘以合同单价计算工程款。

由于单价合同允许随工程量变化而调整工程总价,业主和承包商都不存在工程量方面的风险,因此对合同双方都比较公平。另在招标前,发包单位无须对工程范围做出完整的、详尽的规定,从而可以缩短招标准备时间,投标人也只需对所列工程内容报出自己的单价,从而缩短投标时间。

单价合同又分为固定单价合同和变动单价合同。

固定单价合同条件下,无论发生哪些影响价格的变化都不对单价进行调整,因此对承包商而言就存在一定的风险。当采用变动单价合同时,合同双方可以约定一个估计的工程量,当实际工程量发生较大变化时可以对单价进行调整,同时还应该约定如何对单价进行调整。也可以约定当通货膨胀达到一定水平或者国家政策发生变化时,可以对哪些工程内容的单价进行调整以及如何调整。因此,承包商的风险就相对较小。

2) 总价合同

总价合同是指根据合同规定的工程施工内容和有关条件,业主应付给承包商的款额是一个规定的金额,即明确的总价。总价合同也称作总价包干合同,即根据施工招标时的要求和条件,当施工内容和有关条件不发生变化时,业主付给承包商的价款总额就不发生变化。如果是承包人的失误导致投标价计算错误,合同总价格也不予调整。

总价合同又分固定总价合同和变动总价合同两种。

(1) 固定总价合同

固定总价合同的价格计算是以图纸及相关规定、规范为基础,工程任务和内容明确,业主的要求和条件清楚,合同总价一次包死,固定不变,即不再因为环境的变化和工程量的增减面变化。承包商在报价时对一切费用的价格变动因素以及不可预见因素都做了充分估计,并将其包含在合同价格之中。

(2) 变动总价合同

变动总价合同又称为可调总价合同,合同价格是以图纸及相关规定、规范为基础,按照时价进行计算,得到包括全部工程任务和内容的暂定合同价格。它是一种相对固定的价格。在合同执行过程中,由于通货膨胀等原因造成所使用的工、料成本增加时,可以按照合同约定对合同总价进行相应的调整。当然,一般由设计变更、工程量变化或其他工程条件变化所引起的费用变化也可以进行调整。因此,通货膨胀等不可预见因素的风险由业主承担。对承包商而言,其风险相对较小;但对业主而言,不利于其进行投资控制,增大了投资风险。

3) 成本加酬金合同

成本加酬金合同也称为成本补偿合同,是与固定总价合同正好相反的合同,最终合同价格将按照工程的实际成本再加上一定的酬金进行计算。在合同签订时,工程实际成本往往不能确定,只能确定酬金的取值比例或者计算原则。

采用此合同,承包商不承担任何价格变化或工程量变化的风险,这些风险主要由业主承担,对业主投资控制很不利。而承包商则往往缺乏控制成本的积极性,常常不仅不愿意控制成本,甚至还会期望提高成本以提高自己的经济效益。因此这种合同容易被不道德或不称职的承包商滥用,从而损害工程的整体效益。

成本加酬金合同有许多种形式,主要内容如下。

(1) 成本加固定费用合同

根据双方讨论同意的工程规模、估计工期、技术要求,工作性质及复杂性、所涉及的风险等来考虑确定一笔固定数目的报酬作为管理费及利润,对人工、材料、机械台班等直接成本则实报实销。在工程总成本一开始估计不准,且可能变化不大的情况下,可采用此合同形式。有时可分几个阶段,分别谈判确定固定报酬。这种方式虽然不能鼓励承包商降低成本,但为了尽快得到酬金,承包商会尽力缩短工期。有时也可在固定费用之外根据工程质量、工期和成本等因素,给承包商另加奖金,以鼓励承包商积极工作。

(2) 成本加固定比例费用合同

在工程成本中直接费加一定比例的报酬费,报酬部分的比例在签订合同时由双方确定。这种方式的报酬费用总额随成本加大而增加,不利于缩短工期和降低成本。一般在工程初期很难描述工作范围和性质,或工期紧迫无法按常规编制招标文件招标时采用。

(3) 成本加奖金合同

在合同中对成本估算指标规定一个底点和顶点,分别为工程成本估算的 60% ~ 75% 和 110% ~ 135%。承包商在估算指标的顶点以下完成工程则可得到奖金,如果成本在底点之下,则可加大酬金值或酬金百分比;超过顶点则要对超出部分支付罚款,最高罚款通常不超过原先商定的最高酬金值。

(4) 最大成本加费用合同

在工程成本总价基础上加固定酬金费用的方式,即当设计深度达到可以报总价的深度,投标人报一个工程成本总价和一个固定的酬金(包括各项管理费、风险费和利润)。如果实际成本超过合同中规定的工程成本总价,由承包商承担所有的额外费用。若实施过程中节约了成本,节约的部分归业主,或者由业主与承包商分享。在合同中要确定节约分成比例,在非代理型(风险型)CM 模式的合同中就采用这种方式。

8.2.2　建设工程投标计价方法

采用工程量清单计价的建筑安装工程造价由分部分项工程费、措施项目费、其他项目费、规费和税金组成。在工程量清单计价中,如按分部分项工程单价组成来分,工程量清单计价主要有三种形式:工料单价法、综合单价法、全费用综合单价法。

工料单价 = 人工费 + 材料费 + 施工机具使用费

综合单价 = 人工费 + 材料费 + 施工机具使用费 + 管理费 + 利润

全费用综合单价 = 人工费 + 材料费 + 施工机具使用费 + 管理费 + 利润 + 规费 + 税金

《建设工程工程量清单计价规范》规定,分部分项工程量清单应采用综合单价计价。但在2015年发布实施的《建设工程造价咨询规范》(GB/T 51095—2015)中,为了贯彻工程计价的全费用单价,强调最高投标限价、投标报价的单价应采用全费用综合单价。本书主要依据《建设工程工程量清单计价规范》编写,即采用综合单价法计价。利用综合单价法计价需分项计算清单项目,再汇总得到工程总造价。

分部分项工程费 = $\sum$(分部分项工程量 × 分部分项工程综合单价)

措施项目费 = $\sum$(措施项目工程量 × 措施项目综合单价) + $\sum$ 单项措施费

其他项目费 = 暂列金额 + 暂估价 + 计日工 + 总承包服务费 + 其他

单位工程报价 = 分部分项工程费 + 措施项目费 + 其他项目费 + 规费 + 税金

单项工程报价 = $\sum$ 单位工程报价

总造价 = $\sum$ 工单项工程报价

8.2.3 施工图预算审查

施工图预算审查的重点是工程量计算是否准确,定额套用、各项收费标准是否符合现行规定或单价计算是否合理等方面。审查的具体内容如下:

1)审查工程量

是否按照规定的计算规则计算工程量,编制预算时是否考虑到了施工方案对工程量的影响,定额中要求扣除项或合并项是否按规定执行,工程计量单位的设定是否与要求的计量单位一致。

2)审查单价

套用预算单价时,各分部分项工程的名称、规格、计量单位和所包括的工程内容是否与定额一致,有单价换算时,换算的分项工程是否符合定额规定及换算是否正确。

采用实物法编制预算时,资源单价是否反映了市场供需状况和市场趋势。

3)审查其他的有关费用

采用预算单价法计算造价时,审查的主要内容有:是否按本项目的性质计取费用,有无高套取费标准;间接费的计取基础是否符合规定;利润和税金的计取基础和费率是否符合规定,有无多算或重算。

8.3 施工阶段监理工程师的投资控制

监理工程师在施工阶段进行投资控制的基本原理是把计划投资额作为投资控制的目标值,在工程施工过程中定期地进行投资实际值与目标值的比较,通过比较发现并找出实际支出额与投资控制目标值之间的偏差,分析产生偏差的原因,并采取有效措施加以控制,以保证投资控制目标的实现。

8.3.1 施工阶段投资控制的措施

众所周知,建设工程的投资主要发生在施工阶段,在这一阶段需要投入大量的人力、物力、资金等,是工程项目建设费用消耗最多的时期,浪费投资的可能性比较大。因此,精心地组织施工,挖掘各方面潜力,节约资源消耗,可以达到节约投资的明显效果。对施工阶段的投资控制应给予足够的重视,仅仅靠控制工程款的支付是不够的,应从组织、经济、技术、合同等多方面采取措施控制投资。

1)组织措施

①在项目管理班子中落实从投资控制角度进行施工跟踪的人员、任务分工和职能分工。

②编制本阶段投资控制工作计划和详细的工作流程图。

2)经济措施

①编制资金使用计划,确定、分解投资控制目标。对工程项目造价目标进行风险分析,并制订防范性对策。

②进行工程计量。

③复核工程付款账单,签发付款证书。

④在施工过程中进行投资跟踪控制,定期进行投资实际支出值与计划目标值的比较;发现偏差,分析产生偏差的原因,采取纠偏措施。

⑤协商确定工程变更的价款。审核竣工结算。

⑥对工程施工过程中的投资支出作好分析与预测,经常或定期向建设单位提交项目投资控制及其存在问题的报告。

3)技术措施

①对设计变更进行技术经济比较,严格控制设计变更。

②持续寻找通过设计挖潜节约投资的可能性。

③审核承包商编制的施工组织设计,对主要施工方案进行技术经济分析。

4)合同措施

①做好工程施工记录,保存各种文件图纸,特别是注有实际施工变更情况的图纸,注意积累素材,为正确处理可能发生的索赔提供依据。参与处理索赔事宜。

②参与合同修改、补充工作,着重考虑它对投资控制的影响。

8.3.2 工程计量实务

工程计量仅计算报验资料齐全、项目监理机构签认合格的工程量、工作量。工程计量须依据施工图纸和总监签认的工程变更单。对于超出设计图纸范围和因施工原因造成返工的工程量不得计量;对于监理机构未认可的工程变更和未认可合格的工程也不得计量。

专业监理工程师应及时建立月完成工程量和工作量统计表,对实际完成量与计划完成量进行比较分析,制定调整措施,并在监理月报中向建设单位报告,以便建设单位筹措和合理调度建设资金。

工程计量和工程款支付工作程序如下:

①承包单位应在施工合同专用条款中约定进度款支付期间(专用条款没有约定的,支付期间以月为单位)结束后的7天内向专业监理工程师发出《工程款支付申请表》,附经承包单位代表签署的已完工程款额报告、工程款计算书及有关资料,申请开具工程款支付证书。详细说明此支付期间自己认为有权获得的款额(含分包人已完工程的价款),内容包括:已完工程的价款,已实际支付的工程价款,本期间完成工程价款、零星工作项目价款,本期间应支付

的安全防护、文明施工措施费,应支付的价款调整费用及各种应扣款项,本期间应支付的工程价款。并抄送建设单位和监理工程师各一份。

②专业监理工程师对《工程款支付申请表》及所附资料进行审核、现场计量;当进行现场计量时,应在计量前24小时通知承包单位,承包单位应为计量提供便利条件并派人参加。承包单位收到通知后不派人参加计量,视为认可计量结果。专业监理工程师不按约定时间通知承包单位,致使承包单位未能派人参加计量,计量结果无效。

③专业监理工程师应在收到报告后14天内核实工程量,并将核实结果通知承包单位、抄报建设单位,作为工程计价和工程款支付的依据。专业监理工程师在收到报告后14天内,未进行计量或未向承包单位通知计量结果的,从第15天起,承包单位报告中开列的工程量即视为被确认,作为工程计价和工程款支付的依据。

④如果承包单位认为专业监理工程师的计量结果有误,应在收到计量结果通知后7天内向专业监理工程师提出书面意见,并附上其认为正确的计量结果和详细的计算过程等资料。专业监理工程师收到书面意见后,应立即会同承包单位对计量结果进行复核,并在签发支付证书前确定计量结果,同时通知承包单位、抄报建设单位。承包单位对复核计量结果仍有异议或建设单位对计量结果有异议的,按照合同争议规定处理。

⑤总监理工程师在收到报告后28天内报建设单位确认,随后向建设单位发出期中支付证书,同时抄送承包单位。如果该支付期间应支付金额少于专用条款约定的期中支付证书的最低限额,则不必按本款开具任何支付证书,但应通知建设单位和承包单位。上述款额转期结算,直到累计应支付的款额达到专用条款约定的期中支付证书的最低限额为止。如果总监理工程师未在规定的期限内签发期中支付证书,也未按规定通知建设单位和承包单位未达到最低限额的,则视为承包单位的支付申请已被认可,承包单位可向建设单位发出要求付款的通知。建设单位应在收到通知后14天内,按承包单位申请支付的金额支付进度款。

⑥建设单位应在总监理工程师签发期中支付证书后14天内按期中支付证书向承包单位支付进度款,并通知总监理工程师。

⑦总监理工程师有权在期中支付证书中修正以前签发的任何支付证书。如果合同工程或其任何部分证明没有达到质量要求,总监理工程师有权在任何期中支付证书中扣除该项价款。

8.3.3 工程变更实务

工程变更是指在项目施工过程中,由于种种原因发生了事先没有预料到的情况,使得工程施工的实际条件与计划条件出现较大差异,需要采取一定措施作相应处理。工程变更常常涉及额外费用损失的责任承担问题。因此进行项目成本控制必须能够识别各种各样的工程变更情况,并且了解发生变更后的相应处理对策,最大限度地减少由于变更带来的损失。

工程变更主要有以下几种情况:施工条件变更,工程内容变更,停工、延长或者缩短工期,物价变动,天灾或其他不可抗拒因素。

当工程变更超过合同规定的限度时,常常会对项目的施工成本产生很大的影响,如不进行相应的处理,就会影响企业在该项目上的经济效益。工程变更处理就是要明确各方的责任和经济负担。

1) 项目监理机构处理工程变更的程序

①设计单位对原设计存在的缺陷提出的工程变更,应编制设计变更文件。建设单位或承包单位提出的工程变更,应提交总监理工程师,由总监理工程师组织专业监理工程师审查。审查同意后,应由建设单位转交原设计单位编制设计变更文件。当工程变更涉及安全、环保等内容时,应按规定经有关部门审定。

②项目监理机构应了解实际情况和收集与工程变更有关的资料。

③总监理工程师必须根据实际情况、设计变更文件和其他有关资料,按照施工合同的有关条款,在指定专业监理工程师完成下列工作后,对工程变更的费用和工期作出评估。

a.确定工程变更项目与原工程项目之间的类似程度和难易程度;

b.确定工程变更项目的工程量;

c.确定工程变更的单价或总价。

④总监理工程师应就工程变更费用及工期的评估情况及承包单位和建设单位进行协调。

⑤总监理工程师签发工程变更单。

⑥项目监理机构应根据工程变更单监督承包单位实施。

2) 项目监理机构处理工程变更的要求

①项目监理机构在工程变更的质量、费用和工期方面取得建设单位授权后,总监理工程师应按施工合同规定与承包单位进行协商,经协商达成一致后,总监理工程师应将协商结果向建设单位通报,并由建设单位与承包单位在变更文件上签字。

②在项目监理机构未能就工程变更的质量、费用和工期方面取得建设单位授权时,总监理工程师应协助建设单位和承包单位进行协商,并达成一致。

③在建设单位和承包单位未能就工程变更的费用等方面达成协议时,项目监理机构应提出一个暂定价格,作为临时支付工程进度款的依据。该项工程款最终结算时,应以建设单位和承包单位达成的协议为依据。

此外,在总监理工程师签发工程变更单之前,承包单位不得实施工程变更。未经总监理工程师审查同意而实施的工程变更,项目监理机构不得予以计量。

3) 工程变更价款的确定

(1) 工程变更价款的确定方法

①合同中已有适用于变更工程的价格,按合同已有的价格计处,变更合同价款。

②合同中只有类似于变更工程的价格,可以参照此价格确定变更价格,变更合同价款。

③合同中没有适用或类似于变更工程的价格,由承包单位提出适当的变更价格,经工程师确认后执行。

(2) 工程变更导致合同价款的增减,可按下列规定对价款进行调整

①专用条款中没有约定,工程变更引起的数量变化幅度在±10%以内时,其综合单价不变,措施项目费按比例调整;当变更引起的数量变化幅度超过 10%时,增加 10%以外的数量或减少后剩余的数量所对应的综合单价及措施项目费由承包单位重新提出。

②由承包单位重新提出的综合单价及措施项目费依据现行的计价依据计算,投标人自主确定的人工单价、材料单价、机械单价、费率等按承包单位投标时的数值;没有可参照的数值时,按当时各地工程造价管理机构发布的造价信息、计价方法确定。

③承包单位重新提出的增加 10%以外的数量或减少后剩余的数量(小于 90%)所对应的

综合单价及措施项目费。对于减少后剩余该清单项目的合价不得大于原合价的90%,对于增加10%以外的数量所对应的综合单价及措施项目费单价不得大于原综合单价及措施项目费单价。

8.3.4 索赔控制实务

1)索赔概念

索赔是工程承包合同履行中,当事人一方因对方不履行或不完全履行既定义务,或者由于对方的行为使权利人利益受到损失时,要求对方补偿损失的权利。索赔是工程承包中经常发生的正常现象。由于施工现场条件、气候条件的变化,施工进度的变化,以及合同条款、规范、标准文件和施工图纸的变更、差异、延误等,工程承包中不可避免地出现索赔,进而导致项目的投资发生变化。因此,索赔控制是建设工程施工阶段投资控制的重要手段。承包商可以向业主进行索赔,业主也可以向承包商进行索赔(一般称反索赔)。

2)索赔的处理

①项目监理机构审核费用索赔的依据。

a.国家有关的法律、法规和省、市有关地方法规;

b.本工程的施工合同文本;

c.国家、部门和地方有关的标准、规范和定额;

d.施工合同履行过程中与索赔事件有关的凭证。

②建设单位未能按合同约定履行自己的各项义务或存在过错,以及其他应承担的责任,造成工期延误及施工单位经济损失的,施工单位可向建设单位提出索赔;施工单位未能按合同约定履行自己的各项义务或发生错误,给建设单位造成经济损失的,建设单位也可向施工单位提出索赔。

③项目监理机构收到《费用索赔报审表》及有关索赔证明材料后,应审查其索赔理由,在同时满足下列条件时才予以受理:

a.索赔事件给本单位造成了直接经济损失;

b.索赔事件是对方责任导致的或应由对方承担的责任;

c.索赔申请按施工合同规定的期限和程序提出,并附有索赔凭证材料(事件发生后28天内提交申请表及有关材料,若事件持续进行时,应阶段性向监理机构提出索赔意见,事件终了28天内提交索赔申请表及有关材料)。

④受理的索赔申请表后,总监理工程师应指定专业监理工程师,根据申报凭证材料、监理机构掌握的事实情况对索赔事件的经济损失、工程延期进行计算,以核实申请表中的计算方法、结果是否有误。

⑤总监理工程师综合各种因素,初步确定一个额度,然后与施工单位、建设单位进行协商。

⑥从项目监理机构收到索赔申请表之日起,28天内总监理工程师要签发《费用索赔报审表》,送达施工单位和建设单位。

其他索赔管理的相关知识,详见本书第9章内容。

8.3.5　工程结算实务

1) 工程价款的主要结算方式

按现行规定,工程价款可以根据不同情况采取多种方式结算。

①按月结算。即先预付工程备料款,在施工过程中按月结算工程进度款,竣工后进行结算。在我国现行建筑安装工程价款结算中,相当一部分是采用按月结算方式。

②竣工后一次结算。建设项目或单项工程全部建筑安装工程建设期在 12 个月以内,或者工程承包合同价值在 100 万元以下的,可以实行工程价款每月月中预支,竣工后一次结算。

③按付款计划结算(分段结算)。即承包人以合同协议书约定的合同价格为基础,按照专用条款约定付款期数、金额、完成的计划工程量等向发包人或监理人提交当期付款申请,发包人按付款计划进行付款的方式。对于当年开工,当年不能竣工的单项工程或单位工程,可以在合同的专用条款中约定,按照工程形象进度,划分不同阶段进行结算。分段结算可以按月预支工程款。

实行竣工后一次结算和分段结算的工程,当年结算的工程款应与分年度的工作量一致,年终不另清算。

④双方约定的其他结算方式。

2) 工程预付款控制

工程预付款是建设工程施工合同订立后由发包人按照合同约定,在正式开工前预先支付给承包人的工程款。它是施工准备和所需要材料、结构件等流动资金的主要来源,国内习惯上又称为预付备料款。预付工程款的具体事宜由发承包双方根据建设行政主管部门的规定,结合工程款、建设工期和包工包料情况在合同中约定。《建设工程施工合同(示范文本)》对有关工程预付款作了如下约定:"实行工程预付款的,双方应当在专用条款内约定发包人向承包人预付工程款的时间和数额,开工后按约定的时间和比例逐次扣回。预付时间应不迟于约定的开工日期前 7 天。发包人不按约定预付,承包人在约定预付时间 7 天后向发包人发出要求预付的通知,发包人收到通知后仍不能按要求预付,承包人可在发出通知 7 天后停止施工,发包人应从约定应付之日起向承包人支付应付款的贷款利息,并承担违约责任。"

工程预付款额度,各地区、各部门的规定不完全相同,主要是保证施工所需材料和构件的正常储备。一般是根据施工工期、建安工作量、主要材料和构件费用占建安工作量的比例以及材料储备周期等因素经测算来确定。

工程预付款一般计算公式:

$$\text{工程预付款数额} = \frac{\text{工程总价} \times \text{材料比重}(\%)}{\text{年度施工天数}} \times \text{材料储料储备定额}$$

$$\text{工程预付款比率} = \frac{\text{工程预付款数额}}{\text{工程总价}} \times 100\%$$

其中,年度施工天数按 365 天日历天计算;材料储备定额天数由当地材料供应的在途天数、加工天数、整理天数、供应间隔天数、保险天数等因素确定。

发包人支付给承包人的工程预付款其性质是预支。随着工程进度的推进,拨付的工程进度款数额不断增加,工程所需主要材料、构件的用量逐渐减少,原已支付的预付款应以抵扣的方式予以陆续扣回。扣款的方法有:

①由发包人和承包人通过洽商用合同的形式予以确定,采用等比率或等额扣款的方式。也可针对工程实际情况具体处理,如有些工程工期较短、造价较低,就无须分期扣还;有些工期较长,如跨年度工程,其备料款的占用时间很长,根据需要可以少扣或不扣。

②从未施工工程尚需的主要材料及构件的价值相当于工程预付款数额时扣起,从每次中间结算工程价款中,按材料及构件比重扣抵工程价款,至竣工之前全部扣清。因此确定起扣点是工程预付款起扣的关键。

确定工程预付款起扣点的依据是:未完施工工程所需主要材料和构件的费用,等于工程预付款的数额。

工程预付款起扣点可按式计算:

$$T = P - \frac{M}{N}$$

式中　T——起扣点,即工程预付款开始扣回的累计完成工程金额;

　　　P——承包工程合同总额;

　　　M——工程预付款数额;

　　　N——主要材料,构件所占比例。

【例 8-1】　某工程合同总额 200 万元,工程预付款为 24 万元,主要材料、构件所占比例为 60%,则起扣点为多少万元?

【解】　按起扣点计算公式:$T = P - M/N = 200 - 24/60\% = 160$(万元)

所以当工程完成 160 万元时起扣。

3) 工程进度款控制

(1)工程进度款的计算

《建设工程施工合同(示范文本)》关于工程款的支付也作出了相应的约定:"在确认计量结果后 14 天内,发包人应向承包人支付工程款(进度款)。""发包人超过约定的支付时间不支付工程款(进度款),承包人可向发包人发出要求付款的通知,发包人接到承包人通知后仍不能按要求付款,可与承包人协商签订延期付款协议,经承包人同意后可延期支付。协议应明确延期支付的时间和从计量结果确认后第 15 天起计算应付款的贷款利息。""发包人不按合同约定支付工程款(进度款),双方又未达成延期付款协议,导致施工无法进行,承包人可停止施工,由发包人承担违约责任。"

工程进度款的计算,主要涉及两个方面:一是工程量的计量;二是单价的计算方法。

(2)工程进度款的支付

工程进度款的支付,一般按当月实际完成工程量进行结算,工程竣工后办理竣工结算。在工程竣工前,承包人收取的工程预付款和进度款的总额一般不超过合同总额(包括工程合同签订后经发包人签证认可的增减工程款)的 95%,其余 5% 尾款,在工程竣工结算时除保修金外一并清算。

4) 竣工结算控制

工程竣工验收报告经发包人认可后 28 天内,承包人向发包人递交竣工结算报告及完整的结算资料,双方按照协议书约定的合同价款及专用条款约定的合同价款调整内容,进行工程竣工结算。专业监理工程师审核承包人报送的竣工结算报表。总监理工程师审定竣工结算报表,与发包人、承包人协商一致后签发竣工结算文件和最终的工程款支付证书。

发包人收到承包人递交的竣工结算报告结算资料后 28 天内完成核实,给予确认或者提出修改意见。发包人确认竣工结算报告后通知经办银行向承包人支付竣工结算价款。承包人收到竣工结算价款后 14 天内将竣工工程交付发包人。

发包人收到竣工结算报告及结算资料后 28 天内无正当理由不支付工程竣工结算价款,从第 29 天起按承包人同期向银行贷款利率支付拖欠工程价款的利息,并承担违约责任。

发包人收到竣工结算报告及结算资料后 28 天内无正当理由不支付工程竣工结算价款,承包人可以催告发包人支付结算价款。发包人在收到竣工结算报告及结算资料后 56 天内仍不支付的,承包人可以与发包人协议将该工程折价,也可以由承包人向法院申请将该工程依法拍卖,承包人就该工程折价或者拍卖的价款优先受偿。

工程竣工验收报告经发包人认可后 28 天内,承包人未能向发包人递交竣工结算报告及完整的结算资料,造成工程竣工结算不能正常进行或工程竣工结算价款不能及时支付,发包人要求交付工程的,承包人应当交付;发包人不要求交付工程的,承包人承担保管责任。

5) 工程保留金控制

根据《建设工程质量保证金管理办法》(建质〔2017〕138 号)的规定,建设工程质量保证金(以下简称"保证金")是指发包人与承包人在建设工程承包合同中约定,从应付的工程款中预留,用以保证承包人在缺陷责任期内对建设工程出现的缺陷进行维修的资金。

发包人应按照合同约定方式预留质量保证金,质量保证金总预留比例不得高于工程价款结算总额的 3%。合同约定由承包人以银行保函替代预留质量保证金的,保函金额不得高于工程价款结算总额的 3%。在工程项目竣工前,已经缴纳履约保证金的,发包人不得同时预留工程质量保证金。采用工程质量保证担保、工程质量保险等其他方式的,发包人不得再预留质量保证金。

缺陷责任期一般为 6 个月、12 个月或 24 个月,具体可由发包、承包双方在合同中约定。

缺陷责任期内,由于承包人原因造成的缺陷,承包人应负责维修,并承担鉴定及维修费用。如承包人不维修也不承担费用,发包人可按合同约定从质量保证金或银行保函中扣除,费用超出质量保证金额的,发包人可按合同约定向承包人进行索赔。承包人维修并承担相应费用后,不免除对工程的损失赔偿责任。由于他人及不可抗力原因造成的缺陷,发包人负责组织维修,承包人不承担费用,且发包人不得从质量保证金中扣除费用。发承包双方就缺陷责任有争议时,可以请有资质的单位进行鉴定,责任方承担鉴定费用并承担维修费用。

缺陷责任期内,承包人认真履行合同约定的责任,到期后,承包人向发包人申请返还质量保证金。发包人在接到承包人返还质量保证金申请后,应于 14 天内会同承包人按照合同约定的内容进行核实。如无异议,发包人应当按照约定将质量保证金返还给承包人。对返还期限没约定或者约定不明确的,发包人应当在核实后 14 天内将质量保证金返还承包人,逾期未返还的,依法承担违约责任。发包人在接到承包人返还质量保证金申请后 14 天内不予答复,经催告后 14 天内仍不予答复,视同认可承包人的返还保证金申请。

【例 8-2】 背景:某施工单位承包某内资工程项目,甲、乙双方签订的关于工程价款的合同内容有:

1.建筑安装工程造价 660 万元,建筑材料及设备费占施工产值的比例为 60%;

2.预付工程款为建筑安装工程造价的 20%,工程实施后,预付工程款从未施工工程尚需的主要材料及购件的价值相当于工程款数额时起扣;

3.工程进度款逐月计算;

4.工程保修金为建筑安装工程造价的 3%,竣工结算月一次扣留;

5.材料价差调整按规定进行(按有关规定,上半年材料价差上调 10%,在 6 月一次调增)。工程每月实际完成产值如表 8-2 所示。

表 8-2 每月实际完成产值 (单位:万元)

月 份	2 月	3 月	4 月	5 月	6 月
完成产值	55	110	165	220	110

问题:

1.该工程的预付工程款、起扣点为多少?

2.该工程 2—5 月每月拨付工程款为多少? 累计工程款为多少?

3.6 月办理工程竣工结算,该工程结算造价为多少? 甲方应付工程结算款为多少?

4.该工程在保修期间发生屋面漏水,甲方多次催促乙方修理,乙方一再拖延,最后甲方另请施工单位修理,修理费 1.5 万元,该项费用如何处理?

【分析要点】 本案例主要考核工程结算方式,按月结算工程款的计算方法,工程预付工程款和起扣点的计算等;要求针对本案例对工程结算方式、工程预付工程款和起扣点的计算、按月结算工程款的计算方法和工程竣工结算等内容进行全面、系统的学习掌握。

【解】

1.预付工程款:660 万元×20%＝132 万元

起扣点:660 万元-132 万元/60%＝440 万元

2.各月拨付工程款为:

2 月:工程款 55 万元,累计工程款 55 万元

3 月:工程款 110 万元,累计工程款 165 万元

4 月:工程款 165 万元,累计工程款 330 万元

5 月:工程款 220 万元-(220 万元+330 万元-440 万元)×60%＝154 万元

累计工程款 484 万元

3.工程结算总造价为:660 万元+660 万元×0.6×10%＝699.6 万元

甲方应付工程结算款:699.6 万元-484 万元-(699.6 万元×3%)-132 万元＝62.612 万元

或:110+660×60%×10%-699.6×3%-110×60%＝62.612 万元

4.1.5 万元维修费应从乙方(承包方)的保修金中扣除。

思考题

1.什么是建设工程项目总投资？简述建筑安装工程费的构成(按费用构成要素划分)。

2.简述施工图预算审查的内容。

3.简述施工阶段投资控制的主要措施。

4.简述工程变更产生的原因。

5.简述由施工单位提出工程变更的程序。

6.简述需进行现场签证的情形。

7.简述现场签证的范围。

8.简述编制竣工决算应具备的条件。

9.简述工程项目索赔费用的组成。

第 **9** 章
建设工程合同监理

知识点	能力要求	相关知识	素质目标
工程合同及类别	熟悉合同的作用及类别	工程合同的作用和类别	
合同台账建立与动态管理	了解合同台账的建立	建立合同档案管理制度;建立合同台账	
	掌握合同执行情况的动态管理	合同时效管理;合同程序管理;合同履约管理;施工合同的管理	
合同变更管理	熟悉工程变更的提出	合同中约定变更的范围 工程变更权限及程序	
	熟悉工程变更的审批		
	熟悉监理处理工程变更应满足的要求		(1)培养学生的辩证思维和契约精神 (2)培养学生的社会责任感和职业道德 (3)建立自信、进取、知法守法的从业精神
合同争议处理	掌握施工合同争议	合同工程范围争议及处理办法	
	掌握合同争议处理方法及程序		
工程索赔管理	掌握工程索赔及索赔事件种类	索赔及工程索赔管理理解; 承包人和监理人合同责任缺失现象; 合同内容缺陷、基础资料有误、合同调整、设计变更、不利物质条件引起的索赔事件; 异常恶劣的气候条件、国家政策法规变化、市场价格大幅度波动、国际汇率大幅波动、不可抗力事件出现引起的索赔事件	
	熟悉索赔程序	承包人与发包人相互索赔的程序	
	熟悉索赔处理程序	承包人与发包人的索赔处理程序	
	熟悉索赔时限和索赔报告		

9.1　工程合同及类别

1) 工程合同的作用

①依据《中华人民共和国民法典》(以下简称《民法典》)第四百六十五条规定:"依法成立的合同,仅对当事人具有法律约束力,但是法律另有规定的除外。"依法成立的工程合同受法律保护。

②工程合同是建设监理工作的主要依据,是建设工程项目管理组织协调的主要依据,是建设工程质量、进度、造价控制的依据,是解决工程合同争议的主要依据。

2) 工程合同的类别

工程合同是指建设工程从前期的工程技术咨询,到竣工验收后交付使用,整个过程涉及的建设工程合同、技术合同、买卖合同及其他合同(租赁合同、借款合同、运输合同和承揽合同等)的统称。依据《民法典》第七百八十八条规定:"建设工程合同是承包人进行工程建设,发包人支付价款的合同。建设工程合同包括工程勘察、设计、施工合同。"《中华人民共和国建筑法》第二十四条规定:"提倡对建筑工程实行总承包,禁止将建筑工程直接发包。建筑工程的发包单位可以将建筑工程的勘察、设计、施工、采购一并发包给一个工程总承包单位,也可以将建筑工程勘察、设计、施工、设备采购的一项或者多项发包给一个工程总承包单位,但是,不得将应当由一个承包单位完成的建筑工程肢解成若干部分发包给几个承包单位。"施工合同按照承包范围可以分为建设工程施工合同、建设工程总承包合同(设计+采购+施工,简称 EPC 交钥匙模式)、BT 项目合同(建造+移交,简称 BT),BOT 项目合同(建造+运营+移交,简称 BOT)、PPP 项目合同(政府和社会资本合作,简称 PPP)。

①总承包合同:建设工程总承包合同是指发包人将工程的设计、采购和施工一并依法发包给具有相应资质的承包人而签订的合同(EPC 交钥匙模式)。参考住建部颁布的《建设项目工程总承包合同(示范文本)》(GF-2020-0216)。

②施工合同:发包人仅将工程施工依法发包给具有相应施工资质的承包人所签订的合同。即由发包人提供设计文件,由承包人按照发包人提供的设计文件组织施工。施工合同是目前运用最广泛的施工发承包模式。住建部颁布了《建设工程施工合同示范文本》(GF-2017-0201)。

③专业分包合同:建设单位或施工总承包单位将专业工程发包给具有专业承包资质的企业所签订的合同。住建部《建设工程施工专业分包合同示(范文本)》(GF-2003-0213)由协议书、通用条款和专用条款三部分组成,共 38 条。住建部 2014 年发布了《建设工程施工专业分包合同(示范文本)》(GF 2014—0213)征求意见稿。

④劳务分包合同:施工总承包企业或施工专业承包企业将劳务作业依法分包给具有相应劳务资质的劳务分包单位所签订的合同。住建部《建设工程施工劳务分包(示范文本)》(GF 2003—0214)共计 35 条,对劳务分包管理及当事人的权利义务做出了明确划分。2014 年发布了《建设工程施工劳务分包(示范文本)》(GF-2014-0214)征求意见稿。

⑤技术合同。《民法典》第八百四十三条规定:"技术合同是当事人就技术开发、转让、许可、咨询或者服务订立的确立相互之间权利和义务的合同。"在建设工程领域,技术合同主要

有：建设工程咨询合同、建设工程监理合同、建设工程造价咨询合同、施工图审查合同、材料设备检测检验合同、工程建设项目招标代理合同等。住建部颁布了《建设工程监理合同（示范文本）》（GF-2012-0202）。

⑥买卖合同。《民法典》第五百九十五条规定："买卖合同是由出卖人转移标的物所有权于买受人，买受人支付价款的合同。"建设工程材料设备采购供应所订立的合同，即为买卖合同。

⑦其他合同：

a.租赁合同：出租人将租赁物交付给承租人使用、收益，承租人支付租金的合同。建设工程中比较常见的有临时场地租赁、机械设备租赁、房屋租赁等。

b.借款合同：借款合同是借款人向贷款人借款，到期返还借款并支付利息的合同。建设工程资金通过借款方式筹措，需要签订借款合同。

c.运输合同：承运人将旅客或者货物从起点运输到约定地点，旅客、托运人或者收货人支付票款或者运输费用的合同。

d.承揽合同：承揽人按照定作人的要求完成工作，交付工作成果，定作人给付报酬的合同。承揽包括加工、定做、修复、修理、复制、测试、检验等工作。建设工程的非标设备、预埋件等通常采用承揽方式获得。

建设工程还涉及保险合同、土地使用权出让合同、土地使用权转让合同、融资租赁合同、共用电水气热合同、保管合同和仓储合同。

9.2　合同台账建立与动态管理

1) 合同台账的建立

①建立合同档案管理制度。合同在实施过程中，合同当事人及关系人会形成大量的往来函件，建立合同动态收发函件登记表，目的是依据合同约定的时效、程序及时准确地进行函件处理事宜，保护当事人及关系人的合同权利不因时效过期、程序不当遭受损害。

A.建立合同档案文件的形成、积累、整理、归档和借阅的管理规定。

B.经理人应设立专职人员负责合同管理工作，具体包括合同文件收取、发放、整理、归档、借阅登记等工作。

C.建立合同管理文档系统。建立与之相适应的编码系统和文档系统，使各种合同资料能方便保存与查阅。

D.建立合同文件沟通方式。发包人、承包人、供应商、监理工程师、分包人、设计人等之间的有关合同文件的沟通都应以书面形式进行。

E.合同档案由封面、目录、借阅登记表、合同文件四部分组成。

F.合同实施收发函件登记。

a.序号按收发函件时间顺序登记，收发函日期是确定合同时效起始时间的依据；办函期限应依据合同约定的期限，明确函件办结最终日期。

b.所有的函件都有收函人、发函人或者抄送人，通过收发函件的单位，确定其合同关系及有关系约定的时效、程序。

c.函件办理的结果,应向相关方确认没有异议。

②建立合同台账

a.在建设工程施工阶段,相关各方所签订的合同数量较多,而且在合同的执行过程中,有关条件及合同内容也可能会发生变更,因此,为了有效地进行合同管理,项目监理机构首先应建立合同台账。项目监理机构应完整收集涉及工程建设的合各类合同,并保存副本或复印件。

b.建立合同台账,首先要全面了解各类合同的基本内容、合同管理要点、执行程序等,然后进行分类。把合同执行过程中的所有信息全部记录在案,如合同的基本概况、开工、竣工日期、合同造价、支付方式、结算要求、质量标准、工程变更、隐蔽工程、现场签证、材料设备供应、合同变更、多方来往的信函等,各事项用表格形式动态地记录下来。合同台账格式参考实例见表9-1至表9-3。

③建立合同台账时应注意:

a.建立时要分好类,可按专业分类,如工程咨询、服务、材料、设备供货等;

b.要事先制作模板,包括分总台账和明细账统计表;

c.由专人负责跟踪,进行动态记录,同时要有专人对填写结果进行检查、审核;

d.要定期对台账进行分析研究,发现问题及时解决,推动合同管理系统化、规范化。

2)合同执行情况的动态管理

(1)合同时效管理

①合同时效是指在合同约定的期限内能够发生效用的合同权利。民事诉讼时效是指权利人经过法定期限不行使自己的权利,依法律规定,其胜诉权便归于消灭的制度。《民法典》第一百八十八条规定:"向人民法院请求保护民事权的诉讼时效期限为三年,法律另有规定的除外。"

②建设合同对合同权利主张或行使合同权利,一般会有约定期限,超过约定期限视同放弃合同权利主张,或者放弃行使合同权利。

③《建设工程施工合同(示范文本)》(GF-2017-0201)通用条款"7.1.2 施工组织设计的提交和修改"规定:"除专用合同条件另有规定外,承包人应在合同签订后 14 天内,但至迟不晚于第 7.3.2 项[开工通知]载明的开工日期前 7 天,向监理人提交详细的施工组织设计,并由监理人报送发包人。除专用合同条款另有规定除外,发包人和监理人应在监理人收到施工组织设计后 7 天内确认或提出修改意见。"

④《建设工程施工合同(示范文本)》(GF-2017-0201)通用条款"10.4.2 变更估价程序"规定:"承包人应在收到变更指示后 14 天内,向监理人提交变更估价申请。监理人应在收到承包人提交的变更估价申请后 7 天内审查完毕并报送发包人,监理人对变更估价申请有异议,通知承包人修改后重新提交。发包人应在承包人提交变更估价申请后 14 天内审批完毕。发包人逾期未审批或未提出异议的,视为认可承包人提交的变更估价申请。"

(2)合同程序管理

①合同程序是指按合同约定的时序进行合同权利主张或者行使合同约定的权利。法律程序是指人们遵循法定的时限和时序,并按照法定的方式和关系进行法律行为。不同的法律行为具有不同的法律形式、程序,如民事诉讼需遵循法律规定的民事诉讼程序;行政诉讼需遵循法律规定的行政诉讼程序;申请仲裁需遵循法律规定的仲裁程序。

表 9-1　某项目合同管理台账（工程类）

序号	合同号	合同名称	合同种类	承接单位	工期管理							工程款支付情况				工程范围		工程过程管理与影像记录				工程资料管理						保修年限	保修截止日期	违约处罚	备注
					合同工期	计划开工时间	开工令	实际开工时间	合同完工日期	实际完工日期	工期延期批复	合同金额	付款方式	请款记录	已支付工程款/%	主要施工范围	现场负责人	对外来往函件	安全文明施工管理	质量管理	进度管理	施工图纸签发	设计变更管理	技术联系单管理	施工方案报审情况	工程签证管理	竣工资料报审情况				

表 9-2　某项目合同管理台账（咨询类）

序号	合同号	合同名称	合同种类	承接单位	工期管理							工程款支付情况				工程资料管理			备注
					合同工期	计划开工时间	开工通知	实际开工时间	合同完工日期	实际完工日期	工期延期批复	合同金额	付款方式	已支付工程款/%		对外来往函件	施工方案报审	违约处罚	

163

表 9-3　某项目合同管理台账（供货类）

序号	合同号	合同名称	合同种类	供货单位	工期管理							工程款支付情况				工程范围		工程资料管理				保修期	违约处罚	备注
					合同工期	计划开工时间	供货通知	实际开工时间	合同完工日期	实际完工日期	工期延期批复	合同金额	付款方式	已支付工程款/%		现场负责人	主要施工范围	对外往来函件	施工样板报审情况	施工方案报审情况	竣工资料报审情况			

②施工合同。有关工程质量、工期和进度、变更、索赔、竣工验收等都有明确的工作程序。施工合同当事人及监理人均应当按照合同约定的程序开展工作。

③《建设工程施工合同(示范文本)》(GF-2017-0201)通用条款"5.3.2 隐蔽工程检查程序"规定:"除专用合同条款另有约定外,工程隐蔽部位经承包人自检确认并具备覆盖条件的,承包人应在共同检查前48小时书面通知监理人检查。通知中应载明隐蔽检查的内容、时间和地点,并应附有自检记录和必要的检查材料资料。监理人应按时到场并对隐蔽工程及其施工工艺、材料和工程设备进行检查。经监理人检查确认质量符合隐蔽要求,并在验收记录上签字后,承包人才能进行覆盖。经监理人检查质量不合格的,承包人应在监理人要求的时间内完成修复,并由监理人重新检查由此增加的费用或延误的工期由承包人承担。"

④《建设工程施工合同(示范文本)》(GF-2017-0201)通用条款"7.3.2 开工通知发放程序"规定:"发包人应按照法律规定获得工程施工的许可。经发包人同意后,监理人发出符合法律规定的开工通知。监理人应在计划开工日期7天前向发包人发出开工通知。工期自开工通知中载明的开工日期起算。除专用合同条款另有约定外,因发包人原因造成监理人未能在计划开工日期之日起90天内发出开工通知的,承包人有权提出价格调整,或者解除合同。发包人应当承担由此增加的费用或延误的工期,并向承包人支付合理利润。开工通知发放的前置条件是发包人按照法律规定获得了工程施工所需的许可。"

(3)合同履约管理

①合同履约的检查。合同执行过程中,监理机构应加强对合同的履约检查,根据合同条件检查各方履行合同责任义务的情况。监理机构对承包方的合同履约检查,主要是检查承包人履行合同义务的行为及其结果是否符合合同规定的要求。检查可分为预防性检查、见证性检查和结果检查。

a.预防性检查:一般是指实施某项义务之前的检查,如供应人、承包人的权利能力和行为能力审查,质量保证能力的检查,特殊操作人员资格的审查,对制造单位或施工单位的组织方案、施工方案、工艺方案、材料或设备入库或入场前的检查等。

b.见证性检查:一般是指实施某项作业过程中的检查,如重点环节、关键工序、隐蔽工程、制造或施工过程中各项记录、报告等的检查,签证及进度情况的检查等。

c.结果检查:一般是指完成某项作业后的检查,如设备出厂前的质量检查,包装、运输条件检查,分布分项工程或全部工程完工时的质量检查,工程量的核实等。

②合同履约的评价分析。检查的目的是及时发现实际与计划或合同约定之间的是否存在偏差,得出符合要求或不符合要求的两种结论。针对检查结果,监理机构还应进行评价分析,对不符合要求的行为和结果提出解决方案。分析评价过程如下:

a.对合同履行状况的分析评价。将检查的结果对照合同约定的内容(如实物质量、项目进度、费用支出等),对合同履行情况做出阶段性评价,提出有待解决的问题。

b.对产生的问题和出现的偏差逐一分析原因。

c.对产生的问题和出现的偏差进行预测分析,即对项目计划目标和对其他相关合同履行的影响程度进行分析。如果有影响但影响程度不大,则应提出局部补救措施;而对影响程度较大(如进度、节点、费用增加等),则应提出调控措施,如目标修改、计划调整等。

d.对产生的问题和出现的偏差逐一分析责任。

③合同履约情况告知。及时、真实、准确、完整地将已经履行的义务告知对方当事人及关

系人,这是沟通管理的有效手段,其作用有:

a.能够有效地促成对方当事人及关系人履行合同义务,否则,违约将失去抗辩权。

b.能够形成比较完整的合同文件资料,作为处理争议时履约证据,会处于有利地位。

(4)施工合同的管理

施工合同是发包人与承包人就完成具体工程项目工作内容,确定双方权利、义务和责任的协议,是合同双方进行建设工程质量管理、监督管理、费用管理的主要依据,同时也是监理工程师对工程项目实施监督管理的主要依据。监理工程师所有监理活动都必须围绕施工合同展开,合同管理是实现监理目标控制的重要手段。因此,从某种意义上说,工程监理就是对施工合同的监督管理,进行施工合同监督。合同管理时,监理工程师应注意做好以下几个方面的工作:

①协助业主进行合同策划、合同签订。监理工程师应在合同策划、合同签订阶段协助业主确定合同类型,确定重要合同条款,确保合同条件完备,不出现漏洞、恶意性和矛盾性,找出合同之间权利的交叉或脱节问题,事先对其分析协商,形成责权利的补充,避免合同纠纷。

②研究合同文件,预防合同纠纷。监理工程师应认真研究施工合同文件,找出合同体系文件中的矛盾和歧义。如合同通用条款和专用条款之间的差异、技术规范与施工图之间的不同、漏洞或矛盾等,应以书面形式做出合理解释,通知业主和承包人,避免产生合同纠纷。

③细化落实合同事件。施工合同履行是完成所有的合同事件,而履行完成监理工程,应要求施工方在编制工程计划时,同时编制合同事件表,落实责任,安排工作,以便进行合同管理。在工程实施过程中,监理工程师应按合同事件表进行监督控制,处理合同事务,重点是存在违约和变更的合同事件。对于正常的合同事件,只需进行统计,有违约行为或工程变更,则应按照合同规定进行管理。

④加强工程变更管理。由于工程工期长、影响因素多,因此施工合同也具有履行时间长、覆盖内容多、不可预见因素多、涉及面广等特点。随着工程进展,事先无法预料的情况逐渐暴露,工程变更不可避免。工程内容质量要求或工程数量上的变更会对工程费用、工期产生影响。监理工程师应本着严谨的工作态度,按合同约定条款实施工程变更,就工程变更所引起的费用增减或工期变化与业主和承包人协商,确定变更费用及工期。

⑤索赔事件处理。在合同履行阶段,监理工程师应及时提醒建设单位正确履行自己的职责,如按合同规定时限移交场地和图纸、测量控制点数据、合同规定应由业主提供的临时用地和变道使用权等手续,及时办理工程变更手续,计划、资金及时到位等,以避免承包商的索赔。同时,监理工程师应严格依据合同条款,根据实际情况公正处理索赔事件。监理工程师收到索赔意向通知后,应立即收集研究有关文件、资料和记录。收到索赔报告后,应对索赔报告进行审查,并在合同规定的期限内做出答复。对于持续性的索赔事件,监理工程师应在索赔事件终了后规定的时间内给予答复。对于一般情况的索赔,监理工程师可以直接进行审核,报建设单位审批。对于复杂的索赔,监理工程师应成立评估小组进行调查,并出具报告和处理意见后报建设单位审批。

⑥完善合同履行的信息管理。合同的履行效果是通过信息反馈的,在很大程度上取决于信息的全面性、可靠性。每个岗位都有责任收集本岗位职责范围内的合同信息,汇总后进行合同信息分类处理,删除错误信息,更正有偏差信息,以便将准确的合同信息传递给责任人。责任人应对合同信息进行分析,开展有针对性的合同管理。

9.3 合同变更管理

1) 工程变更的提出

工程变更是指建设工程施工合同文本内容发生变更。常见的工程变更方式有施工图设计变更或修改,工程范围、工程内容、质量标准、工期调整,材料设备规格型号、品牌变更,当事人责任转换等。

(1)施工合同中约定变更的范围

①增加或减少合同中任何工作或追加额外的工作。

②取消合同中任何工作,但转由他人实施的工作除外。

③改变合同中任何工作的质量标准或其他特性。

④改变工程的机械标高位置和尺寸。

⑤改变工程的时间安排或实施顺序。

(2)工程变更权限及程序

①发包人和监理人均可提出工程变更。

②工程变更指示均通过监理人发出。监理人发出变更指示前应征得发包人同意承包人收到经发包人签认的变更指示后方可实施变更。未经许可,承包人不得擅自对工程的任何部分进行变更。

③发包人提出变更的,应通过监理人向承包人发出变更指示。变更指示应说明变更的工程范围和变更的内容。

④监理人提出变更建议的,需以书面形式向发包人提出变更计划,说明工程变更的范围、内容、理由以及实施该变更对合同价格和工期的影响。发包人同意变更的,由监理人向承包人发出变更指示;发包人不同意变更的,监理人无权擅自发出变更指示。

⑤承包人收到监理人下达的变更指示后,认为不能执行的,应立即提出理由。承包人认为可以执行的,应当书面说明实施该变更对合同价格和工期的影响,且当事人应按照合同的约定确定变更价格。

2) 工程变更的审批

①总监理工程师组织专业监理工程师审查施工单位提出的变更申请,提出审查意见。对涉及工程设计文件修改的工程变更,应由建设单位转交原设计单位修改。必要时,项目监理机构应组织建设、设计、施工等单位召开专题会议,论证工程设计文件的修改方案。

②工程变更容易引起争议的是变更前的施工状态,如变更部位的施工情况、材料设备采购情况。为了减少工程变更引发的争议,在工程变更实施前,应确定变更部位的施工状态、材料设备的采购情况,为计算工程变更价格和工期索赔提供依据。

③总监理工程师根据实际情况、工程变更文件和其他相有关资料,在专业监理工程师对下列内容进行分析的基础上,对工程变更费用及工期影响做出评估:

a.工程变更引起的工程量增减。施工前变更工程量的,按图纸上标注的范围计算,变更后的工程量减去变更前的工程量,差为正数时,该项目工程量增加;为负数时,该项目工程量减少。施工后变更的工程量,由两部分组成。一是已经实施部分的工程量,通过现场测量的方法计算实际施工工程量;二是按施工前工程变更工程量计算方法计算变更工程量。

b.工程变更引起的费用变化。已标价工程量清单或预算书有相同项目的,按照相同项目单价认定。已标价工程量清单或预算书中无相同项目,但有类似的,参照类似项目的单价认定。工程量与已标价工程量清单或预算书中列明的,该变更项目工程量的变化幅度超过15%的,或已标价工程量清单或预算书中无相同及类似项目单价的,按照合同成本和利润构成原则,由合同当事人协商确定变更工作的单价。

c.工程变更对引起的工期变化因工程变更引起工期变化,当事人均要求调整合同工期的,由合同当事人协商,并参考工程所在地的工期定额标准确定增减工期天数。

④总监理工程师组织建设单位、施工单位等共同协商确定工程变更费用及工期变化,会签工程变更单。

⑤项目监理机构根据批准的工程变更文件,监督施工单位实施工程变更。

⑥无总监理工程师或其代表签发的工程变更令,施工单位不得做出任何工程变更,否则监理机构可不予以计量和支付。

⑦项目监理机构应对建设单位要求的工程变更提出评估意见。

3)监理处理工程变更应满足的条件

①项目监理机构处理工程变更应取得建设单位授权。

②建设单位与施工单位未能就工程变更费用达成协议时,项目监理机构应提出一个暂定价格,并经建设单位同意作为临时支付工程款的依据。工程变更项最终结算时,应以建设单位与施工单位达成的协议为依据。

9.4　合同争议处理

1)施工合同争议

(1)合同工程内容争议及处理

A.工程内容争议。工程内容争议是指对施工合同价格所包含的工程内容存在争议。引起争议的原因主要有:施工合同有关工程内容的约定条款不清晰,施工合同不同文本表述的工程内容不一致,合同当事人对施工合同内容约定的条款含义有不同的理解。施工合同内容争议具体如下:

a.工程内容包含了图纸等设计文件所示的工程项目和工程数量,即通常所指的按图施工。按图包干这种约定方式比较容易引发争议,原因是图纸工程量清单所示的工程内容不一致,易引起不同的理解。而若采用工程量清单包干,则这种约定方式较少引发争议。

b.工程内容包含了施工合同文件约定的工程项目和工程数量,这种约定方式容易因合同文件内容不一致而产生争议。

c.分项工程所包含的工程内容因计价方式与分项工程内容的对应关系约定不明确或者不清晰,或者合同文件内容不一致而引起争议。

B.工程内容争议处理。工程内容与工程价格关系密切,是工程计价的基础。工程内容出现争议时,应当根据不同的计价方式区别予以解决。

a.单价合同。定额计价的工程内容,重点做好施工过程中工程内容的确认工作,使其套用定额子目,做到有据可依。工程量清单计价的工程内容,重点做好工程量清单计价表的项目名称、工作内容与实际施工内容的核对,如果存在差异及时调整,如土石方、土围填项目要求综合考虑在确定合同价格时有没有依据,或者施工组织设计有没有具体的体现,否则就容易引起争议。

b.总价合同。应当从合同价格与工程内容直接形成对应关系上确定合同价格包干的工程内容。施工合同协议书一般都有工程内容的约定条款,当合同文件的工程内容出现不一致时,应根据合同文件解释顺序进行处理。

c.成本加酬金合同。重点是做好工程项目的成本确定,保证计算的成本与实际成本不存在太大的差异。

(2)合同工程范围争议及处理办法

①工程承包范围的争议。

引起争议的原因主要有施工合同、工程承包范围约定的条款不清晰或合同当事人对施工合同、工程承包范围约定的条款含义有不同的理解。施工合同工程承包范围约定的条款内容包括:

a.施工合同图纸结合文字说明表示;

b.施工合同,工程量清单结合文字说明表示;

c.施工合同图纸与施工合同,工程量清单结合文字说明表示。

专业工程范围引起争议的原因主要由专业工程管理系统构成的划分标准不一致,或接驳位置工程内容重叠或缺失。项目工程往往有若干专业工程组成,而有的专业工程系统本身涉及几个管理单位。如建筑电气设备安装工程由变电和用电设备两部分组成。变电变配电工程一般由电力部门负责管理,其工程范围由电力部门确定;用电设备由权属人负责管理,其工程范围由权属人确定。两者之间确定的工程范围有时出现重叠,有时出现缺失。再如消防工程与给排水工程、电气设备工程的范围有时出现重叠,有时会出现缺失等。

②工程范围争议的处理应遵循合同约定。

a.施工合同在履行过程中,当发生工程承包范围争议时,首先要弄清楚工程承包范围争议的原因:是对施工合同工程承包范围约定理解不一致,还是施工合同对工程承包范围没有明确约定或者约定不清晰。然后,根据工程承包范围争议的原因区别处理。

b.施工合同工程承包范围约定明确,由于理解不一致产生争议的,应组织争议方共同商讨,达成共识。如某商住楼项目曾出现电梯大堂装修承包范围争议。承包人认为施工合同工程量清单没有电梯大堂装修工程项目,主张电梯大堂不属于施工合同工程承包范围。发包人则认为工程承包范围是施工图所示的范围,按图施工,按图验收。依据双方签订的施工合同第二条"承包范围:本合同图纸清单所示的工程范围及工程内容与合同文件约定的承包内容",经过几次会议商讨,双方达成"按图施工、按图验收"的共识。

c.施工合同没有约定工程承包范围或者约定不清晰的,应从合同价格形成过程分析。一般情况下,施工合同价格在形成过程中会与工程承包范围有着对应关系。可从合同价格对应关系中确定工程承包范围。

d.当发生专业工程承包范围争议时,首先要确定出现争议的原因。然后,根据争议的原因区别处理。专业工程之间交叉产生的工程承包范围争议,应遵循专业工程管理系统的完整性。

2) 合同争议处理方法

①当合同发生争议后,监理公司应以调解人的身份,主动组织双方协商解决,运用工程技术、工程管理、工程合同等专业优势,寻找争议原点,简化争议内容,防止争议延伸出新的争议。

②由于业主和施工方立场不同,对合同条款的理解则不同,加之合同条款可能不够严谨,原定的条件发生变化等,在合同履行过程中可能会发生合同争议。此时,作为第三方的监理工程师应尽快化解分歧,避免分歧久拖不决,以致影响合同正常履行。

③处理办法包括和解、调解、争议评审、仲裁或诉讼等。应尽量选用低成本的解决方式。

④找准争议起因,简化争议内容。争议一般呈现出起因、过程、结果等状态,争议解决的重点应放在起因上,尽量简化争议内容。很多看起来很复杂的争议,经过分解后,争议的起因却显得非常简单。

⑤平时要注意与业主和施工方建立良好的工作关系,当发生合同争议时,各方能在一个平和的气氛中接受调解。

⑥要熟悉施工合同的条款及相应的法律法规规范。要了解分歧产生的具体原因,做到心中有数,对症下药,有理有据地化解双方争议。通过正确处理合同争议纠纷,树立监理这一特殊身份的工作形象,既让业主放心,又让承包商心服口服。

⑦要公平公正,既不偏袒业主,也不姑息承包商。

⑧要注意工作方法,防止事态扩大,致使双方无路可退。对一时不能解决的争议,不妨先放一放,冷静处理。要避免争议扩大化、复杂化,防止争议衍生出新的争议。

⑨有的当事人为了尽快解决争议,或者为了达到自己的目的,采取违约的方式要挟对方接受自己的主张,结果争议不但没有解决,而且延伸出新的争议,导致争议扩大化、复杂化。承包人通常采取停工的方式,要求发包人接受自己的主张。发包人通常采取拒付工程款或发出停工指令,甚至威胁解除合同的方式,要求承包人接受自己的主张。

⑩调解结束,各方当事人达成一致后,要及时形成文字,如会谈纪要、补充协议等。

⑪合同实施过程中,若施工承包单位违约,监理单位应及时向施工承包单位发出书面警告,并限期改正。若是业主违约,施工单位应及时向监理单位发出通知,要求业主如不采取措施纠正其违约行为,施工承包单位有权降低施工速度或停工,所造成的损失由业主承担。

3) 施工合同争议处理的程序(图9-1)

①了解合同争议情况;

②及时与合同争议双方进行磋商;

③提出处理方案后,由总监理工程师进行协调;

④双方未能达成一致时,总监理工程师应提出处理合同争议的意见;

⑤在施工合同争议处理过程中未达成施工合同约定的暂停履行合同条件的,项目监理机构应要求施工合同双方继续履行合同;

⑥在施工争议的仲裁或诉讼过程中,项目监理机构可按仲裁机关或法院要求,提供与争议有关的证据。

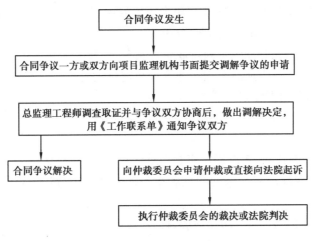

图 9-1　合同争议处理流程图

9.5　工程索赔管理

1) 工程索赔及索赔事件种类

①工程索赔是指合同当事人一方因不是自己的过错,就额外的费用和工期向合同当事人另一方提出补偿要求。索赔的目的是合同当事人为了实现费用和工期得到额外补偿。索赔是合同当事人共同享有的权利。在施工合同的当事人中,承包人可提出索赔要求、发包人也可以提出索赔要求。

②工程索赔管理是指当索赔事件发生时,提出索赔要求的当事人相处理索赔关系人按照合同约定的索赔程序和损失计算方法确定额外增加的费用和工期。

③合同责任缺失引起的索赔事件。合同责任缺失是指合同当事人一方或关系人履行合同约定的责任不正确,或者不完全,导致合同当事人另一方额外增加了费用或工期。比较常见的合同责任缺失情况有:

a.未按合同约定的时间和要求提供施工场地、施工条件,或者提供的施工场地不能满足施工要求;

b.未按法律规定办理由发包人办理的许可、批准或备案,包括但不限于建设用地规划许可证、建设工程规划许可证、建设工程施工许可证、施工所需临时用水、临时用电、中断道路交通、临时占用场地等许可和批准;

c.未按合同约定的时间和要求提供设计图纸和设计资料,或者提供的设计图纸和设计资料不能满足施工需求;

d.未按合同约定的时间和要求提供地质勘察资料,相邻建筑物及构筑物、地下工程、地下管线等基础资料;

e.未按合同约定的时间提供测量基准点、基准线和水准点及其书面资料,或者提供的测量基准点、基准线和水准点及其书面资料的真实性、准确性和完整性存在问题;

f.未按合同约定的时间提供材料设备,或者提供的材料设备交货地点、价格、种类规格型号、质量等级、数量等与合同约定不符;

g.未按合同约定的时间批准或答复承包人提出的书面申请;

h.发包人代表在授权范围内做出错误指示;

i.发包人代表不能按照合同约定履行职责及义务,并导致合同无法继续正常履行;

j.发包人拒绝签收另一方送达至送达地点和指定接收人的来往信函等。

④承包人常见的合同责任缺失情况。

a.承包人在收到发包人提供的图纸后,发现图纸存在差错、遗漏或者缺陷,未按合同同约定及时通知监理人;

b.未按合同约定的时间和要求提供应当由承包人编制的与工程有关的文件;

c.未按合同约定保存一套完整的图纸和承包人文件,供发包人、监理人及有关人员进行工程检查时使用;

d.未按规定上报施工现场发掘的所有文物、古迹以及具有地质研究或考古价值的其他遗迹、化石、钱币或物品等;

e.未经发包人书面同意,承包人为了合同以外的目的而复制、使用含有知识产权的文件或将其提供给任何第三方;

f.未按合同约定的时间和要求办理法律规定应由承包人办理的许可和批准;

g.未按法律规定和合同约定完成工程、保修期内承担保修义务;

h.未按法律规定和合同约定采取施工安全和环境保护措施,办理工伤保险;

i.未按合同约定的工作内容和施工进度要求,编制施工组织设计和施工措施计划;

j.占用或使用他人的施工场地,影响他人作业或生活;

k.未按合同约定负责施工场地及其周边环境与生态的保护工作;

l.未按合同约定采取施工安全措施;

m.未按合同约定支付专用于合同工程的各项价款;

n.未按法律规定和合同约定编制竣工资料;

o.未按合同约定复核发包人提供的测量基准点、基准线和水准点及其书面资料,或者复核发现上述内容存在错误或疏漏的,未及时通知监理人;

p.承包人拒绝签收另一方送达至送达地点和指定接收人的来往信函等。

⑤监理人常见的合同责任缺失情况:

a.收到承包人有关图纸存在差错、遗漏或缺陷的通知后,未按合同约定的时间和程序报送给发包人;

b.收到承包人文件后未在合同约定的期限内审查完毕;

c.未按合同约定对工程施工相关事项进行检查、查验、审核、验收,并签发相关指示,或者在授权范围内做出错误指示;

d.监理人的检查和检验影响施工正常进行的,且经检查检验合格的;

e.监理人未按时到场对隐蔽工程及其施工工艺、材料和工程设备进行检查;

f.监理人未通知承包人清点发包人供应的材料和工程设备;

g.监理人未禁止不合格的材料和工程设备进入现场;

h.监理人拒绝签收合同当事人送达至送达地点和指定接收人的来往信等。

⑥合同内容缺陷引起的索赔事件。

合同内容由一系列文件构成,形成文件的时间、单位不同,合同内容易存在不一致、表述不清晰,或者不完整等缺陷。

　　a.合同协议书、中标通知书、投标函及附录、合同专用条款、合同通用条款、技术标准规范、图纸、工程量清单计价表等文件合同中关于计价方式、工程内容、工程承包范围、工程质量标准、工期等内容表述不一致,或者相互矛盾;

　　b.合同内容对合同当事人的责任和权利约定不明确;

　　c.合同内容对工程总包与分包的责任和权利约定不明确;

　　d.技术标准规范不能满足法律法规的要求;

　　e.图纸不能满足施工需求;

　　f.工程量清单计价表的工程项目、工程内容与实际施工状态不符;

　　g.合同内容没有约定材料设备品牌、质量等级;

　　h.合同内容对违约责任约定不明确等。

　　⑦基础资料有误引起的索赔事件。

　　建设工程的基础资料主要包括水文地质资料、地形地貌资料、地下工程资料、地下管线资料、基准点等。基础资料是施工设计、施工组织设计的依据,也是确定合同价格的依据。当基础资料有误,导致增加费用和工期,索赔容易成立。

　　⑧合同调整引起的索赔事件。

　　合同在履行过程中,受经济和社会环境的影响,项目产品方案发生了变化,需要对技术方案、设备方案、工程方案进行调整,导致合同约定的工程内容、工程承包范围、工程质量标准、工期、合同价格需进行相应的调整。因合同调整导致费用和工期的变化,为此提出索赔要求。合同调整一般需当事人协商一致,涉及费用和工期的调整,应是合同调整的组成部分。

　　⑨设计变更引起的索赔事件。

　　设计变更一般通过工程变更程序解决。但当设计变更引起工程承包范围、工程内容发生较大幅度变动,工程变更程序不能解决额外增加的费用和工期时,需要通过索赔解决。如建筑工程设计变更结构形式,由钢筋混凝土结构变更成钢结构,为钢筋混凝土结构施工准备的材料、机械、人工等费用难以在钢结构中体现,此部分额外增加的费用符合索赔约定的事件。

　　⑩不利物质条件引起的索赔事件。

　　不利物质条件是指有经验的承包人在施工现场遇到的不可预见的自然物质条件、非自然的物质障碍和污染物,包括地表以下物质条件和水文条件以及专用合同条款约定的其他情形。该事件的出现,除了影响工期,还有可能涉及处理不利物质条件的费用,该费用符合索赔约定的事件。

　　⑪异常恶劣的气候条件引起的索赔事件。

　　异常恶劣的气候条件是指在施工过程中遇到的、有经验的承包人在签订合同时不可预见的,对合同履行造成实质性影响,但尚未构成不可抗力事件的恶劣气候条件。该事件的出现,除了影响工期,还有可能涉及处理异常恶劣气候条件的费用,该费用符合索赔约定的事件。

　　⑫国家政策法规变化引起的索赔事件。

　　基准日期:招标发包的工程以投标截至日前 28 天的日期为基准日期;直接发包的工程以

合同签订日前 28 天为基准日期;基准日期后出现国家政策法规变化,如施工现场安全文明设施标准的变化,夜间施工时间的调整、技术标准规范的修改等,导致增加费用和工期的,符合索赔约定的事件。

⑬市场价格大幅度波动引起的索赔事件。

基准日期后,建设市场人工、材料设备、机械使用费等发生大幅波动,导致工程造价的大幅度变动,该费用符合索赔约定的事件。

⑭国际汇率大幅波动引起的索赔事件。

基准日期后,国际汇率大幅波动,导致工程造价的大幅度变动,该费用符合索赔约定的事件。

⑮不可抗力事件出现引起的索赔事件。

不可抗力是指合同当事人在签订合同时不可预见,在合同履行过程中不可避免且不能克服的自然灾害和社会性突发事件,如地震、海啸、瘟疫、骚乱、戒严、暴动、战争和专用合同条款中约定的其他情形。不可抗力发生后,发包人和承包人应收集证明不抗力发生及不可抗力造成损失的证据,并及时认真统计所造成的损失。

2)索赔程序

(1)承包人向发包人索赔的程序

①承包人应在知道或应当知道索赔事件发生后 28 天内,向监理人递交索赔意向通知书,并说明发生索赔事件的事由;承包人未在前述 28 天内发出索赔意向通知书的,丧失要求追加付款和(或)延长工期的权利;

②承包人应在发出索赔意向通知书后 28 天内,向监理人正式递交索赔报告,索赔报告应详细说明索赔理由以及要求追加的付款金额和(或)延长的工期,并附必要的记录和证明材料;

③索赔事件具有持续影响的,承包人应按合理时间间隔继续递交延续索赔通知,说明持续影响的实际情况和记录,列出累计的追加付款金额和(或)工期延长天数;

④在索赔事件影响结束后 28 天内,承包人应向监理人递交最终索赔报告,说明最终要求索赔的追加付款金额和(或)延长的工期,并附必要的记录和证明材料。

(2)发包人向承包人索赔的程序

①发包人应在知道或应当知道索赔事件发生后 28 天内通过监理人向承包人提出索赔意向通知书,发包人未在前述 28 天内发出索赔意向通知书的,丧失要求赔付金额和(或)延长缺陷责任期的权利;

②发包人应在发出索赔意向通知书后 28 天内,通过监理人向承包人正式递交索赔报告。

3)索赔处理程序

(1)承包人向发包人的索赔处理程序

①监理人应在收到索赔报告后 14 天内完成审查并报送发包人。监理人对索赔报告存在异议的,有权要求承包人提交全部原始记录副本;

②发包人应在监理人收到索赔报告或有关索赔的进一步证明材料后的 28 天内,由监理人向承包人出具经发包人签认的索赔处理结果。发包人逾期答复的,视为认可承包人的索赔

要求；

③承包人接受索赔处理结果的，索赔款项在当期进度款中进行支付；承包人不接受索赔处理结果的，按照争议解决约定处理。

（2）发包人向承包人的索赔处理程序

①承包人收到发包人提交的索赔处理报告后，应及时审查索赔报告的内容，查验发包人证明材料；

②承包人应在收到索赔报告或有关索赔的进一步证明材料28天内将索赔处理结果答复发包人。承包人未在上述期限内作出答复的，视为认可发包人索赔要求。

③承包人接受索赔处理结果的，发包人可从应支付给承包人的合同价款中扣除赔付金额或者延长缺陷责任期；发包人不接受索赔处理结果的，按争议解决约定处理。

4）索赔时限

①索赔时限是合同工程承包范围提出索赔申请的期限。

②承包人按竣工结算审核约定接收竣工工程付款证书后，应被视为已无权对工程接收证书颁发前所发生的任何索赔事件提出索赔。

③承包人按最终结清提交的最终结清申请单中，只限于提出工程接收证书颁发后发生的索赔。提出索赔的期限自接受最终结清证书时终止。

5）索赔报告

索赔文件一般由索赔信、索赔报告、索赔证据三部分组成。索赔信是写给负责索赔处理的人或机构。索赔报告是对索赔事件发生至结束产生影响的分析论证。索赔证据用于证明索赔报告的内容。当索赔事件结束后，应编写索赔报告提交给监理工程师。编写索赔报告是索赔的关键步骤。索赔报告一般包括以下内容：

①索赔报告题目。因为什么事件的发生提出索赔。如地质勘察报告揭示的土方类别与实际施工的土方类别不一致，导致土方施工的费用和工期发生较大幅度的变化，索赔题目拟定为"关于土方类别发生变化的索赔报告"。

②索赔事件描述。叙述事件的起因（如施工图设计、施工组织设计依据的地质勘察报告），事件经过（土方施工现场情况），事件过程中合同当事人及关系人的活动情况（确认地质勘察报告揭示的土方类别与现在施工的土方类别不一致）。事件经过是索赔证据形成、固定、归集的过程，其及时性、有效性、客观性、准确性对索赔是否成功具有决定性作用。

③索赔理由陈述。说明事件发生后产生的影响，依据合同的约定或者法律行业规定明确责任人。如土方类别发生变化，是地质勘察报告不准确引起的，其产生的结果依据合同约定，应由提供地质勘察报告的发包人承担。明确事件的责任人是索赔的难点，需要熟悉合同文件内容及法律法规，引用合同及法律法规，证明事件发生及其产生的影响与责任人存在关联性。

④索赔的影响。叙述事件发生后对工程费用和工期产生的影响，分析影响过程和影响因素，详细计算事件结束后产生的额外费用和工期。

⑤索赔结论。根据事件详细计算所产生的额外费用和工期，提出具体量化的索赔要求。

思考题

1.如何理解合同履约分析评价过程?

2.施工合同中约定变更的范围有哪些?

3.简述施工合同争议处理的程序。

4.简述工程变更权限及程序。

5.简述建立工程合同台账时应注意的问题。

6.简述工程合同争议处理的方法。

7.简述监理人常见的合同责任缺失现象。

8.简述发包人向承包人索赔的程序。

9.简述建设工程索赔报告包含的内容。

第 **10** 章
建设工程风险控制及安全监理

知识点	能力要求	相关知识	素质目标
建设工程风险及风险控制	熟悉建设工程风险特点与控制		(1)培养学生的社会使命感和责任感 (2)培养学生的风险防范意识和责任意识 (3)培养学生在生活和工作中生命至上的价值观和科学发展观 (4)促使学生建立生态环保理念和共享发展的理念
建设工程安全管理	掌握建设工程安全生产监理责任的规定		
	掌握建设工程安全生产监理工作内容	施工准备阶段和施工阶段主要工作内容	
安全管理监理实务	掌握建设工程安全生产监理工作程序	(1)施工过程安全生产监理程序; (2)安全技术措施及专项施工方案的审查程序; (3)安全事故隐患处理、安全事故处理监理程序; (4)安全防护、文明施工措施费用支付审核程序	
	熟悉安全事故隐患监理措施		

10.1　建设工程风险及风险控制

1)建设工程风险

建设工程风险是指在建设工程中存在的不确定性因素以及可能导致结果出现差异的可能性。为把影响实现工程项目目标的各类风险降至最低,对建设工程风险进行识别、确定和度量,并制订、选择和实施风险处理方案的过程称为建设工程风险控制。建设工程风险贯穿

建设工程项目全过程,具有以下特点:

①建设工程风险大。

一般将建设工程风险因素分为政治、社会、经济、自然和技术等方面。明确这一点,就是要从思想上给予高度重视。建设工程风险的概率大、范围广,应采取有力的措施主动预防和控制。

②参与工程建设的各方均有风险,但是各方的风险不尽相同。

例如,发生通货膨胀风险事件,在可以调价合同条件下,对业主来说是相当大的风险,而对承包方来说则风险较小;但如果是固定总价合同条件下,对业主就不是风险,对承包商来说就是相当大的风险。因此,要对各种风险进行有效的预测,分析各种风险发生的可能性。

③建设工程风险在决策阶段主要表现为投机风险,而实施阶段则主要表现为纯风险。

2)建设工程风险控制

建设工程风险控制是一个系统的、完整的过程,一般也是一个循环的过程。建设工程风险控制包括风险识别、风险评估、风险决策、决策的实施、执行情况检查五个方面内容。

(1)风险识别

风险识别即通过一定的方式,系统而全面地分辨出影响目标实现的风险事件,并进行归类处理的过程,必要时还需对风险事件的后果进行定性分析和估计。

(2)风险评估

风险评估是指将建设工程风险事件发生的可能性和损失后果进行定量化的过程。风险评估的结果主要在于确定各种风险事件发生的概率及其对建设工程目标的影响严重程度,如投资增加的数额、工期延误的时间等。

(3)风险决策

风险决策是选择确定建设工程风险事件最佳对策组合的过程,通常有风险回避、损失控制、风险转移和风险自留四种措施。

①风险回避。

风险回避是指事先预料风险产生的可能程度,判断其实现的条件和因素,在行动中尽可能地避免或改变行动方向,即以一定的方式中断风险源,使其不发生或不再发展,从而避免可能产生的潜在损失。从风险量大小的角度来考虑,这种风险对策适用于风险量大的情况。风险回避虽然是一种风险防范措施,但由于风险是广泛存在的,想要完全规避不可能,而且很多风险属于投机风险,如果采取风险规避的对策,在避免损失的同时,也就失去了获利的机会。因此,在采取风险回避对策时,应注意该对策的消极面,特别是以下几点:

a.当风险可能导致的损失频率和损失幅度极高,且对此风险有足够的认识时,这种策略才有意义。

b.当采用其他风险策略的成本和效益的预期值不理想时,可采用回避风险的策略。

c.不是所有的风险都可以采取回避策略,如地震、洪灾、台风等。

d.由于回避风险只是在特定范围内及特定的角度上才有效,因此避免了某种风险,又可能产生另一种新的风险。

此外,在许多情况下,风险规避是不可能或不实际的。因为工程建设过程中会面临许多风险,无论是业主还是承包商,还是监理企业,都必须承担某些风险,在采用此对策时,要对风险对象有所选择。

②损失控制。

损失控制是指事前要预防或降低风险发生的概率,同时要考虑到风险无法避免时,要运用可能的手段力求降低损失的程度。这是一种积极主动的风险处理对策,实现的途径有两种,即损失预防和损失抑制。

损失预防措施主要是降低或消除损失发生的概率;损失抑制措施主要是降低损失的严重程度或遏制损失的进一步发展,使损失最小化。损失抑制是指损失发生时或损失发生后,为了缩小损失幅度所采取的各项措施。

③风险转移。

风险转移是指借助若干技术和经济手段,将组织或项目的部分风险或全部风险转移到其他组织或个人,以避免大的损失。从风险量大小的角度来考虑,这种风险对策适用于风险量比较大的情况。风险转移的方法有两种,即保险转移和非保险转移。

保险转移就是保险,是指建设工程业主、承包商或监理单位通过购买保险将本应由自己承担的工程风险转移给保险公司,从而使自己免受风险损失。保险这种风险转移方式得到越来越广泛的运用,原因在于保险人较投保人更适宜承担有关的风险。在建设工程方面,我国目前已施行了意外伤害保险、建筑工程一切险、安装工程一切险和建筑安装工程第三者责任险等。

非保险转移通常也称为合同转移,一般通过签订合同的方式将工程风险转移给非保险人的对方当事人。

④风险自留。

风险自留又称风险自担,就是由企业或项目组织自己承担风险事件所致损失的措施。这种措施有时是无意识的,即由于管理人员缺乏风险意识、风险识别失误或评价失误,也可能是决策延误,甚至是决策实施延误等各种原因,都会导致没有采取有效措施防范风险,以致风险事件发生时只好自己承担。这种情况称为被动风险自留,亦称非计划性风险自留。但是风险自留有时是有计划的风险处理对策,是整个建设工程风险对策计划的一个组成部分。这种情况下,风险承担人通常已经做好了处理风险的准备,称为主动风险自留,亦称计划性风险自留。从风险量大小的角度来考虑,风险自留的对策适用于风险量比较小的情况。

（4）决策的实施

决策的实施即制订计划并付诸实施的过程。例如制订预防计划、灾难计划、应急计划等;又如在决定购买工程保险时,要选择保险公司,确定恰当的保险范围、赔额、保险费等。这些都是实施风险对策决策的重要内容。

（5）执行情况检查

执行情况检查即跟踪了解风险决策的执行情况,并根据变化情况及时调整对策,并评价各项风险对策的执行效果。除此之外,还需要检查是否有被遗漏的工程风险或者发现了新的工程风险,也就是进行新一轮的风险识别,开始新的风险管理过程。

10.2 建设工程安全管理

1)建设工程安全生产监理责任的规定

建设工程安全生产的监理责任就是监理工程师对建设工程中的人、材料、机械、方法、环境及施工全过程的安全生产进行监督管理,通过组织、技术、经济和合同措施,保证建设行为符合国家安全生产、劳动保护、环境保护、消防等法律法规、标准规范和有关方针、政策,有效地将建设工程安全风险控制在允许的范围内,以确保施工安全。它是建设工程监理的重要部分,也是建设工程安全生产管理的重要保障。

2003年11月24日,国务院颁布了《建设工程安全生产管理条例》,并于2004年2月1日起施行。《建设工程安全生产管理条例》规定了工程建设参与各方责任主体的安全责任,明确规定工程监理单位的安全责任,以及工程监理单位和监理工程师应对建设工程安全生产承担监理责任。

2)建设工程安全生产监理工作内容

为了认真贯彻《建设工程安全生产管理条例》,指导和督促工程监理单位落实安全生产监理责任,做好建设工程安全生产的监理工作,切实加强建设工程安全生产管理,建设部在2006年出台了《关于落实建设工程安全生产监理责任的若干意见》(建市〔2006〕248号),明确了工程监理单位按照法律、法规和工程建设强制性标准及监理委托合同实施监理时,对所监理工程的施工安全生产进行监督检查的工作内容。

(1)施工准备阶段主要工作内容

①监理单位应根据《建设工程安全生产管理条例》的规定,按照工程建设强制性标准、《建设工程监理规范》和相关行业法规、文件的要求,编制包括安全监理内容的项目监理规划,明确安全监理的范围、内容、工作程序和制度措施,以及人员配备计划和职责等。

②对中型及以上项目和危险性较大的分部分项工程,监理单位应当编制监理实施细则。实施细则应当明确安全监理的方法、措施和控制要点,以及对施工单位安全技术措施的检查方案。

《建设工程安全生产管理条例》规定,施工单位应当在施工组织设计中编制安全技术措施和施工现场临时用电方案,并附具安全验算结果,经施工单位技术负责人、总监理工程师签字后实施,由专职安全生产管理人员进行现场监督。建设部根据《建设工程安全生产管理条例》第二十六条的规定发布了《危险性较大的分部分项工程安全管理办法》(建质〔2009〕87号),规定下列范围与规模工程应编制安全专项施工方案。

a.基坑支护、降水工程。开挖深度超过3 m(含3 m),或虽未超过3 m但地质条件和周边环境复杂的基坑(槽)支护、降水工程。

b.土方开挖工程。开挖深度超过3 m(含3 m)的基坑(槽)的土方开挖工程。

c.模板工程及支撑体系。各类工具式模板工程,包括大模板、滑模、爬模、飞模等工程。

混凝土模板支撑工程,包括搭设高度5 m及以上,搭设跨度10 m及以上,施工总荷载

10 kN/m² 及以上,集中线荷载 15 kN/m² 及以上,高度大于支撑水平投影宽度且相对独立无联系构件的混凝土模板支撑工程。

承重支撑体系,包括用于钢结构安装等满堂支撑体系。

d.起重吊装及安装拆卸工程。采用非常规起重设备或方法,且单件起吊重量在 10 kN 及以上的起重吊装工程;采用起重机械进行安装的工程;起重机械设备自身的安装、拆卸。

e.脚手架工程。搭设高度 24 m 及以上的落地式钢管脚手架工程;附着式整体和分片提升脚手架工程;悬挑式脚手架工程;吊篮脚手架工程;自制卸料平台、移动操作平台工程;新型及异型脚手架工程。

f.拆除、爆破工程。建筑物、构筑物拆除工程;采用爆破拆除的工程。

g.其他。建筑幕墙安装工程,钢结构、网架和索膜结构安装工程,人工挖扩孔桩工程,地下暗挖、顶管及水下作业工程,预应力工程,采用新技术、新工艺、新材料、新设备及尚无相关技术标准的危险性较大的分部分项工程。

③审查施工单位编制的施工组织设计中的安全技术措施和危险性较大的分部分项工程安全专项施工方案是否符合工程建设强制性标准要求。审查的主要内容应当包括:

a.施工单位编制的地下管线保护措施方案是否符合强制性标准要求;

b.基坑支护与降水、土方开挖与边坡防护、模板、起重吊装、脚手架、拆除、爆破等分部分项工程的专项施工方案是否符合强制性标准要求;

c.施工现场临时用电施工组织设计或者安全用电技术措施和电气防火措施是否符合强制性标准要求;

d.冬季、雨季等季节性施工方案的制定是否符合强制性标准要求;

e.施工总平面布置图是否符合安全生产的要求,办公、宿舍、食堂、道路等临时设施设置以及排水、防火措施是否符合强制性标准要求。

④检查施工单位在工程项目上的安全生产规章制度和安全监管机构的建立、健全及专职安全生产管理人员配备情况,督促施工单位检查各分包单位的安全生产规章制度的建立情况。

施工单位施工现场安全生产保证体系主要内容包括:

a.施工现场安全生产组织机构。

b.施工现场安全生产规章制度。

施工现场安全生产规章制度包括:安全生产目标责任制度、安全生产检查制度、安全生产教育和培训制度、事故处理和报告制度等。

c.施工单位项目负责人的执业资格证书和安全生产考核合格证书应齐全有效。

d.施工单位专职安全生产管理人员的配备数量应符合有关规定,其执业资格证书和安全生产考核合格证书应齐全有效。

根据《建筑施工企业安全生产管理机构设置及专职安全生产管理人员配备办法》(建质〔2008〕91 号)的规定,总承包单位配备项目专职安全生产管理人员应当满足下列要求:

建筑工程、装修工程按照建筑面积配备:1 万平方米以下的工程不少于 1 人;1 万~5 万平方米的工程不少于 2 人;5 万平方米及以上的工程不少于 3 人,且按专业配备专职安全生产管理人员。

土木工程、线路管道、设备安装工程按照工程合同价配备:5 000万元以下的工程不少于1人;5 000万~10 000万元的工程不少于2人;10 000万元及以上的工程不少于3人,且按专业配备专职安全生产管理人员。

⑤审查施工单位资质和安全生产许可证是否合法有效。

a.建筑企业安全生产许可证应由施工单位注册地省级以上政府安全生产监督管理部门颁发和管理。

b.跨省作业的建筑施工企业,应持企业所在省、自治区、直辖市建设行政主管部门颁发的安全生产许可证,向工程项目所在地省、自治区、直辖市建设行政主管部门备案。

c.安全生产许可证有效期为3年。

⑥审查项目经理和专职安全生产管理人员是否具备合法资格,是否与投标文件一致。

⑦审核特种作业人员的特种作业操作资格证书是否合法有效。

建设工程特种作业人员是指垂直运输机械安装拆卸人员、开机作业人员(塔吊、施工电梯、井架安装拆卸工、塔吊司机、施工电梯司机、井字架司机等)、超重信号工(塔吊指挥等)、登高架设作业人员(架子工等)、电工、电气焊工、爆破作业人员和场内机动车驾驶员等。

⑧审核施工单位应急救援预案和安全防护措施费用使用计划。

(2)施工阶段主要工作内容

①监督施工单位按照施工组织设计中的安全技术措施和专项施工方案组织施工,及时制止违规施工作业。

②定期巡视检查施工过程中的危险性较大工程作业情况。

③核查施工现场施工起重机械、整体提升脚手架、模板等自升式架设设施和安全设施的验收手续。

a.对施工单位拟用的起重机械的性能检测报告、验收许可及备案证书、安装单位企业资质及安装方案进行程序性核查,经签认后,施工单位方可投入使用。拆卸前项目监理机构应对施工单位所报送的资料(包括拆卸方案和拆卸单位的企业资质等)进行程序性核查,签认后施工单位方可进行拆卸。

这里所称起重机械是指纳入特种设备目录,在房屋建筑工地和市政工程工地安装、拆卸、使用的起重机械。起重机械主要有塔式起重机、施工升降机、电动吊篮、物料提升机等。

b.检查施工机械设备的进场安装验收手续,并在相应的报审表上签署意见。这里所称的施工机械设备是指挖掘机械、基础及凿井机械、钢筋混凝土机械、土方铲运机械、凿岩机械、筑路机械等。监理人员应对施工机械的验收记录进行核查,核查验收记录中的验收程序、结论和确认手续。

④检查施工现场各种安全标志和安全防护措施是否符合强制性标准要求,并检查安全生产费用的使用情况。监理人员应特别注意对工程现场"三宝、四口"(三宝:安全帽、安全带、安全网;四口:楼梯口、电梯井口、预留洞口、通道口)的安全检查。

⑤督促施工单位进行安全自查工作,并对施工单位自查情况部进行抽查,参加建设单位组织的安全生产专项检查。

10.3　安全管理监理实务

1) 建设工程安全生产监理工作程序

(1) 施工过程安全生产监理程序

①监理单位按照《建设工程监理规范》和相关行业监理规范要求,编制含有安全监理内容的监理规划和监理实施细则。

②在施工准备阶段,监理单位审查核验施工单位提交的有关技术文件及资料,并由项目总监在有关技术文件报审表上签署意见;审查未通过的,安全技术措施及专项施工方案不得实施。

③在施工阶段,监理单位应对施工现场安全生产情况进行巡视检查,对发现的各类安全事故隐患,应书面通知施工单位,并督促其立即整改;情况严重的,监理单位应及时下达工程暂停令,要求施工单位停工整改,并同时报告建设单位。安全事故隐患消除后,监理单位应检查整改结果,签署复查或复工意见。施工单位拒不整改或不停工整改的,监理单位应当及时向工程所在地建设主管部门或工程项目的行业主管部门报告,以电话形式报告的,应当有通话记录,并及时补充书面报告。检查、整改、复查、报告等情况应记载在监理日志、监理月报中。

监理单位应核查施工单位提交的施工起重机械、整体提升脚手架、模板等自升式架设设施和安全设施等验收记录,并由安全监理人员签收备案。

④工程竣工后,监理单位应将有关安全生产的技术文件、验收记录、监理规划、监理实施细则、监理月报、监理会议纪要及相关书面通知等按规定立卷归档。

施工过程安全监理工作程序如图 10-1 所示。

(2) 安全技术措施及专项施工方案的审查程序

①项目监理机构收到施工单位报送的安全技术措施或专项施工方案后,总监理工程师应组织监理工程师进行审查。

②总监理工程师在监理工程师审查的基础上进行审核,并在《专项施工方案报审表》上签字确认。

③当需要施工单位修改时,监理工程师应在《专项施工方案报审表》上签署不通过的结论,并注明原因。

(3) 安全事故隐患处理监理程序

①在施工阶段,监理人员应对施工现场安全生产情况进行巡视检查,对发现的各类安全事故隐患,应通知施工单位,并督促其立即整改。

②情况严重的,项目监理机构应及时下达工程暂停令,要求施工单位停工整改,并同时报告建设单位。

③安全事故隐患消除后,项目监理机构应检查整改结果,签署复查或复工意见。

④施工单位拒不整改或不停工整改的,监理单位应当及时向有关部门报告,以电话形式报告的,应当有通话记录,并及时补充书面报告。

⑤检查、整改、复查、报告等情况应体现在监理日志中,监理月报中应有相关内容。

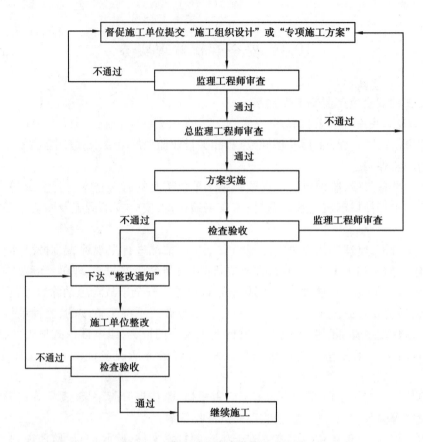

图 10-1　施工过程安全监理工作程序

⑥安全事故隐患处理监理工作程序如图 10-2 所示。

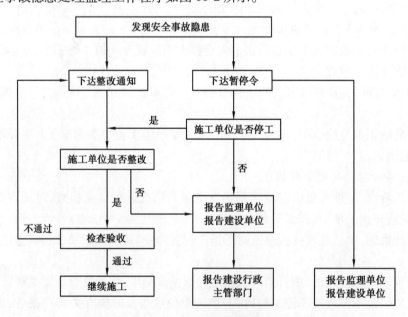

图 10-2　安全事故隐患处理监理工作程序

（4）安全事故处理的监理程序

①当现场发生安全事故后，总监理工程师应及时签发建设工程安全监理暂停令，并向监理单位和建设单位报告。

②总监理工程师应及时会同建设单位现场负责人向施工单位了解事故情况。针对事故调查组提出的处理意见和防范措施，项目监理机构应检查施工单位的落实情况。

③审查施工单位的复工方案。

④对施工现场的整改情况进行核查，总监理工程师审核确认后，按相关规定下达复工令。

⑤安全事故处理监理工作程序如图 10-3 所示。

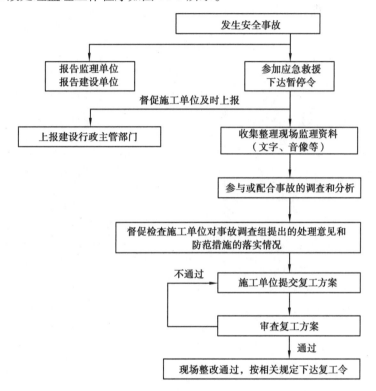

图 10-3   安全事故处理监理工作程序

（5）安全防护、文明施工措施费用支付审核程序

①开工前审核施工单位的安全防护、文明施工措施费用计划、费用清单。

②在施工过程中，检查安全防护、文明施工措施费用的使用情况，按期审核施工单位提交的措施费用落实清单及措施费用支付申请。

③签署安全防护、文明施工措施费用支付证书，并报建设单位。

2）安全事故隐患监理措施

在房屋建筑和市政工程施工过程中，可能存在有一定危害、可能导致人员伤亡或造成经济损失的生产安全隐患。监理工程师应对检查出的安全事故隐患立即发出安全隐患整改通知单。施工单位应对安全隐患原因进行分析，制订纠正和预防措施。安全事故整改措施经监理工程师确认后实施。监理工程师应对安全事故整改措施的实施过程和实施效果进行跟踪检查，保存验证记录。以下是对一般工程潜在的安全事故隐患采取的监理措施，如表 10-1 所示。

表 10-1 安全事故隐患及监理措施

序号	作业/活动/设施/场所	危险源	重大	一般	可能导致的事故	监理工作措施	备注
1	土方开挖	施工机械有缺陷		√	机械伤害、倾覆等	进行巡视检查	
2		施工机械的作业位置不符合要求		√	倾覆、触电等	进行巡视检查	
3		挖土机司机无证或违章作业		√	机械伤害等	督促施工单位进行教育和培训,进行巡视检查	
4		其他人员违规进入挖土机作业区域		√	机械伤害等	督促施工单位执行运行的安全控制程序,进行巡视检查	
5	基坑支护	支护方案或设计缺陷或者不符合要求	√		坍塌等	督促施工单位编制或修订方案,并组织审查	
6		临边防护措施缺乏或者不符合要求		√	坍塌等	督促施工单位认真落实经过审批的方案或修正不合理的方案	
7		未定期对支撑、边坡进行监视、测量		√	坍塌等	督促施工单位执行运行的安全控制程序,进行巡视检查	
8		坑壁支护不符合要求	√		坍塌等	督促施工单位执行已经批准的方案,进行巡视控制	
9		排水措施缺乏或者措施不当		√	坍塌等	进行巡视检查	
10		积土料具堆放或机械设备施工不合理造成坑边荷载超载	√		坍塌等	督促施工单位执行运行的安全控制程序,进行巡视检查	
11		人员上下通过缺乏或者设置不合理		√	高处坠落等	督促施工单位执行运行的安全控制程序,进行巡视检查	
12		基坑作业环境不符合要求或缺乏垂直作业上下隔离防护措施		√	高处坠落、物体打击等	督促施工单位对此危险源制订安全目标和管理方案	

续表

序号	作业/活动/设施/场所	危险源	重大	一般	可能导致的事故	监理工作措施	备注
13	脚手架工程	施工方案缺乏或不符合要求	√		高处坠落等	督促施工单位编制设计与施工方案,并组织审查	
14		脚手架材质不符合要求		√	架体倒塌、高处坠落等	进行巡视检查	
15		脚手架基础不能保证架体的荷载	√		架体倒塌、高处坠落等	都市施工单位执行已经批准的方案,并根据实际情况对方案进行修正	
16		脚手架铺设或材质不符合要求		√	高处坠落等	进行巡视检查	
17		架体稳定性不符合要求		√	架体倒塌、高处坠落等	督促施工单位执行运行的安全控制程序,进行巡视检查	
18		脚手架荷载超载或对方不均匀	√		架体倒塌、倾斜等	进行巡视检查	
19		架体防护不符合要求		√	高处坠落等	进行巡视检查	
20		无交底验收		√	架体倾斜等	督促施工单位进行技术交底并认真验收	
21		人员与物料到达工作平台的方法不合理		√	高处坠落、物体打击等	督促施工单位执行运行的安全控制程序,督促施工单位进行教育和培训	
22		架体不按规定与建筑物拉结		√	架体倾倒等	进行巡视检查	
23		脚手架不按方案要求搭设		√	架体倾倒等	督促施工单位进行教育和培训,进行巡视检查	
24	悬挑脚手架	悬挑梁安装不符合要求	√		架体倾倒等	督促施工单位执行运行的安全控制程序,进行巡视检查	
25		外挑杆件与建筑物连接不牢固	√		架体倾倒等	进行巡视检查	
26		架体搭设高度超过方案规定	√		架体倾倒等	督促施工单位执行已经过审查的方案,进行巡视检查	
27		立杆底部固定不牢	√		架体倾倒等	进行巡视检查	

续表

序号	作业/活动/设施/场所	危险源	重大	一般	可能导致的事故	监理工作措施	备注
28	悬挑钢平台及落地操作平台	施工方案缺乏或不符合要求	√		架体倾倒等	督促施工单位编制或修改方案,并组织审查	
29		搭设不符合方案要求		√	架体倾倒等	督促施工单位执行已批准的方案,进行巡视检查	
30		荷载超载或对方不均匀	√		物体打击、架体倾倒等	进行巡视检查	
31		平台与脚手架相连		√	架体倾倒等	进行巡视检查	
32		堆放材料过高		√	物体打击等	督促施工单位进行教育和培训,进行巡视检查	
33	附着式升降脚手架	升降时架体上站人		√	高处坠落等	督促施工单位进行教育和培训,进行巡视检查	
34		无防坠装置或防坠装置不起作用	√		架体倾倒等	督促施工单位执行运行的安全控制程序,进行巡视检查	
35		钢挑架与建筑物连接不牢或不符合规定要求	√		架体倾倒等	进行巡视检查	
36	模板工程	施工方案缺乏或不符合要求	√		倒塌、物体打击等	督促施工单位编制或修改方案,并组织审查,进行巡视检查	
37		无针对混凝土运输的安全措施	√		机械伤害等	要求施工单位针对实际情况提出相关措施	
38		混凝土模板支撑系统不符合要求	√		模板坍塌、物体打击等	督促施工单位执行已批准的方案,进行巡视检查	
39		支撑模板的立柱的稳定性不符合要求	√		模板坍塌等	督促施工单位执行已批准的方案,进行巡视检查	
40		模板存在无防倾倒措施或存放不合要求		√	模板坍塌等	进行巡视检查	
41		悬空作业未系安全带或系挂不符合要求	√		高处坠落等	督促施工单位进行教育和培训,进行巡视检查	
42		模板工程无验收与交底		√	倒塌、物体打击等	督促施工单位进行教育和培训,进行巡视检查	

续表

序号	作业/活动/设施/场所	危险源	重大	一般	可能导致的事故	监理工作措施	备注
43	模板工程	模板作业 2 m 以上无可靠立足点	√		高处坠落等	进行巡视检查	
44		模板拆除区未设置警戒线且无人监护		√	物体打击等	督促施工单位执行运行的安全控制程序,进行巡视检查	
45		模板拆除前未经拆模申请批准	√		坍塌、物体打击等	督促施工单位执行运行的安全控制程序,督促施工单位进行教育和培训	
46		模板上施工荷载超过规定或堆放不均匀	√		坍塌、物体打击等	进行巡视检查	
47	高处作业	员工作业违章		√	高处坠落等	督促施工单位进行教育和培训	
48		安全网防护或材质不符合要求		√	高处坠落、物体打击等	进行巡视检查	
49		临边与"四口"防护措施缺陷		√	高处坠落等	进行巡视检查	
50	施工用电作业,物体提升、安装、拆除	外电防护措施缺乏或不符合要求	√		触电等	进行巡视检查	
51		接地与接零保护系统不符合要求		√	触电等	进行巡视检查	
52		用电施工组织设计缺陷		√	触电等	督促施工单位进行教育和培训,进行巡视检查	
53		违法"一机、一闸、一漏、一箱"		√	触电等	督促施工单位进行教育和培训,进行巡视检查	
54		电线电缆老化,破皮未包扎		√	触电等	进行巡视检查	
55		非电工私拉乱接电线		√	触电等	督促施工单位进行教育和培训,进行巡视检查	
56		用其他金属丝代替熔丝		√	触电等	督促施工单位进行教育和培训,进行巡视检查	
57		电缆架设或埋设不符合要求		√	触电等	进行巡视检查	
58		灯具金属外壳未接地		√	触电等	进行巡视检查	

续表

序号	作业/活动/设施/场所	危险源	重大	一般	可能导致的事故	监理工作措施	备注
59		潮湿环境作业漏电保护参数过大或不灵敏		√	触电等	督促施工单位执行运行的安全控制程序,进行巡视检查	
60		闸刀及插座插头损坏,闸具不符合要求		√	触电等	进行巡视检查	
61		不符合"三级配电二级保护"要求导致防护不足		√	触电等	进行巡视检查	
62		手持照明未用 36 V 及以下电源供电		√	触电等	督促施工单位执行运行的安全控制程序,进行巡视检查	
63	施工用电作业,物体提升、安装、拆除	带电作业无人监护		√	触电等	督促施工单位执行运行的安全控制程序,进行巡视检查	
64		无施工方案或方案不符合要求	√		架体倾倒等	督促施工单位编制施工方案,并严格执行	
65		物料提升机限拉保险装置不符合要求	√		吊盘冒顶等	督促施工单位执行运行的安全控制程序,进行巡视检查	
66		架体稳定性不符合要求	√		架体倾倒等	督促施工单位检查架体方案并整改,进行巡视检查	
67		钢丝绳有缺陷		√	机械伤害等	进行巡视检查	
68		装拆人员未系好安全带及穿戴好劳保用品		√	高处坠落等	督促施工单位进行教育和培训,进行巡视检查	
69		装、拆时未设置警戒区域或未进行监控		√	物体打击等	督促施工单位执行运行的安全控制程序,进行巡视检查	
70	施工用电作业,物体提升、安装、拆除	装拆人员无证作业	√		机械伤害等	督促施工单位进行教育和培训,进行巡视检查	
71		卸料平台保护措施不符合要求		√	高处坠落、机械伤害等	进行巡视检查	
72		吊篮无安全门、自落门		√	机械伤害等	进行巡视检查	

续表

序号	作业/活动/设施/场所	危险源	重大	一般	可能导致的事故	监理工作措施	备注
73		传动系统及其安全装置配置不符合要求		√	机械伤害等	进行巡视检查	
74		避雷装置,接地不符合要求		√	火灾、触电等	进行巡视检查	
75		联络信号管理不符合要求		√	机械伤害等	督促施工单位执行运行的安全控制程序,进行巡视检查	
76		违章乘坐吊篮上下	√		机械伤害等	督促施工单位进行教育和培训,进行巡视检查	
77		司机无证上岗作业		√	机械伤害等	督促施工单位进行教育和培训,进行巡视检查	
78		无施工方案或方案不符合要求	√		设备倾覆等	督促施工单位编制设计与施工方案,并认真审查	
79	施工电梯	电梯安全装置不符合要求		√	机械伤害等	督促施工单位执行运行的安全控制程序,进行巡视检查	
80		防护棚、防护门等防护措施不符合要求		√	高处坠落、物体打击等	督促施工单位执行运行的安全控制程序,进行巡视检查	
81		电梯司机无证或违章作业		√	机械伤害等	督促施工单位进行教育和培训,进行巡视检查	
82		电梯超载运行	√		机械伤害等	督促施工单位执行运行的安全控制程序,进行巡视检查	
83		装、拆人员未系好安全带及穿戴好劳保用品		√	高处坠落等	督促施工单位进行教育和培训,进行巡视检查	
84		装、拆时未设置警戒区域或未进行监控	√		物体打击等	督促施工单位执行运行的安全控制程序,进行巡视检查	
85		架体稳定性不符合要求	√		架体倾倒等	督促施工单位执行运行的安全控制程序,进行巡视检查	

续表

序号	作业/活动/设施/场所	危险源	重大	一般	可能导致的事故	监理工作措施	备注
86	施工电梯	避雷装置不符合要求		√	触电、火灾等	进行巡视检查	
87		联络信号管理不符合要求		√	机械伤害等	督促施工单位执行运行的安全控制程序,进行巡视检查	
88		卸料平台防护措施不符合要求或无防护门		√	高处坠落、物体打击等	进行巡视检查	
89		外用电梯门门连锁装置失灵		√	高处坠落等	督促施工单位执行运行的安全控制程序,进行巡视检查	
90		装拆人员无证作业		√	机械伤害等	督促施工单位进行教育和培训,进行巡视检查	
91	塔吊安装、拆除及作业,其他起重吊装作业	塔吊力矩限制器、限位器,保险装置不符合要求	√		设备倾翻等	督促施工单位执行运行的安全控制程序,进行巡视检查	
92		超高塔吊附墙装置与夹轨钳不符合要求	√		设备倾翻等	进行巡视检查	
93		塔吊违章作业		√	机械伤害等	督促施工单位进行教育和培训,进行巡视检查	
94		塔吊路基与轨道不符合要求	√		设备倾翻等	进行巡视检查	
95		塔吊电气装置设置及其安全防护不符合要求		√	机械伤害、触电等	进行巡视检查	
96		多塔吊作业防碰撞措施不符合要求	√		设备倾翻等	督促施工单位执行已批准得方案或修改方案不合理的内容,进行巡视检查	
97		司机、挂钩工无证上岗		√	机械伤害等	督促施工单位进行教育和培训,进行巡视检查	
98		起重物件捆扎不紧或散装物料装得太满		√	物体打击等	督促施工单位执行运行的安全控制程序,进行巡视检查	
99		安装及拆除时未设置警戒线或未进行监控	√		物体打击等	督促施工单位执行运行的安全控制程序,进行巡视检查	

序号	作业/活动/设施/场所	危险源	重大	一般	可能导致的事故	监理工作措施	备注
100		装拆人员无证作业	√		设备倾翻等	督促施工单位进行教育和培训,进行巡视检查	
101		起重吊装作业方案不符合要求	√		机械伤害等	督促施工单位重新编制起重作业方案并认真组织审查方案	
102		起重机械设备有缺陷		√	机械伤害等	进行巡视检查	
103		钢丝绳与索具不符合要求		√	物体打击等	进行巡视检查	
104		路面地耐力或铺垫措施不符合要求	√		设备倾翻等	督促施工单位执行经过审查得方案,进行巡视检查	
105		司机操作失误	√		机械伤害等	督促施工单位进行教育和培训,进行巡视检查	
106	塔吊安装、拆除及作业,其他起重吊装作业	违章指挥		√	机械伤害等	督促施工单位进行教育和培训,进行巡视检查	
107		起重吊装超载作业	√		设备倾翻等	督促施工单位执行运行的安全控制程序,进行巡视检查	
108		高处作业人的安全防护措施不符合要求		√	高处坠落等	进行巡视检查	
109		高处作业人违章作业		√	高处坠落等	督促施工单位进行教育和培训,进行巡视检查	
110		作业平台不符合要求		√	高处坠落等	进行巡视检查	
111		吊装时构件堆放不符合要求		√	构件倾倒、物体打击等	进行巡视检查	
112		警戒管理不符合要求		√	物体打击等	督促施工单位执行运行的安全控制程序,进行巡视检查	
113		传动部位无防护罩		√	机械伤害等	进行巡视检查	
114	木工机械	圆盘锯无防护罩及安全挡板		√	机械伤害等	督促施工单位执行运行的安全控制程序,进行巡视检查	

续表

序号	作业/活动/设施/场所	危险源	重大	一般	可能导致的事故	监理工作措施	备注
115	木工机械	使用多功能木工机具		√	机械伤害等	督促施工单位执行运行的安全控制程序,进行巡视检查	
116		平刨无护手安全装置		√	机械伤害等	进行巡视检查	
117	手持电动工具作业	保护接零或电源线配置不符合要求		√	触电等	进行巡视检查	
118		作业人员个体防护不符合要求		√	触电等	督促施工单位进行教育和培训,进行巡视检查	
119		未做绝缘测试		√	触电等	督促施工单位执行运行的安全控制程序,进行巡视检查	
120	钢筋冷拉作业	钢筋机械的安装不符合要求		√	机械伤害等	督促施工单位执行运行的安全控制程序,进行巡视检查	
121		钢筋机械的保护装置缺陷		√	机械伤害等	进行巡视检查	
122		作业区防护措施不符合要求		√	机械伤害等	进行巡视检查	
123		未做保护接零,无漏电保护器		√	触电等	督促施工单位执行运行的安全控制程序,进行巡视检查	
124		无二次侧空载降压保护器或触电保护器		√	触电等	进行巡视检查	
125		一次侧线长度超过规定或不穿管保护		√	触电等	进行巡视检查	
126	电气焊作业	气瓶的使用与管理不符合要求		√	爆炸等	督促施工单位进行教育和培训,进行巡视检查	
127		焊接作业工人个体防护不符合要求		√	触电、灼伤等	督促施工单位进行教育和培训,进行巡视检查	
128		焊把线接头超过3处或绝缘老化		√	触电等	进行巡视检查	
129		气瓶违规存放		√	火灾、爆炸等	督促施工单位进行教育和培训,进行巡视检查	

续表

序号	作业/活动/设施/场所	危险源	重大	一般	可能导致的事故	监理工作措施	备注
130	拌合作业	搅拌机的安装不符合要求		√	机械伤害等	进行巡视检查	
131		操作手柄无保险装置		√	机械伤害等	进行巡视检查	
132		离合器、制动器、钢丝绳达不到要求		√	机械伤害等	督促施工单位执行运行的安全控制程序,进行巡视检查	
133		作业平台的设置不符合要求		√	高处坠落等	督促施工单位执行运行的安全控制程序,进行巡视检查	
134		作业工人粉尘与噪声的个体防护不符合要求		√	尘肺、听力损伤等	督促施工单位执行运行的安全控制程序,进行巡视检查	

思考题

1.简述建设工程风险控制的内容。

2.简述工程安全事故处理的监理程序。

3.简述施工阶段安全检查的主要工作内容。

4.简述安全防护和文明施工措施费用的支付审核程序。

5.简述施工单位施工现场安全生产保证体系的主要内容。

下 篇
工程监理在典型工程中的应用

第 11 章
装配式混凝土建筑项目的监理实务

知识点	能力要求	相关知识	素质目标
项目前期监理内容	熟悉协助甲方选择单位	协助甲方选择总承包单位或施工单位、选择预制构件工厂	(1)培养学生敬业、诚信的职业素养 (2)培养生态环保理念、科学发展观 (3)培养学生健康发展观 (4)使学生建立以人为本的价值观和创新精神
	熟悉协助设计相关工作	协助组织设计、制作、施工方的协同设计；协助组织设计图会审和技术交底	
装配式混凝土建筑构件工厂监理	掌握预制构件制作相关监理	预制构件工厂监理工作内容与关键环节；预制构件制作方案审核要点；材料部件进场验收要点；灌浆套筒拉拔试验、钢筋制作过程、表面装饰作业过程监理	
	掌握预制构件制作隐蔽工程验收	隐蔽工程验收内容、程序和验收记录	
	了解混凝土相关监理	混凝土制配与运送监理；混凝土浇筑监理	
	掌握预制构建后续相关监理	预制构件养护监理；预制构件修补和表面处理监理；预制构件存放监理；预制构件验收	
装配式混凝土建筑施工现场监理	掌握预制构建安装监理	安装前准备与检查监理；预制构件安装前放线监理；预制构件单元试安装监理；预制构件安装作业监理；临时支撑系统监理；预制构件连接灌浆作业监理	

11.1　项目前期监理内容

装配式混凝土建筑监理服务阶段与传统现浇混凝土建筑监理服务阶段内容如图 11-1 所示。

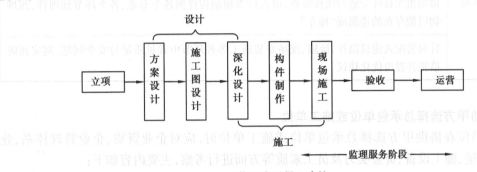

(a)装配式混凝土建筑

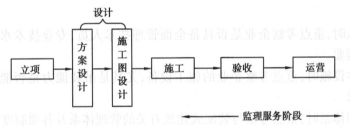

(b)传统现浇混凝土建筑

图 11-1　装配式建筑及传统现浇混凝土建筑监理服务阶段内容

图 11-1 表明装配式建筑相比于传统现浇混凝土建筑,增加了深化设计与预制构件制作阶段,这两个阶段连接了设计与施工阶段,将传统意义上分割的设计与施工阶段形成了一个整体。在项目实际操作中,深化设计可以由施工图设计单位、独立的深化设计单位或者预制构件制作单位(预制构件厂)完成。监理服务必须向前延伸至深化设计阶段,以保证装配式建筑质量可靠、成本可控以及施工安全。

装配式建筑前期监理工作主要集中在深化设计阶段,其主要内容见表 11-1。

表 11-1　装配式建筑项目前期监理主要工作内容

工作类别	工作内容
监理自身工作	依据监理合同、规范,结合工程项目实际,组建项目监理机构
	针对装配式混凝土建筑特点,对监理人员进行培训;依据国家及地方建设行政部门及行业协会的相关规定和要求,取得装配式建筑监理所需的相应资格证书
	熟悉图样,搜集装配式建筑的国家标准、行业标准、项目所在地地方标准,编制监理规划并报监理单位技术负责人和建设单位审批

续表

工作类别	工作内容
协助业主工作	依据项目特点,向甲方提供深化设计单位、制作单位(预制构件厂)合格供方以供选择
	协助甲方选择施工总承包单位、深化设计单位、预制构件厂
	协助组织设计、制作、施工方的协同设计
	协助组织设计交底与图样审查,重点检查预制构件图各个专业、各个环节预埋件、预埋物可能存在的遗漏或"撞车"
	针对装配式建筑制作、运输、现场安装施工等各环节中常见质量与安全问题,制定预防措施并提出优化建议

1)协助甲方选择总承包单位或施工单位

监理单位在协助甲方选择总承包单位或施工单位时,应对企业资质、企业管理体系、业绩、技术力量、施工设备、资金实力及员工素质等方面进行考察,主要内容如下:

①考察企业业绩时,重点考察是否有装配式建筑施工的经验、完成的项目、用户的评价等。

②考察企业团队时,重点考察企业是否具备全面管理技术人员,专业技术水平能否满足装配式建筑施工的需要。

③考察企业硬件设施时,重点考察企业的施工设备,尤其是吊装能力是否能够保证工程进度和施工质量要求。

④考察企业管理体系时,重点考察与装配式建筑有关的管理体系及各项制度等。

⑤考察企业资金实力时,重点考察企业资金是否充足,避免因资金不足影响施工进度。

2)协助甲方选择预制构件工厂

监理单位在协助甲方选择预制构件工厂时,应对企业资质、企业管理体系、业绩、技术力量、生产设备、生产能力、资金实力、员工素质、试验检验技术等方面进行考察,主要内容如下:

①考察企业业绩时,重点考察是否有预制构件生产的经验、完成的项目、用户的评价等。

②考察企业团队时,重点考察企业是否具备全面管理的能力,技术人员专业技术水平能否满足预制构件制作的需要。

③考察企业硬件设施时,重点考察企业的生产设备、生产能力、工艺流程是否能够保证产品的质量。

④考察企业管理体系时,重点考察预制构件制作质量管理体系及各项制度。

⑤考察企业试验检验技术时,重点考察是否有试验室,试验室的设备是否满足检测需要并确保产品质量符合要求。

⑥考察企业资金实力时,重点考察企业资信状况,避免因资金不足影响施工进度。

3)协助组织设计、制作、施工方的协同设计

装配式混凝土建筑在设计时,除考虑各专业(如建筑、结构、设备和内装)的协同配合外,还应与制作方和施工方协同设计,充分考虑预留、预埋及结构连接、建筑外观和施工的可行性等。预制构件如不进行全过程协同设计,易出现漏设、漏埋等情况,其返修的可行性较小且经济损失较大。因此应采用系统集成的方法统筹设计、制作、生产运输及施工安装。

监理单位在协助组织设计、制作、施工方的协同设计时,工作要点如下:

①检查建筑、结构、设备、给水排水、暖通和内装等各专业设计间是否建立协同设计制度。

②检查设计、制作、施工单位是否制定协同机制或制度,及时处理各专业各环节存在的问题。

③检查是否采用建筑信息模型(BIM)技术,实现全专业、全过程信息化管理。

④检查预制构件制作、现场安装、构件连接、设备管线连接、后浇混凝土施工等各环节施工的可行性、方便性,以确保质量和施工安全防护措施等方面进行了统筹设计。

⑤是否建立预制构件制作前由设计、制作、施工单位(各专业施工负责人)参加的图样会审和设计交底制度,及时发现和处理设计中出现的错、漏、碰问题;是否针对预制构件制作、运输、现场施工等环节存在的问题和重点、难点,明确技术措施和设计优化方案。

4)协助组织设计图会审和技术交底

监理单位参与时应具体注意以下内容:

(1)图样会审要点

①拆分图、节点图、预制构件图是否有原设计单位签章。部分项目拆分设计不是原设计单位设计出图,这样的图样及其计算书必须得到原设计单位的复核认可签章,方可作为有效的设计依据。

②审核水、电、暖通、装修专业制作、施工各环节所需要的预埋件、吊点、预埋物、预留孔洞是否已经汇集到预制构件制作图中,吊点设置是否符合作业要求(表 11-2 和表 11-3),避免预埋件遗漏。各个专业的协同工作可过 BIM 将设计、制作、运输、安装以及以后使用的场景进行模拟,做到全流程的 BIM 设计及管理,以便有效避免预埋件的遗漏。

表 11-2 预制构件预埋件一览

阶段	预埋件用途	可能需埋置的构件	可选预埋件类型								备注
			预埋钢板	内埋式金属螺母	内埋式塑料螺母	钢筋吊环	埋入式钢丝绳吊环	吊钉	木砖	专用	
使用阶段(与建筑物同寿)	构件连接固定	外挂墙板、楼梯板	◎	◎							
	门窗安装	外墙板、内墙板		◎					◎	◎	
	金属阳台护栏	外墙板、柱、梁		◎	◎						
	窗帘杆或窗帘盒	外墙板、梁		◎	◎						
	外墙水落管固定	外墙板、柱		◎	◎						
	装修用预埋件	楼板、梁、柱、墙板		◎	◎						

续表

阶段	预埋件用途	可能需埋置的构件	可选预埋件类型								备注
			预埋钢板	内埋式金属螺母	内埋式塑料螺母	钢筋吊环	埋入式钢丝绳吊环	吊钉	木砖	专用	
使用阶段（与建筑物同寿）	较重的设备固定	楼板、梁、柱、墙板	◎	◎							
	较轻的设备、灯具固定			◎	◎						
	通风管线固定	楼板、梁、柱、墙板		◎	◎						
	管线固定	楼板、梁、柱、墙板		◎	◎						
	电源、电信线固定	楼板、梁、柱、墙板			◎						
制作、运输、施工（过程用没有耐久性要求）	脱模	预应力楼板、梁、柱、墙板		◎		◎	◎				
	翻转	墙板		◎							
	吊运	预应力楼板、梁、柱、墙板		◎		◎		◎			
	安装微调	柱		◎	◎					◎	
	临时侧支撑	柱、墙板		◎							
	后浇筑混凝土模板加固	墙板、柱、梁		◎							无装饰的构件
	异形薄弱构架加固埋件	墙板、柱、梁		◎							
	脚手架或塔式起重机固定	墙板、柱、梁	◎	◎							无装饰的构件
	施工安全栏固定	墙板、柱、梁		◎							无装饰的构件

表 11-3　预制构件吊点一览

构件类型	构件细分	工作状态				吊点方式
		脱模	翻转	吊运	安装	
柱	模台制作的柱子	△	○	△	○	内埋螺母
	立模制作的柱子	○	无翻转	○	○	内埋螺母
	柱梁一体化构件	△	○	○	○	内埋螺母
梁	梁	○	无翻转	○	○	内埋螺母、钢索吊环、钢筋吊环
	叠合梁	○	无翻转	○	○	内埋螺母、钢索吊环、钢筋吊环
楼板	有桁架筋叠合楼板	○	无翻转	○	○	桁架筋
	无桁架筋叠合楼板	○	无翻转	○	○	预埋钢筋吊环、内埋螺母
	有架立筋预应力叠合楼板	○	无翻转	○	○	架立筋
	无架立筋预应力叠合楼板	○	无翻转	○	○	钢筋吊环、内埋螺母
	预应力空心板	○	无翻转	○	○	内埋螺母
墙板	有翻转台翻转的墙板	○	○	○	○	内埋螺母、吊钉
	无翻转台翻转的墙板	△	◇	○	○	内埋螺母、吊钉
楼梯板	模台生产	△	◇	△	○	内埋螺母、钢筋吊环
	立模生产	△	○	△	○	内埋螺母、钢筋吊环
阳台板、空调板等	叠合阳台板、空调板	○	无翻转	○	○	内埋螺母、软带捆绑（小型构件）
	全预制阳台板、空调板	△	◇	○	○	内埋螺母、软带捆绑（小型构件）
飘窗	整体式飘窗	○	◇	○	○	内埋螺母

注：○为安装节点；△为脱模节点；◇为翻转节点；其他栏中标注表明共用。

③审核预制构件和后浇混凝土连接节点处的钢筋、套筒、预埋件、预埋管线与线盒等距离是否过密。

④审核是否给出了套筒、灌浆料、浆锚搭接成孔方式的明确要求，包括材质、力学物理性能、工艺性能、规格型号要求，灌浆作业后不得扰动或负荷的时间要求。

⑤审核夹芯保温板的设计是否给出了拉结件材质、布置、锚固方式的明确要求。

⑥审核后浇混凝土的操作空间是否满足作业要求，如钢筋挤压连接操作空间的要求等。

⑦审核是否给出了预制构件制作脱模吊点、预制构件存放和运输支撑点的位置、捆绑吊装的预制构件捆绑点位置、预制构件安装后临时支撑位置与拆除时间的要求等。

⑧对于建筑、结构一体化预制构件，审核是否有节点样图，如门窗固定窗框预埋件是否满足门窗安装要求。

⑨对制作、施工环节无法或不宜实现的设计要求进行优化,提出解决办法。如现场垂直运输塔式起重机附墙连墙件预埋件或预留洞,预制构件安装、灌浆或其他连接方式时施工安全防护栏等设施的固定埋件等。

⑩是否明确异形或超大预制构件制作脱模和现场吊运、安装时预制构件变形破坏的设计和施工措施要求。

⑪是否明确各类吊点、灌浆套筒连接拉拔试验、拉结件试验验证、浆锚灌浆内模成孔试验验证等所需相关试验参数及试验数量与合格标准。

(2)技术交底内容

①设计对制作与施工环节的基本要求与重点要求。

②制作和施工环节提出设计不明确的地方,由设计方答疑。

③装配式混凝土建筑常见质量问题在具体项目的预防措施。

④装配式混凝土建筑关键质量问题在具体项目的预防措施。

⑤预制构件制作与安装施工过程中重点环节安全防范措施等。

11.2 装配式混凝土建筑构件工厂监理

1)预制构件工厂监理工作内容与关键环节

预制构件的施工质量决定了建筑结构是否安全,因此对预制构件制作进行驻厂监理是确保建筑结构安全的重要保障。

预制构件工厂同时作业人数较多,监理工程师无法进行全面全过程监理,因此,应对关键环节旁站或全过程监理,其他环节可采用抽查监理或装设视频进行监理。驻厂监理人员监理工作的关键环节具体有:

①预制构件制作方案审核。

②材料部件进场验收。

③模具验收与首件验收。

④隐蔽工程验收。

⑤预制构件成品验收。

2)预制构件制作方案审核要点

除常规的审核制作方案及审核人员资格和审批程序外,驻厂监理对制作方案中的以下内容进行重点审核:

①工厂的制作工艺是否适用于该工程的预制构件制作,对于不适合的制作工艺,应采取的专项措施。

②工厂生产能力是否能按工程进度要求交货。

③模具数量能否保证按期交货,设计与选型能否实现设计要求和保证预制构件质量。

④原材料来源与品牌是否符合设计或规范要求,特别是灌浆套筒和拉结件,入厂的检查方法与程序。

⑤外委加工部件(如桁架筋、钢筋网片等)。厂家是否具有确保质量的履约能力,入厂的检查方法与程序。

⑥模具清理、组装、脱模剂涂刷方案,质量检查方法与程序。

⑦钢筋加工与入模方案,质量检查方法与程序。

⑧套筒、金属波纹管、预埋件、防雷引下线、预留孔内模、电气预埋管线箱盒入模及固定方案,质量检查方法与程序。

⑨芯片埋设方案。

⑩隐蔽工程验收程序。

⑪混凝土配合比,同一预制构件上有不同强度等级混凝土时的搅拌、浇筑方案。

⑫粗糙面形成方案,质量检查方法与程序。

⑬混凝土浇筑、振捣方案,质量检查方法与程序。

⑭预制构件养护方案,质量检查方法与程序。

⑮预制构件脱模时间确定方法与程序。

⑯预制构件脱模、翻转方案。

⑰预制构件吊运方案,常用预制构件吊具准备,特殊预制构件专用吊具设计方案。

⑱预制构件初检场地、设施与检查流程。

⑲预制构件修补方案,质量检查方法与程序。

⑳预制构件存放方案,支垫位置、材料、层数、平面布置图等。

㉑预制构件表面标识方法、内容与标识位置方案。

㉒预制构件保护或包装方案。

㉓预制构件装车、封车、固定、运输方案。

㉔预制构件制作环节档案清单、形成办法与归档程序。

㉕预制构件出厂检查方案。

㉖预制构件交付资料形成与交付办法。

㉗预制构件制作各环节安全措施、设施、护具方案。

㉘各作业环节安全操作规程,培训计划与方式。

㉙文明生产措施。

㉚计量系统校核周期与程序等。

3)材料部件进场验收要点

驻厂监理对工厂原材料的检查应包括水泥、骨料、外加剂、掺合料、钢材、商品混凝土、水、套筒灌浆料等原材料的检查,对部件的检查应包括灌浆套筒、机械套筒、金属波纹管、预埋件、夹芯保温板拉结件、钢筋锚固板等部件。

(1)原材料验收要点

水泥、骨料、外加剂、掺合料、钢材、水等原材料验收要点与传统现浇混凝土的原材料验收要点相同。

(2)连接部件验收要点

①灌浆套筒。

a.检查灌浆套筒的构造,见表 11-4,其中筒壁、剪力槽、灌浆口(进浆孔)、排浆口(出浆孔)、钢筋定位销(终止钢筋)需满足现行行业标准《钢筋套筒灌浆应用技术规程》(JGJ 355—2015)和《钢筋连接用灌浆套筒》(JG/T 398—2019)的规定。

b.检查灌浆套筒材质,须符合《钢筋连接用灌浆套筒》(JG/T 398—2019)给出的材料性能。

　　c.检查灌浆套筒的尺寸偏差是否符合《钢筋连接用灌浆套筒》（JG/T 398—2019）规定,见表11-4。

表11-4　灌浆套筒尺寸偏差

序号	项目	灌浆套筒尺寸偏差					
		铸造灌浆套筒			机械加工灌浆套筒		
1	钢筋直径/mm	10~20	22~32	36~40	10~20	22~32	36~40
2	外径允许偏差/mm	±0.8	±1.0	±1.5	±0.5	±0.6	±0.8
3	壁厚允许偏差/mm	±0.8	±1.0	±1.2	±12.5%t 或者±0.4 较大者取其中较大者（t 为灌浆套筒名义壁厚）		
4	长度允许偏差/mm	±2.0			±1.0		
5	最小内径允许偏差/mm	±1.5			±1.0		
6	剪力槽两侧凸台顶部轴向宽度允许偏差/mm	±1.0			±1.0		
7	剪力槽两侧凸台径向高度允许偏差/mm	±1.0			±1.0		
8	直螺纹精度	GH/T 197 中 6H 级			GH/T 197 中 6H 级		

　　d.检查灌浆套筒的钢筋锚固深度是否满足（JGJ 355—2019）。

　　e.检查灌浆套筒尺寸是否满足结构设计要求。

　　②金属波纹管。

　　a.检查金属波纹管的规格,波纹高度不应小于 3 mm,壁厚不宜小于 0.4 mm。

　　b.当采用软钢制作时,检查性能是否符合现行国家标准《碳素结构钢冷轧钢带》（GB/T 11253—2019）的规定。

　　c.当采用镀锌钢带制作时,检查其性能是否符合现行国家标准《连续热镀锌和锌合金镀层钢板及钢带》（GB/T 2518—2019）的规定,且双面镀锌层重量不宜小于 60 g/m² 。

　　（3）其他部件的检查

　　①预埋件。

　　a.检查厂家的自检报告、出厂合格证和生产厂家质量证明书。

　　b.检查预埋件的品牌、品种、强度、出厂日期是否符合供货要求。

　　c.检查预埋件外观。

　　②夹芯保温板拉结件。

　　a.检查厂家的自检报告、出厂合格证和生产厂家质量证明书。

　　b.检查拉结件的品牌、品种、规格等是否符合供货要求。

　　c.检查拉结件抗拉强度、抗剪强度、弹性模数、导热系数、耐久性和防火性等力学物理性能。

d.检查拉结件是否适合当地环境条件。

4)灌浆套筒拉拔试验监理

对钢筋灌浆套筒连接接头必须进行抗拉强度试验。监理人员应重点检查抗拉强度试验是否符合相关规程及标准要求。

（1）原材料检查

检查进厂的灌浆套筒接头型式检验报告,外观检测报告和灌浆料的材料性能检测报告,建议灌浆套筒与灌浆料选择同一厂家的产品,以确保性能匹配。

（2）连接接头试件制作

①按要求称量灌浆料和水。

②灌浆套筒连接接头试件水平放置,且灌浆孔、出浆孔朝上,使用手动灌浆器或者电动灌浆机进行灌浆。当灌浆孔、出浆孔的灌浆料拌合物均高于灌浆套筒外表面最高点时应停止灌浆,并及时封堵灌浆孔、出浆孔。封堵 30 s 后,打开堵孔塞检查是否灌满。一旦发现灌浆料拌合物下降,应及时补灌。

③灌浆过程中,在出浆孔处看见有明显灌浆料拌合物流动时,可用软钢丝线插入搅动进行疏导。

5)钢筋制作过程监理

钢筋制作过程监理包括外委加工钢筋产品的监理和工厂内部钢筋加工的监理。除了常规的原材料检查验收外,在制作过程中的监理主要体现在检查方面。钢筋检查内容包含但不限于尺寸偏差、连接质量、箍筋位置和数量、拉筋位置和数量、绑扎是否牢固等,具体检查内容如下:

①钢筋成品的尺寸偏差检查。

②钢筋桁架的尺寸偏差检查。

③钢筋连接检查。

除应符合现行国家标准《混凝土结构工程施工规范》（GB 50666—2011）的规定外,还应对下列内容进行检查:

a.钢筋接头的方式、位置、同一界面受力钢筋的接头百分率、钢筋的搭接长度及锚固长度应符合设计和国家现行相关标准要求。

b.钢筋焊接接头、机械连接接头和套筒灌浆连接接头均应进行工艺检验。

c.螺纹接头钢筋应墩粗后再剥肋滚轧螺纹,以避免因直接滚轧螺纹对钢筋断面的消减。螺纹接头与半灌浆套筒连接应使用专用扭力扳手拧紧至规定扭力值。

d.钢筋焊接接头和机械连接接头应全数进行外观检查。

④钢筋半成品、钢筋网片、钢筋骨架和钢筋桁架检查。

a.钢筋表面不得有油污、严重锈蚀。

b.钢筋网片和钢筋桁架宜采用平面吊架进行吊运。

c.混凝土保护层厚度应满足设计要求。保护层垫块宜与钢筋骨架或网片绑扎牢固,按梅花状布置,间距满足钢筋限位及控制变形要求,钢筋绑扎丝甩扣应弯向构件内侧。

⑤钢筋外委加工检查。

原则上不允许,如需采用对外委托加工则需要满足以下几点:

a.对外委托加工钢筋必须满足国家规范及地方标准的要求。

b.在对外委托钢筋加工过程中,驻厂监理需对第一次和复杂构件钢筋进行全程旁站和抽查,同时将有关记录留存归档。

c.对外委托钢筋采用机械加工时,第一次加工过程驻厂监理须全程旁站,后期不定期进行抽查,以校正机械设备的准确性。

d.对外委托钢筋采用人工加工时,须对每件钢筋半成品或成品进行验收。

6)表面装饰作业过程监理

装饰一体化预制构件是将装饰性材料通过反打工艺形成预制构件,其质量检查与普通预制构件有所不同。监理人员应根据其特点对反打装饰作业过程的以下项目进行重点检查:

①外装饰石材、面砖的图案、分割、色彩、尺寸应符合设计要求;施工人员应对面砖进行筛选,确保面砖尺寸误差在受控范围内,且无色差、无裂缝掉角等质量缺陷;面砖背面应有燕尾槽,燕尾槽的尺寸应符合相关要求。

②组模控制。严格按照预制构件尺寸组装模具,尤其门窗口位置需重点检验,保证误差在允许范围内,避免石材、面砖拼装时因尺寸误差导致石材、面砖布置方案无法正常实行。

③外装饰石材、面砖铺贴之前应清理模具。清理侧模与底模时,先对灰尘及混凝土残留进行清理,然后用湿抹布对模具浮尘进行清理,尤其需重点检查对底模浮灰的清理,保证模具及底模干净整洁,无浮灰,并按照外装饰铺设图的编号分类摆放。

④石材、面砖和底模之间宜设置垫片保护,防止模具划伤石材、面砖。

⑤石材入模铺设前,应根据外装饰铺设图核对石材尺寸,并提前在石材背面涂刷界面处理剂,检查界面处理剂是否涂刷均匀且是否满涂。

⑥石材和面砖铺设前,应按照控制尺寸和标高在模具上设置标识,并按照标识固定和校正石材和面砖。厚度25 mm以上的石材应对石材背面进行处理,并安装不锈钢卡件,重点检查卡件与混凝土板是否可靠连接无松动。卡件宜采用竖立梅花布置,卡件的规格、位置、数量应满足设计及施工方案要求。

⑦石材和面砖敷设后表面应平整,接缝应顺直,接缝的宽度和深度应符合设计要求,缝隙应进行密封处理。

⑧浇筑混凝土时,下料斗严禁过高,且放料时禁止堆积。需观察下料时石材、面砖是否有松动、位移现象。振捣时振捣棒严禁垂直振捣,且不得漏振、过振,避免瓷砖碎裂。为防止瓷砖二次污染,预制构件成型后应检查包裹保护薄膜是否完整。

⑨瓷砖应做抗拉拔试验,即采用与制品相同的瓷砖与混凝土强度等级制作试块,使用仪器进行试验,陶瓷类装饰面砖与预制构件基面的粘结强度应符合现行行业标准《建筑工程饰面砖粘结强度检验标准》(JGJ 110—2017)和《外墙饰面砖工程施工及验收规范》(JGJ 126—2015)等的规定。

7)预制构件制作隐蔽工程验收

(1)隐蔽工程验收内容

预制构件制作的隐蔽工程验收主要包括钢筋、灌浆套筒、预埋件(预留孔洞)、防雷引下线、饰面五项内容。

①钢筋验收内容。

钢筋的品种、等级、规格、长度、数量、布筋间距。

钢筋的弯心直径、弯曲角度、平直段长度。

每个钢筋交叉点均应绑扎牢固,绑扣宜八字开,绑丝头应平贴钢筋或朝向钢筋骨架内侧。

拉钩、马凳或架起钢筋应按规定的间距和形式布置并绑扎牢固。

钢筋与套筒的保护层厚度,钢筋间隔件(保护层垫块)的规格、布置形式、间距、数量。

钢筋的伸出位置、伸出长度、伸出方向,定位措施是否符合设计和制作工艺要求。

钢筋端头为预制螺纹时,螺纹的螺距、长度、牙形,保护措施是否可靠。

露出混凝土外部的钢筋宜设置遮盖物。

钢筋的连接方式、连接质量、接头数量和位置、接头面积百分率、搭接长度等。

加强筋的布置形式、数量状态。

箍筋的弯折角度及平直段长度。

灌浆套筒与受力钢筋的连接、位置误差等。

②灌浆套筒验收内容。

灌浆套筒规格、级别、尺寸。

套筒与模具固定位置和平整度。

半灌浆套筒与钢筋连接套丝长度。

套筒端部封堵情况。

构件钢筋插入灌浆套筒的锚固长度应符合灌浆套筒参数要求。

灌浆孔和出浆孔是否有堵塞。

灌浆套筒的净距是否满足要求。

套筒处箍筋保护层厚度是否满足规范要求。

③预埋件(预留孔洞)验收内容。

品种、型号、规格、数量,成排预埋件的间距。

有无明显变形、损坏,螺纹、丝扣有无损坏。

预埋件的空间位置、安装方向。

预留孔洞的位置、尺寸、垂直度、固定方式。

预埋件的安装形式,安装是否牢固可靠。

垫片、龙眼等配件是否已安装。

预埋件上是否存在油脂、锈蚀。

预埋件底部及预留孔洞周边的加强筋规格、长度,加强筋固定是否牢固可靠。

预埋件与钢筋、模具的连接是否牢固可靠。

橡胶圈、密封圈等是否安装到位。

④防雷引下线验收内容。

防雷引下线的布置、安装数量和连接方式应符合设计要求。

采用镀锌扁钢带做防雷引下线时,检查镀锌钢板的断面尺寸和镀锌层厚度是否满足要求。

防雷引下线宜选用标准的接头和螺栓连接的方式,以彻底避免因焊接连接造成的锈蚀隐患。

⑤饰面验收内容。

饰面材料品种、规格、颜色、尺寸、间距、拼缝。

铺贴的方式、图案、平整度。

是否存在倾斜、翘曲、裂纹。

需要背涂的饰面材料的背涂质量,带挂钩的饰面材料的挂钩安装质量。

(2)隐蔽工程验收程序

①隐蔽工程自检。

工程具备隐蔽条件或达到专用条款约定的中间验收部位,预制构件工厂应组织相关人员进行自检。自检合格后通知驻厂监理进行验收,通知包括隐蔽和中间验收的内容、验收时间和地点。

②共同检验。

隐蔽工程验收应由监理工程师组织,与构件厂共同检查或试验。如检测结果表明质量合格,经监理工程师在验收记录上签字后,构件厂可进行工程隐蔽和继续施工。如检测结果表明质量不合格,构件厂应在监理工程师限定的时间内修改后重新申请验收,直到合格为止。

③重新检验。

无论监理工程师是否参加了验收,当其对某部分工程质量有怀疑时,均可要求预制构件工厂重新检验。预制构件工厂接到通知后,应按要求进行重新检验,并在检验后重新覆盖或修复。

④工程验收合格。

没有按隐蔽工程专项要求办理验收的项目,严禁进行下一道工序施工。

(3)隐蔽工程验收记录

①制作班组对完成的隐蔽工程进行自检,认为所有项目合格后在工程质量管理表上签字。

②专业质检员应根据验收的最终结果做好验收记录,签收记录包括隐蔽工程验收表和预制构件制作过程检测表。

③隐蔽工程的检查除书面检查记录外,还应当有照片、视频记录。

隐蔽工程检查记录应当与原材料检验记录一起在工厂存档,存档按时间、项目进行分类,照片、影像类资料应电子存档并刻盘。

8)混凝土制配与运送监理

(1)混凝土制配监理

混凝土工作性能指标应根据预制构件产品特点和生产工艺确定,主要包括以下内容:

①配合比设计应满足混凝土配制强度及其他力学性能、拌合物性能、长期性能和耐久性能的设计要求。

②配合比设计应采用项目上实际使用的原材料,所采用的细骨料含水率应小于0.5%、粗骨料含水率应小于0.2%。

③混凝土的最大水胶比应符合现行国家标准《混凝土结构设计规范》(GB 50010—2010)中第3.5.3条的规定。

④矿物掺合料在混凝土中的掺量应通过试验确定。

(2)混凝土抗压强度与坍落度检验

①混凝土应进行抗压强度检验,并应符合下列规定:

a.混凝土检验试件应在浇筑地点取样制作。

b.每拌制100盘且不超100 m³的同一配合比混凝土,每工作班拌制的同一配合比的混凝土不足 100 盘为一批。

c.每批制作强度检验试块不少于 3 组,随机抽取 1 组进行同条件标准养护后强度检验。其余可作为同条件试件,在预制构件脱模和出厂时控制其混凝土强度。还可根据预制构件吊装、张拉和放张等要求,留置足够数量的同条件混凝土试块进行强度检验。

d.蒸汽养护的预制构件,混凝土试块强度评定应随同构件蒸养后,再转入标准条件养护。构件脱模起吊、预应力张拉或放张的混凝土同条件试块,其养护条件应与构件生产中采用的养护条件相同。

e.除设计有要求外,预制构件出厂时的混凝土强度不宜低于设计强度的 75%。

②坍落度检验方法及应符合的要求如下:

a.先湿润坍落筒及所用工具,然后将坍落筒放在一块刚性的、平坦的、湿润且不吸水的底板上,把要测试的混凝土试样分三层装入筒内。

b.每层用捣棒插捣 25 次,各次插捣要在每层截面上均匀分布,顶层插捣完后,用抹子将筒顶混凝土表面搓平。

c.小心垂直提起坍落筒,其提离过程应在 5~10 s 内完成,要平稳地向上提起,同时保证混凝土试体不受碰撞或震动。整个检验过程要连续进行,并在 150 s 之内完成。

d.提起坍落筒后,立即测量筒高与坍落后混凝土试体最高点之间的高度差,所得数值就是坍落度值。

e.如坍落度检验值在配合比设计允许范围内,且混凝土黏聚性、保水性、流动性均良好,则该盘混凝土可正常使用。

(3)混凝土运送监理

①预制构件工厂常用的混凝土运送方式有三种,即自动鱼雷罐运送、起重机加料斗运送、叉车加料斗运送。当厂内搅拌站能力无法满足生产需要时,可以采购部分商品混凝土,但商品混凝土的配合比须由预制构件工厂提供,商品混凝土采用搅拌罐车运送。

②混凝土运送应做到以下几点:

a.运送路径通畅,应尽可能缩短运送时间和距离。

b.运送混凝土容器每次出料后必须清洗干净,不能有残留混凝土。

c.当运送路线有露天段,遇到雨雪天气时,运送混凝土叉车上的料斗应当苫盖。

d.混凝土浇筑时应控制混凝土从出机到浇筑完毕的时间。

9)混凝土浇筑监理

(1)混凝土浇筑的前提条件

①对预制构件模具质量进行检查,并验收合格。

②对钢筋入模进行检查,并验收合格。

③对隐蔽工程进行检查,并验收合格。

④对出筋进行加固检查,并验收合格。

⑤对漏浆口等进行封堵检查,并验收合格。

(2)混凝土浇筑入模监理

根据不同的生产工艺,混凝土入模有喂料斗半自动入模、料斗人工入模、智能化入模等。混凝土无论采用何种入模方式,浇筑时都应主要监理以下内容:

①混凝土浇筑前应当做好混凝土的检查,检查内容包括混凝土坍落度、温度、含气量等。

②混凝土浇筑前应制作脱模强度试块、出厂强度试块和 28 d 强度试块等。有其他要求的,还应制作符合相应要求的试块,如抗渗试块。

③混凝土浇筑前,应对预埋件及伸出钢筋采取防止污染的措施;应将模具内的垃圾和杂物清理干净,且封堵金属模板中的缝隙和孔洞、钢筋连接套筒及预埋螺栓孔。

④叠合楼板浇筑前应在桁架筋上采取保护措施,防止混凝土浇筑时对桁架筋造成污染。叠合楼板桁架筋上残留的混凝土会影响施工。现场叠合层浇筑混凝土后,钢筋连接的握裹力会对建筑的整体结构造成影响。

⑤混凝土浇筑时应观察模板、钢筋、预埋件和预留孔洞的情况,当发现有变形、移位时,应立即停止浇筑,并在已浇筑混凝土初凝前对发生变形或移位的部位进行调整,完成后方可进行后续浇筑工作。

(3)混凝土振捣监理

①混凝土振捣形式。

混凝土振捣一般分为三种形式,分别为固定模台振捣棒振捣、固定模台附着式振动器振捣和流水线振动台振捣。

②混凝土振捣的注意事项。

a.混凝土宜采用机械振捣方式成型。振捣设备应根据混凝土的品种、预制构件的规格和形状等因素确定,应制定振捣成型操作规程。

b.当采用振捣棒时,混凝土振捣过程中应避免碰触钢筋骨架、饰面材料和预埋件。

c.混凝土振捣过程中应随时检查模具有无漏浆、变形或预埋件有无移位等现象。

(4)混凝土浇筑面处理监理

①压光面。

混凝土浇筑振捣完成后,应用铝合金刮尺刮平表面。在混凝土表面临近面干时,用木质抹子对混凝土表面搓光、搓平,然后用铁抹子抹压至表面平整光洁。

②粗糙面。

a.预制构件模具面的粗糙面成型可采用预涂缓凝剂工艺,脱模后采用高压水冲洗。

b.预制构件浇筑面(如叠合面)的粗糙面可在混凝土初凝前进行拉毛处理。

c.墙板内墙面做内装需毛面的,可在刮平表面面干时,用木抹子搓成毛面。

③键槽。

预制构件模具面的键槽可以靠模具自身的凸凹面成型。如果需要在浇筑面设置键槽,应在混凝土浇筑后用专用工具压制成型。

④抹角。

有些预制构件的浇筑面边角需要做成 135°抹角。如叠合板上部边角,可以用内模成型,也可以由人工抹成。

(5)信息芯片埋设监理

①有些地区强制要求在预制构件内埋设信息芯片,用于记录预制构件生产关键信息,以追溯、管理预制构件的生产质量和进度(大部分地区暂无要求)。

②芯片为超高频芯片,外观尺寸一般为 3 mm×20 mm×80 mm。

③芯片录入各项信息后,宜将芯片浅埋在预制构件成型表面,埋设位置宜建立统一规则,便于后期识别读取。埋设方法如下:

a.竖向预制构件收水抹面时,将芯片埋置在浇筑面中心距楼面 60~80 cm 高处,带窗预制构件则埋置在距窗洞下边 20~40 cm 中心处,并作好标识。

b.水平构件一般放置在底部中心处,将芯片粘贴固定在平台上,与混凝土整体浇筑。

c.芯片埋深以贴近混凝土表面为宜,埋深不应超过 2 cm,具体以芯片供应厂家提供的数据为准。

10) 预制构件养护监理

(1)蒸汽养护流程

蒸汽养护是预制构件生产最常用的养护方式之一。蒸汽养护应采用可自动控制温度的设备,其养护流程为:预养护→升温→恒温→降温。

①预养护。

预养护是混凝土浇筑及表面处理完成至蒸汽养护开始前的时间,也称为静停。预养护的时间宜为 2~6 h。

②升温。

开启蒸汽,使养护窑或养护罩内的温度缓慢上升,升温阶段应控制升温速率不超过 20 ℃/h。

③恒温。

根据实时温度,设备自动控制蒸汽的开启与关闭,使养护窑或养护罩内的温度恒定。恒温阶段的最高温度不应超过 70 ℃,夹芯保温板最高养护温度不宜超过 60 ℃,梁、柱等较厚的预制构件最高养护温度宜控制在 40 ℃以内。恒温时间应在 4 h 以上。

④降温。

关闭蒸汽,使养护窑或养护罩内的温度缓慢下降。降温阶段应控制降温速率不超过 20 ℃/h。预制构件出养护窑或撤掉养护罩时,其表面温度与环境温度差值不应超过 25 ℃。

(2)蒸汽养护的分类及监理要点

①养护窑集中蒸汽养护。

养护窑集中蒸汽养护适用于流水线工艺。

a.在自动控制系统上设置好养护的各项参数。养护的最高温度应根据预制构件类型和季节等因素来设定。

b.养护过程中,应设专人监控养护效果。

c.预制构件脱模前,应再次检查养护效果。通过同条件试块抗压试验并结合预制构件表面状态的观察,确认预制构件达到脱模所需强度。

d.养护窑集中蒸汽养护常见的一个问题就是养护窑内的温度过高,预制构件进出养护窑时的温差过大,如果没有缓慢升温或者缓慢降温的过程,很容易导致构件裂缝。

②固定模台蒸汽养护监理。

固定模台蒸汽养护宜采用全自动多点自动控温设备进行温度控制,固定模台蒸汽养护监理要点如下:

a.养护罩应具有较好的保温效果且不得有破损、漏气等。

b.应设"人"字形或"IT"形支架将养护罩架起,盖好养护罩,四周应密封好,不得漏气。

c.在罩顶中央处设置好温度检测探头。

d.在温控主机上设置好蒸汽养护参数,包括蒸汽养护的模台、预养护时间、升温速率、最高温度、恒温时间、降温速率等。

　　e.蒸汽养护的全过程,应设专人操作和监控,并检查养护效果。

　　(3)自然养护监理

　　自然养护可以降低预制构件生产成本,当预制构件生产有足够的工期或环境温度能确保次日预制构件脱模强度满足要求时,应优先采取自然养护的方式。自然养护监理要点如下:

　　①在养护的预制构件上盖上不透气的塑料或尼龙薄膜,处理好周边封口。

　　②必要时在上面加盖较厚实的帆布或其他保温材料,减少温度散失。

　　③让预制构件保持覆盖状态,中途应定时观察薄膜内的湿度,必要时应适当淋水。

　　④直至预制构件强度达到脱模强度后方可撤去预制构件上的覆盖物,结束自然养护。

　　11)预制构件修补和表面处理监理

　　(1)预制构件修补原则

　　①预制构件的外观质量缺陷根据其影响结构性能、安装和使用功能的严重程度,规定划分为严重缺陷和一般缺陷。当预制构件出现无法修补的严重缺陷时须按报废处理。一般缺陷的修补需提前报验,且须经总监理工程师批准后方可实施。

　　②超过尺寸偏差且影响结构性能和安装、使用功能的部件须经原设计单位认可,并制订技术处理方案,方可进行修补处理并重新检查验收。

　　③要求预制构件工厂提报预制构件修补和表面处理方案,并经过现场总监理工程师和工程师审核。

　　④要求预制构件工厂对现场专业修补人员资质、修补工具和修补材料进行报验,驻厂监理工程师进行审核。

　　⑤定期抽查预制构件工厂现场修补工具和修补材料是否齐全且符合要求。

　　⑥要求预制构件工厂对需要修补和表面处理的预制构件进行报验。

　　⑦监督修补后的预制构件的养护过程。

　　⑧修补后的预制构件需构件厂质检及监理工程师验收合格方可转入合格区存放。

　　预制构件修补和表面处理及报废处理的相关资料须进行存档备案,做到有据可查。

　　(2)预制构件表面处理监理

　　预制构件的表面处理是指对清水混凝土、装饰混凝土和饰面材的预制构件进行表面处理,以达到自清洁、耐久和美观的目的。

　　①清水混凝土预制构件的表面处理。

　　a.擦去浮灰。

　　b.有油污的地方可采用清水或5%的磷酸溶液进行清洗。

　　c.用干抹布将清洗部位表面擦干,观察清洗效果。

　　d.如果需要,可以在清水混凝土预制构件表面涂刷混凝土保护剂。保护剂的涂刷是为了增加自洁性,减少污染。保护剂一般在施工现场预制构件安装后进行涂刷。

　　②装饰混凝土预制构件的表面处理。

　　a.用清水冲洗预制构件表面。

　　b.用刷子均匀地将稀释的盐酸溶液(浓度低于5%)涂刷到预制构件表面。

　　c.涂刷10分钟后,用清水把盐酸溶液擦洗干净。

d.如果需要,干燥以后,可以涂刷防护剂。

③饰面材料预制构件的表面处理。

饰面材料预制构件包括石材反打预制构件、装饰面砖反打预制构件等。饰面材料预制构件表面清洁通常使用清水清洗,清水无法清洗干净的情况下,再用低浓度磷酸清洗。

12)预制构件存放监理

预制构件存放是预制构件制作过程的一个重要环节。存放不当是造成预制构件断裂、裂缝、翘曲、倾倒等质量和安全问题的一个重要的原因。

(1)预制构件存放方式及要求

①叠合楼板存放方式及要求。

a.叠合楼板宜平放,叠放层数不宜超过6层。存放叠合楼板应按同项目同规格型号分别叠放,叠合楼板不宜混叠。如果确需混叠应进行专项设计,避免造成裂缝等。

b.叠合楼板存放应保持平稳,底部应放置垫木或混凝土垫块,垫木或垫块应能承受上部叠合楼板的重量而不致损坏。垫木或垫块厚度应高于吊环或支点。

c.叠合楼板叠放时,各层支点在纵横方向上均应在同一垂直线上,支点位置设置原则上应由设计确定。

②楼梯存放方式及要求。

a.楼梯宜平放,叠放层数不宜超过4层,宜按同项目、同规格、同型号分别叠放。

b.应合理设置垫块位置,确保楼梯存放稳定,支点与吊点位置须一致。

c.起吊时防止端头磕碰。

d.楼梯采用侧立存放时应做好防护,防止倾倒,存放层高不宜超过2层。

(2)梁和柱的存放方式及要求

①梁和柱宜平放,具备叠放条件的,叠放层数一般不超过3层。

②一般用枕木(或方木)作为支撑垫木,支撑垫木应置于吊点下方或吊点下方的外侧。

③两个枕木(或方木)之间的间距不小于叠放高度的1/2。

④各层枕木(或方木)的相对位置应在同一条垂直线上。

(3)插放架、靠放架、垫方和垫块要求

预制构件存放时,根据不同的构件类型采用插放架、靠放架、垫方或垫块来固定和支垫。

①插放架、靠放架以及一些预制构件存放时使用的托架应由金属材料制成,需进行专门设计,其强度、刚度、稳定性应能满足预制构件存放的要求。

②靠放架的支撑高度应为所存放预制构件高度的2/3以上。

③枕木(木方)一般用于柱、梁等较重预制构件的支垫,应根据预制构件重量选用适宜规格的枕木(木方)。

④垫木一般用于楼板等平层叠放的板式预制构件及楼梯的支垫,垫木一般采用100 mm×100 mm 的木方,长度根据具体情况选用,板类预制构件宜选用长度为300~500 mm 的木方,楼梯宜选用长度为400~600 mm 的木方。

⑤如果用木板支垫叠合楼板等预制构件,木板的厚度不宜小于20 mm。

⑥混凝土垫块适用范围较广,宜采用尺寸不小于100 mm 的立方体,垫块的混凝土强度不宜低于C40。

⑦放置在垫方与垫块上面用于保护预制构件表面的隔垫软垫,应采用白橡胶皮等无污染

的软垫。

(4)预制构件存放的防护

①预制构件存放时相互之间应有足够的空间,防止吊运、装卸等作业时相互碰撞造成损坏。

②预制构件外露的金属预埋件应镀锌或涂刷防锈漆,防止锈蚀及污染预制构件。

③预制构件外露钢筋应采取防弯折、防锈蚀措施,对已套丝的直螺纹钢筋盖好保护帽以防碰坏螺纹,达到防腐、防锈的效果。

④预制构件外露保温板应采取防开裂措施。

⑤预制构件的钢筋连接套筒、浆锚孔、预埋孔洞等应采取防堵塞的临时封堵措施。

⑥预制构件存放支撑的位置和方法,应根据其受力情况确定,但不得超过预制构件承载力而造成预制构件损伤。

⑦预制构件存放处 2 m 内不应进行电焊、气焊、油漆喷涂等作业,以免对预制构件造成污染。

⑧预制墙板门框、窗框表面宜采用塑料贴膜或者其他措施进行防护;预制墙板门窗洞口线角宜用槽形木框保护。

⑨清水混凝土预制构件、装饰混凝土预制构件和有饰面材的预制构件应制定专项防护措施方案,全过程进行防尘、防油、防污染、防破损;棱角部分可采用角形塑料条进行保护。

⑩清水混凝土预制构件、装饰混凝土预制构件和有饰面材的预制构件平放时要对垫木、垫方、枕木(或方木)等与预制构件接触的部分采取隔垫措施。

13)预制构件验收

(1)主控项目和一般项目

预制构件检验项目分为主控项目和一般项目。对安全、节能、环境保护和主要使用功能起决定性作用的检验项目为主控项目。除主控项目以外的检验项目为一般项目。

预制构件验收的主控项目和一般项目检验内容和标准见表11-5。

表 11-5　预制构件验收的主控项目和一般项目检验一览

类别	项目	检验内容	依据	性质	数量	检验方法
套筒	位置误差	型号、位置、注浆孔是否堵塞	—	主控项目	全数	插入模拟的伸出钢筋检验模板
伸出钢筋	位置、直径、种类、伸出长度	型号、位置、长度	制作图	主控项目	全数	尺量
保护层厚度	保护层厚度	检验保护层厚度是否达到图样要求	制作图	主控项目	抽查	保护层厚度检测仪
严重缺陷	纵向受力钢筋有露筋、主要受力部位有蜂窝、孔洞、夹渣、疏松、裂缝	检验构件外观	制作图	主控项目	全数	目测

类别	项目	检验内容	依据	性质	数量	检验方法
一般缺陷	有少量漏筋、蜂窝、孔洞、夹渣、疏松、裂缝	检验构件外观		一般项目	全数	目测
尺寸偏差	构件外形尺寸		制作图	一般项目	全数	用尺测量
受弯构件结构性能	承载力、挠度、裂缝	承载力、挠度、抗裂、裂缝宽度	《混凝土结构工程施工质量验收规范》（GB 50204—2015）	主控项目	1 000 件不超过 3 个月的同类型产品为一批	构件整体受力试验
粗糙面	粗糙度	预制板粗糙面凹凸深度不应小于 4 mm，预制梁端、预制柱端、预制墙端粗糙面凹凸深度不应小于 6 mm，粗糙面的面积不宜小于结合面的 80%	《混凝土结构设计规范》（GB 50010—2010）（2015 年版）	一般项目	全数	目测及尺量
键槽	尺寸误差	位置、尺寸、深度	图样与《装配式混凝土建筑技术标准》（GB/T 51231—2016）、《装配式混凝土结构技术规程》（JGJ 1—2014）	一般项目	抽查	目测及尺量
预制外墙板淋水	渗漏	淋水试验应满足下列要求:淋水流量不应小于 5 L/（m·min⁻¹），淋水试验时间不应少于 2 h，检测区域不应有遗漏部位。淋水试验结束后，检查背水面有无渗漏		一般项目	抽查	淋水检验
构件标识	构件标识	标识上应注明构件编号、生产日期、使用部位、混凝土强度期，生产厂家等	按照构件编号、生产日期等	一般项目	全数	逐一对标识进行检查

（2）见证检验项目

见证检验是在监理或建设单位见证下，按照有关规定从制作现场随机取样，送至具备相应资质的第三方检测机构进行检验。见证检验也称为第三方检验。预制构件见证检验项目包括以下几方面内容：

①混凝土强度试块取样检验。

②钢筋取样检验。

③钢筋套筒取样检验。

④拉结件取样检验。

⑤预埋件取样检验。

⑥保温材料取样检验。

（3）预制构件外观质量检查

预制构件外观质量缺陷可根据其影响结构性能、安装和使用功能的严重程度，划分为严重缺陷和一般缺陷。预制构件出模后应及时对其外观质量进行全数目测检查，并重点检查以下几方面内容：

①驻场监理应检查预制构件表面是否存在蜂窝、孔洞、夹渣、疏松。

②检查表面层装饰质感。

③检查构件表面是否存在裂缝。

④检查构件是否存在破损。

（4）预制构件制作档案目录

预制构件的资料应与产品生产同步形成、收集和整理，归档资料宜包括以下几方面内容：

①预制构件加工合同。

②预制构件加工图、设计文件、设计洽商、变更或交底文件。

③生产方案和质量计划等文件。

④原材料质量证明文件、复试试验记录和试验报告。

⑤混凝土试配资料。

⑥混凝土配合比通知单。

⑦混凝土开盘鉴定。

⑧混凝土强度报告。

⑨钢筋检验资料、钢筋接头的试验报告。

⑩模具检验资料。

⑪预应力施工记录

⑫混凝土浇筑记录。

⑬混凝土养护记录。

⑭构件检验记录。

⑮构件性能检测报告。

⑯构件出厂合格证。

⑰质量事故分析和处理资料。

⑱其他与预制构件生产和质量有关的重要文件资料。

除此之外，还应包括以下几方面内容：

①灌浆套筒抗拉强度试验报告。

②保温拉结件的试验验证报告。

③浆锚搭接成孔的试验验证报告。

④驻厂监理的检查记录。

⑤隐蔽工程验收档案。

⑥需要照片或视频存档的档案。

⑦关键质量脆弱点(如夹芯保温板的内外叶板之间的拉结件)安放完后进行的拍照记录。

11.3　装配式混凝土建筑施工现场监理

1)安装前准备与检查监理

(1)预制构件安装部位检查及清理监理要点

对预制构件连接部位的现浇混凝土质量进行检查,具体检查内容如下:

①安装部位现浇混凝土(或后浇混凝土)质量检查监理要点。

a.采用目测观察混凝土表面是否存在漏振、蜂窝、麻面、夹渣和露筋等现象,现浇部位是否存在裂缝。如果存在上述质量缺陷问题,应由专业修补工人及时采用同等级混凝土或采取高强度灌浆料进行修补。对于一般质量缺陷,应在 24 h 内完成修补;对于严重质量缺陷,应经设计及监理单位同意后再进行修补。

b.采用卷尺和靠尺检查现浇部位截面尺寸、平整度、垂直度是否合格。如果存在胀模现象,需按既定方案进行剔凿等处理。

c.待混凝土达到一定龄期后,用回弹仪对混凝土的强度进行检查。

②伸出钢筋检查监理要点。

在现浇混凝土浇筑前和浇筑完成后,应对预制构件所要连接的现浇混凝土伸出钢筋做如下检查:

a.混凝土浇筑前的检查要点。

根据设计图要求,检查伸出钢筋的型号、规格、直径、数量及尺寸是否正确,保护层是否满足设计要求。

查看钢筋是否存在锈蚀、油污和混凝土残渣等影响钢筋与混凝土握裹力的质量问题。

根据楼层标高控制线,采用水准仪复核外露钢筋预留搭接长度是否符合设计图要求。

根据施工楼层轴线控制线,检查控制伸出钢筋的间距和位置的钢筋定位模板位置是否准确、固定是否牢固。

b.如发现上述问题需对伸出钢筋进行更换或处理。

c.混凝土浇筑完成后的检查要点。

在混凝土浇筑完成后,需再次对伸出钢筋进行复核检查,其长度误差不得大于 5 mm,位置偏差不得大于 2 mm。

(2)起重设备机具检查监理要点

①装配式建筑施工前对起重设备机具的检查监理要点。

装配式建筑施工前应对起重设备和吊具、索具等机具进行安全性和可靠性检查,包括目测检查和试吊运行检查两种方式。

a.目测检查。

检查吊具和索具的钢丝绳、吊索链、吊装软带、吊钩、卡具、吊点、钢梁和钢架等是否有断丝、锈蚀、破损、松扣或开焊等现象。如有上述问题,须进行更换或维修,应经检查合格后方可使用。

对起重设备进行系统、全面的检查。如有问题应及时进行维护保养或维修,经检查合格后方可使用。

施工期间要对起重设备和吊具、索具等机具进行定期检查和维护保养。

b.试吊运行检查。

试吊运行检查是对起重设备和吊具、索具等机具能否满足实际施工需要,以及机具的安全性和可靠性进行的全面性检查。

首先,起重设备应吊挂好吊具,再吊挂起最大最重预制构件进行试吊运行试验。如果在试吊运行过程中起重设备和吊具能够满足要求,还应将荷载加载到起重设备的最大安全极限,再次进行试吊运行检查。

试吊运行检查时,还应满足各种预制构件水平运输的最远距离要求。

试吊运行还应对吊臂远端预制构件起吊重量进行复核与试吊。

试吊运行过程中及试吊运行结束后,应及时对起重设备和吊具进行目测检查。发现问题应立即停止试吊运行,并及时进行更换或维修。

(3)预制构件吊装前吊具和索具的准备监理要点

①在不同预制构件起吊前,应提前准备好相应的专用吊具及索具,严禁混用、乱用。

②在预制构件起吊时,应保证起重设备的主钩位置、吊具及预制构件重心在垂直方向上重合。吊索与预制构件水平夹角不宜大于60°,且不应小于45°。如果角度不满足要求,应在吊具上对吊索角度进行调整。

(4)吊具及索具的验收与检验监理要点

①吊具及索具必须制定方案,采购的吊具及吊索要有合格证和检测报告,并存档备查。

②吊具及索具使用前应进行检验,在使用中明确检验方法、周期、频次和责任人,并做好检验记录。

③钢制吊具及索具必须经专业检测单位进行探伤检测,合格后方可使用。

(5)预制构件安装材料和配件准备监理要点

根据装配式建筑工程施工图的要求,确定安装材料与配件的型号和数量,并在安装前准备到位。安装常用材料和配件主要包括以下几方面内容:

①材料。灌浆料、座浆料等接缝封堵与分仓材料、钢筋连接套筒、耐候建筑密封胶、泡聚氨酯保温材料、防火封堵材料和修补料等。

②配件。橡胶塞、海绵条、双面胶带、各种规格的螺栓、安装节点金属连接件、垫片(包括塑料垫片和钢垫片)和模板加固夹具等。

2)预制构件安装前放线监理

放线是建筑施工中的关键环节,在装配式混凝土建筑中尤为重要。放线人员必须是经过培训的技术人员,施工单位需办理技术复核记录,并报监理审查。监理单位依据测绘局控制点报告对施工区水准控制点数量(不少于3个)进行复核,并对引测到楼层的轴线、标高点进行复查,确认满足精度后才能进行下一步施工。

（1）放线监理要点

①审核施工单位测量放线方案,核查放线人员资质及仪器检定证书的有效性。

②统筹考虑预制构件套筒位置、尺寸偏差等情况,标识安装就位控制线。

③预制构件位置根据施工图弹出轴线及控制线。定位标识要根据方案设计明确设置,对于轴线控制线、预制构件边线、预制构件中心线及标高控制线等定位标识应有明显区分。

④预制剪力墙外墙板、外挂墙板、悬挑楼板和位于建筑表面的柱、梁的"左右"方向与其他预制构件一样以轴线作为控制线。"前后"方向以外墙面作为控制边界,外墙面控制可以采用从主体结构探出定位杆进行拉线测量的方法进行。

（2）柱子放线监理要点

各层柱子安装应分别测放轴线、边线、安装控制线。每层柱子安装应在柱子根部的两个方向标识中心线,安装时应与轴线吻合。

（3）梁放线监理要点

①梁进场验收合格后,应在梁端（或底部）弹出中心线。

②应在校正加固完的墙板或柱子上标出梁底标高、梁边线,或在地面上测放梁投影线。

（4）剪力墙板放线监理要点

①剪力墙板进场验收合格后,应在剪力墙板底部向上 500 mm 位置弹出水平控制线。

②以剪力墙板轴线作为参照,应弹出剪力墙板边界线。

（5）楼板放线监理要点

①楼板依据轴线和控制网线分别引出控制线。

②在校正完的墙板或梁上弹出标高控制线。

③每块楼板应有两个方向的控制线。

④在梁上或墙板上标识出楼板的位置。

（6）外挂墙板放线监理要点

①设置楼面轴线垂直控制点,楼层上的控制轴线用垂线仪及经纬仪由底层原始点直接向上引测。

②每个楼层设置标高控制点,在该楼层柱上放出 500 mm 标高线。利用 500 mm 线在楼面进行第一次墙板标高抄平及控制,利用垫片调整标高,在外挂墙板上放出距离结构标高 500 mm 的水平线,进行第二次墙板标高抄平及控制。

③外挂墙板控制线,墙面方向按界面控制,左右方向按轴线控制。

④外挂墙板安装前,在墙板内侧弹出竖向线与水平线,安装时与楼层上该墙板控制线相对应。

⑤外挂墙板垂直度测量,4 个角留设的测点为外挂墙板转换控制点,用靠尺（托线板）以此 4 点在内侧及外侧进行垂直度校核和测量（因预制外挂墙板外侧为模板面,平整度有保证,所以墙板垂直度以外侧为准）。

3）预制构件单元试安装监理

根据《装配式混凝土建筑技术标准》中第 10.1.5 条款的规定,装配式混凝土建筑施工前,宜选择有代表性的单元进行预制构件试安装。

（1）试安装的单元选择

单元试安装是指在正式安装前对平面跨度内包括各类预制构件的单元进行试验性的安装,以便提前发现并解决安装存在的问题,并在正式安装前做好各项准备工作。

①宜选择一个具有代表性的单元进行预制构件试安装。

②应选择预制构件比较全、难度大的单元进行试安装。

③签订预制构件采购合同时应告知构件厂需要试安装的构件,要求构件厂先行安排生产。

④试安装的预制构件生产后及时组织单元试安装。试安装发现的问题应立即告知构件厂,并进行整改解决,以避免批量生产有问题的预制构件。

（2）单元试安装监理要点

单元试安装需注意以下事项:

①试安装的单元和范围。

②试安装前安全和技术交底。

③试安装过程的技术数据记录。

④判定吊具的合理性、安全性和支撑系统在施工中的可操作性和安全性。

⑤检验所有预制构件之间连接的可靠性,确定各个工序间的衔接。

4) 预制构件安装作业监理

（1）预制柱安装监理要点

①安装准备。

施工面清理。柱吊装就位之前应将混凝土表面和钢筋表面清理干净,不得有混凝土残渣、油污、灰尘等。

柱标高控制。首先应用水平仪按设计要求测量标高,在柱下面用垫片垫至标高(通常为20 mm),设置三点或四点,位置均在距离柱外边缘 100 mm 处。

柱标高也可采用螺栓控制,利用水平仪将螺栓标高测量准确。过高或过低可采用松紧螺栓的方式来控制柱的高度及垂直度。

②吊装。

柱起吊。根据实际情况选用合适的吊具与柱连接紧固。起吊过程中,柱不得与其他构件发生碰撞。

柱起立。柱起立之前,在柱起立接触的地面部位垫两层橡胶地垫,防止柱起立时发生破损。

用起重机缓缓将柱吊起,待柱的底边升至距地面 30 cm 时略作停顿。再次检查吊挂是否牢固,若有问题必须立即处理。确认无误后,继续提升使之慢慢靠近安装作业面。

在距作业层上方 60 cm 左右处略作停顿,施工人员可以手扶柱,控制柱下落方向。待距预埋钢筋顶部 2 cm 处,柱两侧挂线坠应对准地面上的控制线。柱底部套筒位置与地面预埋钢筋位置对准后,将柱缓缓下放,使之平稳就位。

调节就位。

a.安装时,应由专人负责柱下口定位、对线,调整垂直度。安装第一层柱时,应特别注意质量,使之成为以上各层的基准。

b.柱临时固定。采用可调斜支撑将柱进行固定,柱相邻两个面的支撑通常各 1 道。如果柱较宽,可根据实际情况在宽面上采用两道。长支撑的支撑点距柱底的距离不宜小于柱高的 2/3,且不应小于柱高的 1/2。

c.柱安装的精调应采用斜支撑上的可调螺杆进行调节。垂直方向、水平方向均应校正达到规范规定及设计要求。

(2)预制梁吊装安装监理要点

a.如果梁高度方向尺寸较大,施工方案需要斜支撑辅助,则梁在制作时需安装好斜支撑预埋件。

b.起重机缓缓将梁吊起,待梁的底边升至距地面 30 cm 时略作停顿,检查吊挂是否牢固,若有问题必须立即处理。确认无误后,继续提升使之慢慢靠近安装作业面。

c.待梁靠近作业面上方 30 cm 左右位置时,作业人员用手扶住梁,按照位置线使梁慢慢就位。待位置准确后,将梁平稳放在提前准备好的立撑上。如标高有误差可采用调节立撑至预定标高。

d.梁吊装完毕后,应采用可调节斜支撑将梁与地面进行固定,边梁可在内测单面采用斜支撑固定。

e.支撑固定好后,才可摘钩。

(3)预制剪力墙板安装监理要点

预制剪力墙板包括预制剪力墙外墙板和预制剪力墙内墙板。

①安装准备。

a.施工面清理。

剪力墙板吊装就位之前,应将剪力墙板下面的板面和钢筋表面清理干净,不得有混凝土残渣、油污、灰尘等。

b.粘贴底部密封条。

结合面清理完毕后,无保温的普通剪力墙外墙板,要将合适规格的橡塑海绵胶条粘贴在墙板底部外侧,以方便后续□□水平缝打胶;夹芯保温剪力墙外墙板,板底部的保温层位置缝隙处要粘贴橡塑海绵胶□□□□□□免胶条移位。胶条的宽度不宜大于 15 mm,且最大不超过 20 mm,以保□□□□□□□度,此高度应高出调平垫块 5 mm。

c.设置剪力墙板标□□□□□□

标高控制垫片设置□□□□□□剪力墙板在两端角部下面通常设置 2 点,位置均在距剪力墙板外边缘 20 mm 处。垫片应□□用水平仪测量好标高,标高以本层板面设计结构标高+20 mm 为准。如果过高或过低可通过增减铁垫片数量进行调节,直至达到要求为止。

d.剪力墙板吊装时,必须使用专用吊具吊运。起吊过程中,剪力墙板不得与摆放架发生碰撞。

②吊装。

a.起吊。

起重机须缓慢将剪力墙板吊起,待剪力墙板的底面升至距地面 60 cm 高度时,应略作停

223

顿,检查吊挂是否牢固,若有问题必须立即处理。待确认无问题后,方可继续提升至安装作业面。

b.吊装就位。

剪力墙板在距安装位置上方60 cm高度左右时应略作停顿,施工人员可以手扶剪力墙板,控制剪力墙板下落方向,剪力墙板在此缓慢下降。待距预埋钢筋顶部20 mm处,利用反光镜进行钢筋与套筒的对位。剪力墙板底部套筒位置与地面预埋钢筋位置对准后,将剪力墙板缓慢下放,使之平稳就位。

c.安装调节。

剪力墙板安装时,由专人负责用2 m吊线尺紧靠剪力墙板板面下伸至楼板面进行对线(剪力墙内侧中心线及两侧位置边线)。剪力墙板底部准确就位后,安装临时钢支撑进行固定。

剪力墙板采用可调节斜支撑进行固定,一般情况下每块剪力墙板安装需要双支撑2道;如使用单支撑,则需要配合七字码使用。

剪力墙板安装固定后,通过斜支撑的可调螺杆进行剪力墙板位置和垂直度的精确调整。剪力墙板的里外位置可通过调节短支撑螺杆实现,剪力墙板的垂直度可通过调节长支撑实现。调节过程要用2 m吊线尺进行跟踪检查,直至剪力墙板的位置及垂直度均校正至允许误差2 mm范围之内。剪力墙板安装的位置应以下层外墙面为准。

安装固定剪力墙板的斜支撑,必须在本层现浇混凝土达到设计强度后,方可进行拆除。

(4)预制叠合楼板安装监理要点

一般情况下,剪力墙结构的叠合楼板或预应力叠合楼板的端部或侧边或四周都有伸出钢筋,其具体安装步骤如下:

①安装准备。

安装前应进行支撑搭设,叠合楼板的支撑可采用三脚架配合独立支撑的支撑体系,也可采用传统满堂红脚手架支撑体系。具体应根据设计要求及现场实际情况确定。

②吊装。

a.叠合楼板起吊时,应尽可能减小在应力方向因自重产生的弯矩。

b.叠合楼板起吊时应先进行试吊,吊起距地60 cm停止,检查钢丝绳、吊钩的受力情况,使叠合楼板保持水平状态,然后再吊运至楼层作业面。

c.就位时,叠合楼板应从上垂直向下安装,在作业层上空30 cm处略作停顿,施工人员手扶叠合楼板调整方向,将板边与墙上的安放位置对准,注意避免叠合楼板上的预留钢筋与墙体钢筋碰撞。放下时应停稳慢放,严禁快速猛放,以避免冲击力过大造成板面震裂或折断。

d.使用撬棍调整叠合楼板位置时,应加垫小木块作为保护,不要直接使用撬棍撬动叠合楼板,以避免损坏楼板的边角。楼板的位置应保证偏差不大于5 mm,接缝宽度应满足设计要求。

e.叠合楼板安装就位后,应采用红外线标线仪进行板底标高和接缝高差的检查及校核,如有偏差可通过调节楼板下的可调支撑高度进行调整。

（5）预制外挂墙板安装监理要点

①预制外挂墙板的应用及连接。

a.预制外挂墙板是装配在钢结构或者混凝土结构上的非承重外围护构件。外挂墙板与主体结构的节点通常采用金属连接件连接或螺栓连接。

b.预制外挂墙板与主体结构连接的施工过程中，须重视外挂节点的安装质量，保证其可靠性。对于外墙挂板之间的构造"缝隙"，必须进行填缝处理和打胶密封。

c.在外挂墙板上伸出预埋螺栓，楼板底面预埋螺母，用连接件将墙板与楼板连接。通过连接件的孔眼活动空间大小就可以形成固定节点和滑动节点。

d.在外挂墙板上伸出预埋 L 形钢板，楼板伸出预埋螺栓，通过螺栓形成连接。通过连接件的孔眼活动空间大小就可以形成固定节点和滑动节点。

②吊装前的准备。

a.主体结构预埋件应在主体结构施工时按设计要求埋设。外挂墙板安装前应在施工单位对主体结构和预埋件验收合格的基础上进行复测，对存在的问题应与施工单位和监理设计单位进行协调解决。主体结构及预埋件施工偏差应满足设计要求。

b.外挂墙板安装用连接件及配套材料应进行现场报验，复检合格后方可使用。

c.根据实际需要，外挂墙板的安装可以使用塔式起重机、汽车式起重机和履带式起重机。

d.外挂墙板安装节点连接部件的准备，如需要水平牵引，则应考虑牵引手拉葫芦的吊点设置和工具准备等。

e.如果设计是螺栓连接，则需要准备好螺栓、垫片、扳手等工具和材料；如果是焊接连接则需要准备好焊机、焊条等设备和材料。

f.根据施工流水计划在预制构件上和对应的楼面位置用记号标出吊装顺序号，标注顺序号应与图样上的序号一致，从而方便吊装工作和指挥操作，减少误吊。

g.测量整层楼面的墙体安装位置总长度和埋件水平间距并绘制成图，如总长有误差应将其均摊到每面墙水平位置上，但每面预制墙的水平位移误差须在±3 mm 以内。

h.外挂墙板正式安装前，宜根据施工方案要求进行试安装。经过试安装并验收合格后再进行正式安装。

③外挂墙板安装。

a.吊具挂好后，起吊至距地 600 mm 处，检查外挂墙板外观质量及吊耳连接无误后方可继续起吊。起吊要求缓慢匀速，以保证外挂墙板边缘不被损坏。

b.将外挂墙板缓慢吊起，平稳后再匀速转动吊臂，吊至作业层上方 600 mm 左右时，施工人员应扶住外挂墙板，调整外挂墙板位置，缓缓下降。

c.外挂墙板就位后，应将螺栓安装上，但先不要拧紧。根据之前控制线的位置，调整外挂墙板的水平、垂直及标高，待均调整到误差范围内后再将螺栓紧固到设计要求。并非所有螺栓都需要拧紧，活动支座拧紧后会影响节点的活动性，因此将螺栓拧紧到设计要求的程度即可。

④外挂墙板安装过程的注意事项。

a.外挂墙板安装就位后应对连接节点进行检查验收。隐藏在墙内的连接点必须在施工

225

过程中及时做好隐蔽检查记录。

b.外挂墙板均为独立自承重构件,应保证板缝四周为弹性密封构造。安装时,严禁在板缝中放置硬质垫块,避免外挂墙板通过垫块传力造成节点连接破坏。

c.节点连接处露明钢件均应进行防腐处理,对于焊接处镀锌层破坏部位必须涂刷三道防腐涂料防腐,有防火要求的钢件应采用防火涂料喷涂处理。

(6)预制楼梯安装监理要点

①施工前准备工作。

a.楼梯的上端通常为铰支座或固定支座,楼梯的下端通常为滑动支座。如果设计要求是滑动支座,则用金属垫片等垫平即可;如果不是滑动支座,则可用细石混凝土找平后固定。

b.根据施工图要求,在上下楼梯休息平台板上分别放出楼梯定位线。同时在梯梁面两端放置找平钢垫片或者硬质塑料垫片,垫片的顶端标高应符合图样要求。

c.在固定支座端,铺设细石混凝土找平层(楼梯踏步面尺寸通常为长 1 200 mm、宽200 mm),细石混凝土顶端标高高于垫片顶端标高 5~10 mm,以确保楼梯就位后与找平层结合密实。

另一种方法是楼梯垫平就位后,将楼梯与楼梯梁之间的缝隙外侧用干硬性砂浆封堵后,用自流平细石混凝土灌封。

d.如果有预留插筋,应针对偏位钢筋进行校正。

②预制楼梯安装。

a.作业人员通常配置 2 名信号工,楼梯起吊处 1 名,吊装楼层上 1 名,配备 1 名挂钩人员,楼层上配备 2 名安放及固定楼梯人员。

b.用长短绳索吊装楼梯,保证楼梯的起吊角度与就位后的角度一致。为了角度可调,也可用两个手拉葫芦代替下侧两根钢丝绳。

c.由质量负责人核对楼梯型号、尺寸,进行质量检查。确认无误后,方可进行安装。

d.安装工将楼梯挂好锁住,待挂钩人员撤离至安全区域后,由信号工确认楼梯四周安全情况,指挥缓慢起吊,起吊到距地面 60 cm 左右,确定起重机起吊装置安全后,继续起吊。

e.待楼梯下放至距楼面 60 cm 处,由专业操作工人稳住楼梯,根据水平控制线缓慢下放楼梯。如有预留插筋,应注意将插筋与楼梯的预留孔洞对准,方可将楼梯安装就位。

f.楼梯就位后,安装楼梯与墙体之间的连接件将楼梯固定。当采用螺栓连接固定楼梯时,应根据设计要求控制螺栓的拧紧力。

g.安装踏步防护板及临时护栏。

5)临时支撑系统监理

(1)竖向预制构件临时支撑监理要点

竖向预制构件包括柱、墙板、整体飘窗等。竖向预制构件安装后需进行垂直度调整,并进行临时支撑。柱在底部就位并调整好后,要进行 X 和 Y 两个方向垂直度的调整。墙板就位后也需进行垂直度调整。竖向预制构件通常采用可调斜支撑。

①竖向预制构件临时支撑的一般要求。

a.支撑的上支点宜设置在预制构件高度 2/3 处。

b.应使斜支撑与地面的水平夹角保持在 45°~60°。

c.斜支撑应设计成长度可调节方式。

d.每个预制柱斜支撑不少于两个,且须在相邻两个面上支设。

e.每块预制墙板通常需要两个斜支撑。

f.预制构件上的支撑点,应在预制构件生产时将支撑用的预埋件预埋到预制构件中。

g.固定竖向预制构件斜支撑的地脚,采用预埋方式时,应在叠合层浇筑前预埋,且应与桁架筋连接在一起。

h.加工制作斜支撑的钢管宜采用无缝钢管,以保证有足够的刚度与强度。

②竖向预制构件临时支撑监理要点。

a.固定竖向预制构件斜支撑地脚,采用楼面预埋的方式较好。将预埋件与楼板钢筋网焊接牢固,避免混凝土斜支撑受力将预埋件拔出。如果采用膨胀螺栓固定斜支撑地脚,需要楼面混凝土强度达到 20 MPa 以上,这样会大大影响工期。

b.如果采用楼面预埋地脚埋件来固定斜支撑的一端,应注意预埋位置的准确性,浇筑混凝土时尽量避免预埋件位移,万一发生移动,应及时调整。

c.待竖向预制构件水平及垂直的尺寸调整好后,须将斜支撑调节螺栓用力锁紧,避免因受到外力发生松动,导致调好的尺寸发生改变。

d.在校正预制构件垂直度时,应同时调节两侧斜支撑,避免预制构件扭转,产生位移。

e.吊装前应检查斜支撑的拉伸及可调性,避免在施工作业中进行更换,不得使用脱扣或杆件锈损的斜支撑。

f.在斜支撑两端未连接牢固前,吊装预制构件的索具不能脱钩,以免预制构件倾倒或倾斜。

(2)水平预制构件临时支撑监理要点

水平预制构件支撑包括楼板(叠合楼板、双 T 板、SP 板等)支撑,楼梯、阳台板支撑、梁支撑,空调板、遮阳板、挑檐板支撑等。水平预制构件在施工过程中会承受较大的临时荷载,因此水平预制构件临时支撑的质量和安全性非常重要。

①水平构件支撑搭设的监理要点。

a.搭设支撑体系时,应严格按照设计图的要求进行。如果设计未明确相关要求,施工单位需会同设计单位、预制构件工厂共同做好施工方案,报监理批准后方可实施。监理要重点检查支撑杆直径、间距,特别是层高较高的支撑体系。

b.搭设前需要对工人进行技术和安全交底。

c.工人在搭设支撑体系时需要佩戴安全防护用品,包括安全帽、安全防砸鞋、反光背心等。

d.支撑体系搭设完成,且水平构件吊装就位后,在浇筑混凝土前,项目技术负责人和项目总监理工程师应组织支撑验收,验收合格后,方可进行混凝土浇筑。如果不合格,需要整改并重新组织验收,合格后再浇筑混凝土。

e.搭设人员必须持证上岗。

f.上下爬梯需要搭设稳固,应定期检查,发现问题及时整改。

g.楼层周边临边防护、电梯井、预留洞口封闭设施需要及时搭设。

②楼面板独立支撑搭设的监理要点。

楼面板水平临时支撑除了传统的满堂红脚手架体系外,还有一种独立支撑体系,独立支撑搭设监理要点如下:

a.独立支撑应保证整个体系的稳定性,每个独立支撑下面的三脚架必须牢固可靠。

b.独立支撑的间距应严格控制,不得随意加大支撑间距。

c.应控制好独立支撑距墙体的距离。

d.独立支撑的标高和轴线定位需要控制好,防止叠合楼板搭设出现高低不平。

e.顶部 U 形托内木方不可用变形、腐蚀或不平直的材料,且交接处的木方需要搭接。

f.支撑的立柱套管及旋转螺母不允许使用开裂、变形或锈蚀的材料。

g.浇筑混凝土前,必须检查立柱下脚三脚架开叉角度是否等边,立柱上下是否对顶紧固、不晃动,立柱上端套管是否设置配套插销,独立支撑是否可靠。浇筑混凝土时必须由模板支设班组设专人看模,随时检查支撑是否变形、松动,并组织及时恢复。

h.层高较高的楼面板水平支撑体系应经过严格的计算,针对水平支撑的步距、水平杆数量、适宜采用独立支撑体系还是满堂脚手架体系等相关内容制订详细的施工方案,并按施工方案认真执行。

③预制梁支撑体系搭设监理要点。

a.预制梁的支撑体系通常使用盘扣架,立杆步距不大于 1.5 m,水平杆步距不大于 1.8 m。梁体本身较高的可以使用斜支撑辅助,防止梁倾倒。监理人员应按搭设方案检查验收。

b.预制梁支撑架体的上方可加设 U 形托板,U 形托板上放置木方、铝梁或方管,安装前将木方、铝梁或方管调至水平;也可直接将梁放到到水平杆上,采用此种方式搭设时需要将所有水平杆调至同一设计标高。

④悬挑水平构件临时支撑监理要点。

a.悬挑水平构件支撑系统应编制专项方案,并附受力计算书。

b.距悬挑端及支座处 300~500 mm 距离各设置一道支撑。

c.垂直悬挑方向支撑间距由设计人员根据预制构件重量等确定,常见的间距为 1~1.5 m。

d.板式悬挑构件下支撑数不得少于 4 个。

6)预制构件连接灌浆作业监理

(1)灌浆作业的旁站监督和视频监控

灌浆作业是装配式混凝土建筑工程施工最重要和最核心的环节之一。灌浆作业一定要严格按照相关规范及专项施工方案认真进行。

灌浆作业应随层进行,即在上一层构件吊装前进行,而不能等上一层构件开始安装了还未灌浆。

灌浆作业质量如果出现问题,将对装配式混凝土建筑整体的结构质量产生致命影响。因此,对灌浆作业全过程必须严格管控。施工单位应明确专职质检人员,监理单位应有专职监理人员进行旁站监督,对灌浆全过程进行监督检查,对不符合规定的操作应及时制止并予以纠正。专职质检人员应及时填写钢筋套筒灌浆施工记录(表 11-6),旁站监理人员应及时填写监理旁站记录(表 11-7)。

表11-6　钢筋套筒灌浆施工记录

工程名称:施工单位灌浆　　　　　　　　　　　　　　日期:　　　年　月　日

天气状况:　　　　　　　　　　　　　　　　　　　灌浆环境温度:　　　℃

<table>
<tr><td rowspan="3">浆料搅拌</td><td colspan="10">批次:　　;干粉用量:　　kg;水用量:　　kg(1);搅拌时间:　　;施工员:</td></tr>
<tr><td colspan="10">试块留置:是□否□;组数:　　组(每组3个);规格:40 mm×40 mm×160 mm(长×宽×高);
流动度:　　mm</td></tr>
<tr><td colspan="10">异常现象记录:</td></tr>
<tr><td>楼号</td><td>楼层</td><td>构件名称
及编号</td><td>灌浆
孔号</td><td>开始
时间</td><td>结束
时间</td><td>施工员</td><td>异常现象
记录</td><td>是否
补灌</td><td>有无影像
资料</td></tr>
<tr><td></td><td></td><td></td><td></td><td></td><td></td><td></td><td></td><td></td><td></td></tr>
<tr><td></td><td></td><td></td><td></td><td></td><td></td><td></td><td></td><td></td><td></td></tr>
<tr><td></td><td></td><td></td><td></td><td></td><td></td><td></td><td></td><td></td><td></td></tr>
<tr><td></td><td></td><td></td><td></td><td></td><td></td><td></td><td></td><td></td><td></td></tr>
<tr><td></td><td></td><td></td><td></td><td></td><td></td><td></td><td></td><td></td><td></td></tr>
</table>

专职检验人员:　　　日期:

注:1.灌浆开始前,应对各灌浆孔进行编号。

　　2.灌浆施工时,环境温度超过允许范围应采取措施。

　　3.灌浆搅拌后须在规定时间内灌注完毕。

　　4.灌浆结束应立即清理灌浆设备。

表11-7　灌浆作业监理旁站记录

工程名称:＿＿＿＿＿＿＿＿＿＿＿＿＿＿　　　　　　　编号:＿＿＿＿＿

<table>
<tr><td>旁站的关键部位、
关键工序</td><td></td><td>施工单位</td><td></td></tr>
<tr><td>旁站开始时间</td><td>年　月　日　时　分</td><td>旁站结束时间</td><td>年　月　日　时　分</td></tr>
<tr><td colspan="4">旁站的关键部位、关键工序施工情况:
灌浆施工人员通过考核:是□　否□
专职检验人员到岗:是□　否□
设备配置满足灌浆施工要求:是□　否□
环境温度符合灌浆施工要求:是□　否□
浆料配比搅拌符合要求:是□　否□
出浆口封堵工艺符合要求:是□　否□
出浆口未出浆,采取的补灌工艺符合要求:是□　否□　不涉及□</td></tr>
<tr><td colspan="4">　发现的问题及处理情况:

　　　　　旁站监理人员(签字):

　　　　　　　　　　　　　　　年　月　日</td></tr>
</table>

注:本表一式一份,由项目监理机构留存。

（2）灌浆作业前签发灌浆令暨灌浆准备检查确认表

灌浆施工前,施工单位应会同监理单位对灌浆准备工作、实施条件、安全措施等进行全面联合检查。应重点核查伸出钢筋位置和长度、结合面情况、灌浆腔连通情况、座浆料强度、接缝分仓、分仓材料性能、接缝封堵、封堵材料性能等是否满足设计及规范要求。每个班组每天的施工,须在取得灌浆令后方可进行灌浆作业。灌浆令暨灌浆准备检查确认表(表 11-8)由施工单位负责人和总监理工程师签发。

表 11-8　灌浆令暨灌浆准备检查确认表

工程名称				
灌浆施工单位				
灌浆施工部位				
灌浆施工时间	自　　年　　月　　日　　时起至　　　年　　月　　日　　时止			
灌浆施工人员	姓名	考核编号	姓名	考核编号
工作界面完成检查及情况描述	界面检查	套筒内杂物、垃圾是否清理干净　是□　否□		
		灌浆孔、出浆孔是否完好、整洁　是□　否□		
	连接钢筋	钢筋表面是否整洁、无锈蚀　是□　否□		
		钢筋的位置及长度是否符合要求　是□　否□		
	分仓及封堵	分仓材料:是否按要求分仓　是□　否□		
		封堵材料:封堵是否密实　是□　否□		
	通气检查	是否通畅　是□　否□ 不通畅预制构件编号及套筒编号:		
灌浆准备工作情况描述	设备	设备配置是否满足灌浆施工要求　是□　否□		
	人员	是否通过考核　是□　否□		
	材料	灌浆料品牌检验是否合格　是□　否□		
	环境	温度是否符合灌浆施工要求　是□　否□		
上述条件是否满足灌浆施工条件:同意灌浆　□不同意,整改后重新申请□				
项目负责人			签发时间	
总监理工程师			签发时间	

专职检验人员:　　　　　　　　　日期:

注:本表由专职检验人员填写。

（3）灌浆料搅拌监理要点

①灌浆料水料比应按照灌浆料厂家说明书的要求确定。

②常用的一些灌浆料,譬如北京思达建茂公司生产的灌浆料,水料比一般为 11%～14%。

还应根据季节的不同,通过现场灌浆料流动度试验对水料比例进行适当调整。

③在搅拌桶内加入 100% 的水,加入 70%~80% 的灌浆料。

④利用搅拌器搅拌 1~2 min,建议采用计时器计时。

⑤加入剩余的灌浆料继续搅拌 3~4 min。

⑥搅拌完毕后,灌浆料拌合物在搅拌桶内静置 2~3 min,进行排气。

⑦待灌浆料拌合物内气泡自然排出后,进行流动度测试,一般流动度要求在 300~350 mm。

⑧每班灌浆前均应对流动度进行测试。

⑨流动度合格后,将灌浆料拌合物倒入灌浆机内,准备进行灌浆作业。

(4)灌浆作业监理要点

①竖向套筒灌浆监理要点。

a.将搅拌好的灌浆料拌合物倒入灌浆机料斗内,开启灌浆机。

b.待灌浆料拌合物从灌浆机灌浆管流出,且流出的灌浆料拌合物为"柱状"后,将灌浆管插入需要灌浆的剪力墙或柱的灌浆孔内,并开始灌浆。

c.剪力墙或柱等竖向预制构件各套筒底部接缝联通时,对所有的套筒采取连续灌浆的方式。连续灌浆是用一个灌浆孔进行灌浆,其他灌浆孔、出浆孔都作为出浆孔。

d.待出浆孔出浆后用堵孔塞封堵出浆孔。封堵时需要观察灌浆料拌合物流出的状态,灌浆料拌合物开始流出时,堵孔塞倾斜 45° 角放置在出浆孔下面。待出浆孔流出圆柱状灌浆料拌合物后,用堵孔塞塞紧出浆孔。

e.待所有出浆孔全部流出圆柱状灌浆料拌合物并用堵孔塞塞紧后,持续保持灌浆状态 5~10 s,关闭灌浆机。灌浆机灌浆管继续在灌浆孔保持 20~25 s 后,迅速将灌浆管撤离灌浆孔,同时用堵孔塞迅速封堵灌浆孔,灌浆作业完成。

f.需要对剪力墙或柱等竖向预制构件的连接套筒进行单独灌浆时,预制构件安装前需使用密封材料对灌浆套筒下端口与连接钢筋的缝隙进行密封。

②波纹管灌浆监理要点。

a.将搅拌好的灌浆料拌合物倒入手动灌浆枪内。

b.手动灌浆枪对准波纹管灌浆口位置进行灌浆;也可以通过自制漏斗把灌浆料拌合物倒入波纹管内。

c.待灌浆料拌合物达到波纹管灌浆口位置后停止灌浆,灌浆作业完成。

③水平钢筋套筒灌浆连接监理要点。

a.将所需数量的梁端箍筋套入其中一根梁的钢筋或柱的伸出钢筋上。

b.在待连接的两端钢筋上套入橡胶密封圈。

c.将灌浆套筒的一端套入柱或其中一根梁的待连接钢筋上,直至不能套入为止。

d.移动另一根梁,将连接端的钢筋插入灌浆套筒中,直至不能伸入为止。

e.将两端钢筋上的密封胶圈嵌入套筒端部,确保胶圈外表面与套筒端面齐平。

f.将套入的箍筋按图样要求均匀分布在连接部位外侧并逐个绑扎牢固。

g.将搅拌好的灌浆料拌合物装入手动灌浆枪,开始对每个灌浆套筒逐一进行灌浆。

h.采用压浆法从灌浆套筒一侧灌浆孔注入,当灌浆料拌合物在另一侧出浆孔流出时停止灌浆。用堵孔塞封堵灌浆孔和出浆孔,灌浆结束。

i.灌浆套筒的灌浆孔、出浆孔应朝上,并保证灌满后的灌浆料拌合物高于套筒外表面最高点。

j.灌浆孔、出浆孔也可在灌浆套筒水平轴正上方±45°的锥体范围内,并在灌浆孔、出浆孔上安装有孔口超过灌浆套筒外表面最高位置的连接管或接头。

(5)灌浆作业常见故障与问题处理

①灌浆作业时,突然断电或设备出现故障。

a.灌浆作业时突然断电,应及时启用备用电源或小型发电机继续灌浆。

b.灌浆作业时灌浆设备突然出现故障,应及时利用备用灌浆设备进行灌浆。

c.如果处理断电或更换设备需要较长时间,应剔除构件封缝材料,冲洗干净已灌入的浆料,重新封缝达到强度后再次进行灌浆。

②灌浆失败。

在实际操作中一旦出现灌浆失败,应立即停止灌浆作业,并立即用高压水枪把已灌入套筒和构件结点的灌浆料冲洗干净,具体操作步骤如下:

a.准备一台高压水枪、冲洗用清水、高压水管等;

b.将已经塞进出浆孔的堵孔塞全部拔出,同时将堵缝材料清除干净。

c.打开高压水枪,把水管插入灌浆套筒的出浆孔,冲洗灌浆料拌合物。

d.持续冲洗套筒内部,直到套筒下口流出清水方可停止冲洗。

e.逐个套筒进行冲洗,切勿漏洗。全部清洗干净后,再将构件接缝处冲洗干净。

f.用空压机向冲洗干净的套筒内吹压缩空气,把套筒里面的残留水分吹干。

g.仔细检查套筒内部是否畅通,确认无误后再次进行堵缝,并准备重新灌浆。

思考题

1.简述监理协助组织装配式建筑设计交底的内容。

2.对于装配式建筑,简述监理单位在协助组织设计、制作、施工方协同设计时的工作要点。

3.简述预制构件工厂驻厂监理人员监理工作的关键环节。

4.简述预制构建的隐蔽工程验收内容。

5.简述监理单位对混凝土运送关注的要点。

6.简述预制构件存放方式及要求。

7.简述预制构件见证检验项目包括的内容。

8.简述预制构件出模后重点检查的内容。

9.简述预制构件安装前放线监理的要点。

10.列举混凝土振捣形式,并说说注意事项。

第 **12** 章
公路工程监理实务

知识点	能力要求	相关知识	素质目标
公路工程监理资料	熟悉监理细则和监理计划	监理计划的内容,监理计划的编制和审批	
	了解监理资料的管理	监理月报、监理工作报告、监理记录与日志、监理资料的整理及归档	
公路工程项目目标监理	掌握公里工程的目标监理	公路工程质量监理,公路工程费用监理,公路工程合同监理	
施工安全监理	熟悉安全生产管理必须遵循的基本原则		(1)培养学生专业认知感和专业认同感 (2)培养学生求真务实和开拓的精神 (3)培养创新意识,树立科学发展观
	掌握施工安全监理职责和工程安全监理的工作内容	施工安全监理的职责工程安全监理的工作内容	
	熟悉公路工程中的专项安全施工方案监理	公路工程专项安全施工方案的范围,监理工程师对专项安全施工方案的审查	
施工环境保护监理	了解公路施工对环境的影响因素		
	熟悉公路工程环境监理的内容	公路工程环境保护监理的工作内容,竣工及缺陷责任期的环境保护监理内容	
	熟悉公路工程环境保护监理实施	公路工程环境保护监理工程师的职责,监理措施,监理工作程序	

12.1 公路工程监理资料

1) 监理细则

此部分内容可以参照本书第五章的内容。

2) 监理计划

(1) 公路工程监理计划的编写应符合的基本要求

①公路工程监理计划的内容应具有针对性、指导性。每个公路监理项目各有其特点,监理单位只有根据监理项目的特点和自身的具体情况编制监理计划,才能保证监理计划对将要开展的监理工作具有指导意义和实用价值。

②监理计划应具有科学性。在编制监理计划时,只有重视科学性,才能提高监理计划的质量,从而不断指导、促进监理业务水平的提高。

③监理计划应实事求是。坚持实事求是是监理单位开展监理工作和市场业务经营中的原则。只有实事求是地编制监理计划,并在监理工作中认真落实,才能保证监理计划在监理机构内部管理中的严肃性和约束力,才能保证监理单位在项目监理中和监理市场中的良好信誉。

项目监理计划的编制时间应满足合同规定的期限要求。如合同中未明确规定,一般应在监理合同签订之日起一个月内,且在第一次工地会议和合同工程开工令下达之前。

(2) 监理计划的审批

监理计划在编制完成后需要进行审核并经批准。监理单位的技术主管部门是内部审核单位,其负责人应当签认。同时,还应按合同约定提交业主,经业主批准后执行。

在监理计划的实施过程中,根据实际情况变化需要进行补充、修改和完善时,须经总监理工程师审查批准并报业主备案。

3) 监理资料的管理

(1) 监理资料的理解

监理资料是指在对工程项目实施监理过程中形成的一系列文件和资料。在工程完工后,将其中部分监理文件与资料进行归档就形成工程监理档案资料。根据《公路工程施工监理规范》(JTG G10—2016)规定,监理资料包括监理管理文件、质量监理文件、安全监理文件、环保监理文件、费用与进度监理文件、合同事项管理文件,以及监理日志、巡视记录、旁站记录、监理月报、监理工作报告等其他监理文件和影像资料。

在监理组织机构中必须配备专门的人员负责监理资料的收集、整理、保存等管理工作。监理资料应齐全、真实、准确、完整。监理资料根据其内容和作用的不同,可分为以下12大类。

①监理管理文件。包括监理方案、监理计划、监理细则、监理人员岗位职责、监理单位贯彻质量标准的有关作业文件。

②质量监理文件。包括质量监理要求和往来文件,测量、材料等审查、试验资料,抽检记录,隐蔽工程验收和工程质量检验评定资料,质量问题处理资料等。

③安全监理文件。包括安全管理的规章制度、监理要求和往来文件,检查记录,事故、隐

患及问题处理资料等。

④环保监理文件。包括环保管理的规章制度、监理要求和往来文件,检查记录,事故、隐患及问题处理资料等。

⑤费用与进度监理文件。包括各类工程支付文件、工程变更有关费用审核文件、工程竣工决算审核意见书等。

⑥合同事项管理文件。包括工程分包、履约检查文件,停工令及复工令,工程变更、延期、索赔、违约和争端处理文件,价格调整文件等。

⑦监理日志。监理日志是每日填写、反映项目监理机构履行监理职责的重要工程记录资料。应按照施工监理规范附录 B 规定的统一格式和内容要求进行填写,由总监或其授权人负责审核。

⑧巡视记录。巡视记录是监理工程师对施工现场进行定期或不定期的巡回检查,对检查及处理情况所做的记录资料。巡视记录经驻地监理工程师或总监审核后方可作为正式的记录资料。

⑨旁站记录。旁站记录是监理人员对旁站项目的施工过程进行现场监督活动所记录的检查及处理情况资料。应按照施工监理规范附录 B 规定的统一格式和内容要求进行填写。旁站记录可按施工合同段整理组卷。

⑩监理月报。监理月报的主要内容包括当月工程实施情况;当月监理工作情况;当月工程质量、安全、环保、费用、进度监理和合同事项管理等情况统计;发现施工存在的主要问题及处理情况;下月监理工作重点。

⑪监理工作报告。是指监理单位在工程结束后,向业主和上级主管部门提交的监理工作总结报告。

⑫影像资料。是指监理过程中对关键工艺、工序、检查、数据等拍摄的照片、视频等影像资料。

(2)监理月报的编制和内容

监理工程师应将工程进展情况、存在的问题,每月以工程监理月报的形式向业主及上级监理机构报告。

监理月报由项目总监理工程师组织编写,由总监理工程师签认,报送业主和本监理单位。报送时间由监理单位和业主协商确定,一般在收到承包人项目经理部报送来的工程进度(如汇总了本月已完工程量和本月计划完成工程量的工程量表)、工程款支付申请表等相关资料后,在最短的时间内提交,一般时间为 5~7 天。

监理月报的具体内容包括以下内容:

①工程概况。当月工程概述,当月工程实施情况。

②当月监理工作情况。

③工程质量。工程质量分析,采取的工程质量措施及效果,分部、分项工程验收情况,主要施工试验情况,监理抽查检测试验情况。

④安全监理。施工安全情况的分析,采取的措施及效果。

⑤环保监理。施工环境保护情况的分析,采取的措施及效果。

⑥工程计量与工程款支付。工程量审核情况,工程款审批及支付情况。

⑦工程进度。实际完成情况与计划进度比较,对进度完成情况及采取措施效果的分析。

⑧合同事项管理。工程分包、履约检查情况,工程暂停与复工、变更、延期、索赔、违约和争端的处理情况,价格调整情况。

⑨发现施工存在的主要问题及处理情况。

⑩下月监理工作的重点。

(3)监理工作报告

监理工作报告是监理单位在工程结束后,向业主和上级主管部门提交的监理工作总结报告。监理工作报告的内容如下:

①工程概况。

②监理工作概况。包括组织机构、人员、设备和设施情况等。

③监理工作成效。包括质量、安全、环保、费用和进度监理及合同事项管理等措施,施工过程中检查情况,工程质量评定情况及问题和事故处理情况等。

④交工验收时存在的问题及处理情况。

⑤监理工作体会、说明和建议。

(4)监理记录与日志

①巡视记录。

《公路工程施工监理规范》(JTG G10—2016)附录 B.1 规定的"巡视记录"表格内容见表12-1。

表 12-1 　　　　　　　　　工程项目巡视记录

施工单位		合同段		
巡视人		巡视时间	年　月	日
巡视范围				
主要施工情况				
质量安全环保等情况				
发现的问题及处理意见				

编号＿＿＿＿＿＿＿＿＿

填写要求:监理人员每天对每道工序的巡视应不少于1次。监理人员每天巡视后,应将巡视的主要内容、现场施工概况、发现的问题及处理情况等如实记录在巡视记录上。当天问题未及时处理的,应在处理完成之日及时补上。

②旁站记录。

旁站就是监理人员对旁站项目(见《公路工程施工监理规范》(JTG G10—2016)附录 A)的施工过程进行的现场监督活动。

监理机构在编制监理计划时应根据《公路工程施工监理规范》(JTG G10—2016)附录 A的规定确定本工程监理旁站的项目,制订旁站计划并认真实施。旁站最重要的成果就是"旁站记录"。因此,旁站监理人员应按监理规范规定的格式如实、准确、详细地做好旁站记录。

《公路工程施工监理规范》(JTG G10—2016)附录 B.2 规定的"旁站记录"表式见表12-2。

表 12-2　_____工程项目旁站记录

施工单位		合同段			
旁站人		巡视时间	年	月	日
旁站项目					
施工过程简述					
旁站工作情况					
主要数据记录					
发现的问题及处理结果					

编号_____

③监理日志。

监理日记由专业监理工程师和监理员书写。监理日记是反映工程施工过程中的施工、监理工作情况的实录。一个同样的施工行为,施工和监理两本日记记载有不同的结论,事后在发现工程问题时,日记就起了重要的作用。因此,如实、及时、准确、详细地做好监理日记,对发现问题,解决问题,甚至仲裁、起诉都有作用。

监理日记有不同角度的记录,项目总监理工程师可以指定一名监理工程师对项目每天总的情况进行记录,通称为项目监理日志;专业工程监理工程师可以从专业的角度进行记录;监理员可以从负责的单位工程、分部工程、分项工程的具体部位施工情况进行记录。

项目监理日志的主要内容:

a.当日主要施工情况。材料、构配件、设备、人员变化的情况;施工的相关部位、工序的质量、进度情况,材料使用情况,抽检、复检情况;施工程序执行情况,人员、设备安排情况;进度执行情况,索赔情况,安全文明施工情况;天气、温度的情况,天气、温度对某些工序质量的影响和采取措施与否。

b.当日监理主要工作。在质量、安全、环保、进度、费用和合同事项管理的工作情况。

c.当日监理工程师发现的问题及处理情况,监理人员对承包人提出问题的答复等。

《公路工程施工监理规范》(JTG G10—2016)附录 B.4 规定的"监理日志"表式见表 12-3。

表 12-3　_____工程项目监理日志

监理机构					
记录人		日期	年	月	日
审核人		天气情况			
主要施工情况					
监理主要工作					
问题及处理情况					

编号_____

专业监理工程师的个人工作日记,一般应记录每天工程施工的详情和工地上发生的所有重要事项,特别是影响工程进度和可能导致承包人提出延期与索赔的事件,包括已经做出的重大决定、向承包人发出的书面或口头指令、合同纠纷及可能解决的办法、与监理工程师的口头协议、对下属人员的指示、向承包人签发的任何补充图纸和审批承包人的任何设计图纸等。

监理员监理日记的主要内容视具体情况和具体工作而不同,基本内容如下:

a.所有分项工程开始、完成及检验结果,以及承包人每日投入的人力、材料和机械的详细情况,工程施工质量和完成的数量。

b.工程延误及其原因,以及所有给承包人的口头和书面的指令。

c.工地上发生各类事故的详细情况。

d.为修正进度计划查阅的档案记录,包括档案记录的号码、指令的变更、批准和许可,发出最后同意的计量细目的数量及日期等。

e.机械的运送或转移,计划中关键的机械、设备和材料的到达及使用情况。

f.现场主要人员的缺席情况,每日工作开始和结束的时间。

g.必要的照片、电话记录、气候及其他工程有关的资料。

(5)监理资料的整理及归档

①监理资料管理要求。

a.监理机构应建立健全监理资料管理制度,宜采用信息化手段进行资料管理。

b.监理资料应齐全、真实、准确、完整。

c.监理工程师应建立材料、试验、测量、计量支付、工程变更、安全、环保等台账。

d.除人员签字部分和现场抽检记录外,监理资料可打印。现场原始记录应留存备查。

②监理资料归档要求。

a.监理资料应随监理过程及时归集,系统化排列,按规定组卷、编列案卷目录。

b.监理档案应妥善存放和保管,按时移交建设单位。

c.监理单位对未列入监理资料归档的其他监理文件也应分类整理,与工程直接相关的在竣工验收前提交建设单位。

d.监理文件归档与保存应符合国家及省、部主管部门的有关规定。

按照《建设工程文件归档整理规范》的规定,归档文件分为长期保存和短期保存。

因各地建设主管部门、档案管理部门及交通主管部门对归档文件内容要求不尽相同,故文件与资料归档与保存仍应按当地主管部门的有关规定办理。

监理文件资料的归档保存应严格按照保存原件为主、复印件为辅和按照一定顺序归档的原则。如在监理实践中出现作废和遗失等情况,应明确地记录作废和遗失原因、处理的过程。如采用计算机对监理信息进行辅助管理的,当相关的文件和记录经相关责任人员签字确定、正式生效并已存入项目部相关资料夹中时,计算机管理人员应将储存在计算机中的相关文件和记录改变其文件属性为"只读",并将保存的目录记录在书面文件上以便于进行查阅。

12.2 公路工程项目目标监理

1）公路工程质量监理

（1）公路工程施工阶段质量监理的主要内容

在施工阶段，质量监理的主要工作分为五个方面，如图 12-1 所示。

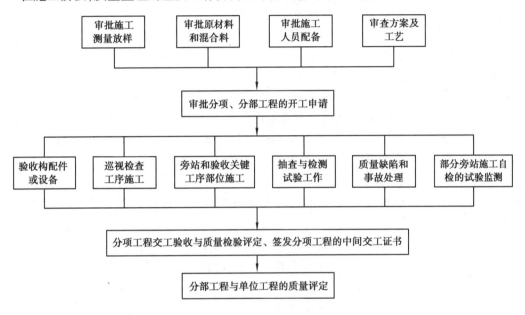

图 12-1 公路工程施工阶段质量监理的主要内容

①审查分部工程及主要分项工程开工申请。

监理机构应对施工单位提交的分部工程及主要分项工程开工申请进行审查，并在规定期限内批复。审查应包括下列基本内容：

a.审查施工测量放线。监理工程师应审查施工单位提交的施工测量放线数据和成果，对从基准点引出的工程控制桩的重点桩位应复测不少于 30%，经复测不符合规定的应要求其重新测设。

b.审查工程原材料与混合料试验资料。监理机构应审查施工单位报审的原材料和混合料试验资料，对主要原材料独立取样进行平行试验，对主要混合料配合比和路基填料的击实试验结果进行验证，审验合格，经批复后方可在工程上使用。

c.审查施工机构人员配备。监理工程师应审查该分项工程的技术、质量和安全管理人员及主要操作人员等的配备是否满足施工合同要求和施工需要。

d.审查施工方案及主要施工工艺。监理工程师应审查施工单位提交的分项、分部工程的施工方案及主要施工工艺控制要点等是否符合有关技术标准。

②对分项工程施工过程实施质量监理。

施工阶段的质量监理主要是以分项工程的施工全过程为单位进行的，其工作内容主要包括以下方面：

a.验收工程构配件或设备。对施工单位外部采购和委托制作的主要工程构配件或设备,监理工程师应核查产品合格证明文件和施工单位自检报告,进场后对关键项目进行抽检,验收合格后方可使用。对在施工现场不具备检测条件的,监理工程师应按合同约定到厂监督检验。

b.巡视。巡视是指监理工程师对施工现场进行的定期或不定期的巡回检查活动。监理工程师应采取以巡视为主的方式进行施工现场监理,按计划定期或不定期巡视施工现场,对施工的主要工程每天不少于1次,并填写巡视记录(格式见《公路工程施工监理规范》附录 B.1)。当天问题未及时处理的,应在处理完成之日及时补记。

c.旁站和检测见证。旁站是指监理人员对旁站项目的施工过程进行的现场监督活动。检测见证是指监理人员对施工单位关键项目检测过程进行的现场监督活动。监理机构应依据《公路工程施工监理规范》及工程项目的特点,确定本合同工程旁站的项目(见《公路工程施工监理规范》附录 A),制订旁站计划并认真实施,对主要工程的关键项目进行检测见证。对发现的问题应责令立即改正,当可能危及工程质量、安全或环境时,应予以制止并及时向驻地监理工程师或总监理工程师报告。旁站监理人员应按规定的格式如实、准确、详细地填写旁站记录(格式见《公路工程施工监理规范》附录 B.2),签认检测见证结果。

d.抽检。抽检是指监理机构按规定的项目和频率对工程材料或实体质量进行的平行或随机检验活动。监理机构应在施工单位自检合格的基础上按规定进行抽检,并填写抽检记录。

e.隐蔽工程验收。监理工程师应对施工单位报验的隐蔽工程进行检查验收、留存影像资料。合格后监理工程师予以签认。未经验收或验收不合格的不得进行下一道工序施工。

f.质量违规的处理。监理机构在监理过程中发现施工不符合法律法规、技术标准及施工合同约定的,应要求施工单位改正,并应符合规定。

③分项工程交工验收与质量评定,并签发中间交工证书。

驻地办在收到分项工程交工或中间交工验收申请后,应对施工单位的检验评定资料进行检查,组织施工单位在监理抽检、检测见证和隐蔽工程验收基础上进行质量评定,对评定合格的签发"分项工程(中间)交工证书"。同一个分项工程中间验收不宜超过2次。

④分部工程、单位工程的质量评定

驻地办应及时对已完成分部工程进行质量检验评定,总监办应及时组织对单位工程和合同段进行质量评定。

(2)公路工程施工质量监理程序

①监理程序。

监理程序是用来指导、约束监理工程师工作,协调业主、监理单位和承包人工作关系的规范性文件。

公路工程施工质量监理与一般的工程质量验收不一样,是对施工全过程的监理。施工过程中,要认真做好事前检查审批、事中抽查监督、事后验收评定等工作,严格工作程序和工作制度的管理。要求监理工程师从承包人提出开工申请到中间交工证书的签发,直至工程项目竣工验收,都必须严格执行监理程序。

②施工质量监理的基本程序。

工程开工前,总监理工程师应在监理交底会或第一次工地会议上向承包人明确本工程质量监理程序,以供所有监理人员、承包人的自检人员和施工人员共同遵循,使质量监理工作程序化。在施工过程中,质量监理一般应按以下程序进行:

a.审批《开工申请单》。在分项(或分部)工程开工之前,监理工程师应要求承包人提交《工程开工申请单》并进行审批。收到开工申请后,监理工程师应在合同规定的时间内,检查承包人的施工准备工作情况,审查其是否具备开工条件。如果确认满足合同要求和具备施工条件,则批复开工申请并签发开工令。承包人在接到监理工程师签发的开工令后即可开工。

b.填报《工序质量检验通知单》。在每道工序完工之后,监理工程师应要求承包人的自检人员按照监理工程师批准的工艺流程和提出的工序检查程序,首先进行自检。自检合格后,填写《工序质量检验通知单》并附上工序自检资料,报请监理工程师进行检查认可。

c.签发《工序质量验收单》。监理工程师在收到承包人提交的《工序质量检验通知单》并检查该工序的质量自检资料后,对已完工的每道工序进行检查,并按规定的抽检频率进行抽检,检验合格后,签发质量验收单。质量验收单签发后,承包人即可进行下道工序的施工。对不合格的工序,监理工程师应指示承包人进行缺陷修补或返工。前道工序未经检查认可,不得进行后道工序。

d.填报《中间交工报告》。当分项(或分部)工程的全部工序完工后,承包人的自检人员应再进行一次系统的自检,归总各道工序的检查记录及测量和抽样试验的结果,填写中间交工报告,提出中间交工申请,报请监理工程师进行中间交工验收。自检资料不全的交工报告,监理工程师应拒绝验收。

e.签发《中间交工证书》。监理工程师在收到承包人提交的中间交工申请并检查该工程中每道工序的质量验收单后,应对该工程进行一次系统的检查验收。检查合格并按合同规定进行质量等级评定后,监理工程师签发《中间交工证书》。未经中间交工检验或检验不合格的工程,不得进行下一分项(或分部)工程的施工。

施工过程中工程质量监理的程序流程如图 12-2 所示。

(3)公路工程施工质量监理的主要方法

①审核技术文件。

审核承包人的各种技术文件是项目监理机构对工程质量进行全面监督、检查与控制的重要手段。审核的主要内容有审批承包人的开工申请书,检查其施工准备工作质量;审批承包人的施工方案、施工组织设计,确保工程施工质量有可靠的技术措施保障;审批承包人提交的有关材料、半成品和成品构件的质量证明文件,确保工程质量有可靠的物质基础;审核承包人提交的有关工序检验记录及试验报告、工序交接检查、隐蔽工程检查、分部分项工程质量检查报告等文件资料,以确保和控制施工过程的质量;审批有关工程变更修改图纸等,以确保设计及施工图纸的质量;审批有关工程质量事故(问题)的处理报告,以确保质量事故(问题)的处理质量;审核并签认现场质量检验资料,对现场工程质量进行确认。

②现场巡视。

巡视是指监理人员在工程施工过程中对施工现场进行的经常性巡回检查活动。监理人员应重点巡视正在施工的分项、分部工程是否已批准开工;质量检测人员是否按规定到岗;现场使用的原材料或混合料、外购产品、施工机械及采用的施工方法与工艺是否与批准的一致;质量措施是否实施到位;试验检测仪器、设备是否按规定进行了标定;是否按规定进行了施工自检和工序交接等。通过巡视,监理人员可了解施工现场情况,发现质量隐患及影响质量的不利因素,及时采取措施加以排除。监理人员每天对每道工序的巡视应不少于 1 次,并按规定格式详细做好巡视记录。

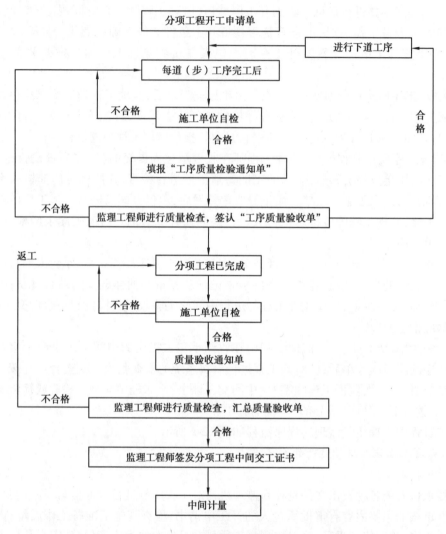

图 12-2 质量监理程序流程

③旁站监理。

旁站是指监理人员对旁站项目(见《公路工程施工监理规范》附录 A)的施工过程进行的现场监督活动。这是监理人员的一种主要的现场质量监理方法。对承包人施工的隐蔽工程、重要工程部位、重要工序及工艺过程,应由监理工程师或其助理人员实行全过程的旁站监督,对发现的问题应及时责令承包人立即改正,以便使施工过程始终处于受控状态,及时清除影响工程质量的不利因素。

④测量控制。

测量控制就是利用测量工具,对施工控制网和规定的检测点进行测量,测得实际数据后与规定的质量标准或规范的要求相对照,以确定施工质量是否符合要求。测量是监理人员对承包人的施工控制网、放线、公路及结构物几何尺寸控制和检查的重要手段。监理工程师应审查施工单位提交的施工测量放线数据和成果,对从基准点引出的工程控制桩的重点桩位复测应不少于 30%,经复测不符合规定的应要求其重新测设。

施工过程中要及时测量、检查几何尺寸和位置是否符合设计和规范要求。验收时,要对验收部位各项几何尺寸进行测量,不符合要求的要进行整修或返工。

⑤试验与抽检。

试验是监理工程师确认各种材料和工程部位质量的主要依据。工程监理以数据为准,用数据说话。监理机构应在施工单位自检合格的基础上按规定进行抽检,并填写抽检记录。

⑥指令文件。

指令文件是指监理工程师对承包人发出指示和要求的书面文件,用以向承包人提出或指出施工中存在的问题,或要求和指示承包人应做什么、如何做等。例如,施工准备完成后,经监理工程师确认并下达开工令后,承包人才能施工。施工中出现异常情况,经监理指出后,承包人仍未采取措施加以改正时,监理工程师为了保证质量,可以下达暂停施工的指令,要求承包人停止施工,直到问题得到解决为止等。施工过程中,监理工程师发出的各种指令都要有文字记载,并作为主要技术资料存档,使各项事情的处理有根有据。这是按照 FIDIC 条款进行监理的一个特点,也是监理人员对工程施工过程实施质量监理不可缺少的手段。通过发出指令文件,指出施工中存在的各种问题,提请承包人注意,以达到控制质量的目的。

⑦工序控制。

工程项目的施工过程,就是完成一道道工序的过程,施工过程的质量监理主要就是工序的质量控制。而工序的质量控制又表现为施工现场的质量控制,这也是施工阶段质量监理的重点。因此,工序控制是监理工程师对施工质量进行有效监理的重要手段之一,必须按质量监理程序和“四不准”原则进行严格控制,以确保工程质量达到合同要求。

⑧计量与支付。

所谓计量与支付是指在向承包人支付各项工程款时,必须由监理工程师对工程进行计量并签发支付证书后,业主才能向承包人支付工程款,否则不能支付。这是监理合同赋予监理工程师的一项权力,监理工程师可以利用这一权力进行质量监理。只有在施工质量达到规定的标准和要求时,监理工程师才进行计量并签发支付证书,否则可拒绝计量并拒签支付证书。监理工程师有了这个权力,就能运用经济的手段对工程质量进行监理。

(4)工程质量事故

①所谓工程质量事故,是指由于勘测、设计、施工、监理、试验检测等责任过失而使工程在一定时限内遭受损毁或产生不可弥补的本质缺陷,因构造物倒塌造成人身伤亡或财产损失以及需加固、补强、返工处理的事故。具体时限规定如下:

a.道路工程:现场监理工程师签认至工程项目通车后两年内。

b.结构工程:施工过程中和设计使用年限内。

②公路工程质量事故的分类及其分级标准。

A.质量问题:质量较差,造成直接经济损失(包括修复费用)在 20 万元以下。质量问题有时也称为质量缺陷。

B.一般质量事故:质量低劣或达不到合格标准,需加固补强,直接经济损失(包括修复费用)在 20 万~300 万元的事故。通常细分为三个等级。

a.一级一般质量事故:直接经济损失在 150 万~300 万元。

b.二级一般质量事故:直接经济损失在50万~150万元。

c.三级一般质量事故:直接经济损失在20万~50万元。

C.重大质量事故:由于责任过失造成工程倒塌、报废和造成人身伤亡或者重大经济损失的事故。重大质量事故细分为三个等级。

a.具备下列条件之一者为一级重大质量事故:死亡30人以上;直接经济损失在1 000万元以上;特大型桥梁主体结构垮塌。

b.具备下列条件之一者为二级重大质量事故:死亡10人以上,29人以下;直接经济损失在500万元以上,不满1 000万元;大型桥梁主体结构垮塌。

c.具备下列条件之一者为三级重大质量事故:死亡1人以上,9人以下;直接经济损失在300万元以上,不满500万元;中小型桥梁主体结构垮塌。

③质量事故处理的原则。

A.质量事故的调查处理实行统一领导、分级负责的原则。国务院交通主管部门归口管理全国公路工程质量事故,省级交通主管部门归口管理本辖区内的公路工程质量事故。

重大质量事故由国务院交通主管部门会同省级交通主管部门负责调查处理;一般质量事故由省级交通主管部门负责调查处理;质量问题原则上由业主或企业负责调查处理。

B.质量事故发生后,应坚持"四不放过"的原则。即事故原因调查不清不放过;事故责任者没有受到教育不放过;没有防范措施不放过;相关责任人没受到处理不放过。

C.质量事故实行报告制度。质量事故发生后,事故发生单位必须以最快的方式,将事故的简要情况同时向业主、监理单位、质量监督站报告。在质量监督站初步确定质量事故的类别性质后,再按要求进行报告。

a.质量问题:质量问题发生单位应在2天内书面上报业主、监理单位、质量监督站。

b.一般质量事故:事故发生单位应在3天内书面上报质量监督站,同时报企业上级主管部门、业主和省级质量监督站。

c.重大质量事故:事故发生单位必须在2 h内速报省级交通主管部门和国务院交通主管部门,同时报告省级质量监督站和部级质量监督站,并在12 h内报出《公路工程重大质量事故快报》。

质量事故书面报告一般应包括以下内容:工程项目名称,事故发生的时间、地点及建设、设计、施工、监理等单位名称;事故发生的简要经过、造成工程损失状况、伤亡人数和直接经济损失的初步估计;事故发生原因的初步判断;事故发生后采取的措施及事故控制情况;事故报告单位。

④质量缺陷的现场处理方式。

发现工程项目存在着可由项目监理机构处理的质量缺陷时,现场监理人员应根据质量缺陷的性质和严重程度,按如下方式处理。

a.当因施工而引起的质量缺陷处于萌芽状态时,应及时制止,并要求承包人立即更换不合格的材料、设备;或撤换不称职的施工人员;或改变不正确的施工方法及操作工艺。

b.当发生因施工而引起的质量缺陷时,监理工程师应立即向承包人发出暂停施工的指令,并要求其立即书面报告质量缺陷的发生时间、部位、原因及已采取的措施和进一步处理方案。监理工程师应对处理方案进行审核后报业主批准,承包人实施处理方案并采取了能足以保证施工质量的有效防范措施后,监理工程师应对处理方案的实施进行监理并予以验收,验收合格后发出复工指令。

c.当质量缺陷发生在某道工序或分项工程完工以后,而且质量缺陷的存在将影响下道工序或分项工程质量时,监理工程师应向施工单位发出工程暂时停工指令,并要求承包人写出质量问题调查报告,由设计单位提出处理方案,并征得业主同意,批复承包人处理。处理结果需重新验收,验收合格后发出复工指令。

d.在交工使用后的缺陷责任期内发现施工质量缺陷时,监理工程师应及时签发监理工程师通知,指令承包人进行修补、加固或返工处理。

质量缺陷的修补与加固,一般应先由承包人提出修补方案,经监理工程师批准后方可进行。对设计原因而产生的质量缺陷,应通过业主由设计单位提出处理方案,由承包人进行修补。修补措施及方法要保证质量控制指标和验收标准,并应是技术规范允许的或是行业公认的良好工程技术。

⑤施工过程中,当发生不属于项目监理机构处理的一般质量事故或重大质量事故时,监理可按以下程序处理。

a.总监理工程师应立即签发工程暂时停工指令,并要求承包人停止质量事故部位和与其有关联部位及下道工序的施工,并要求采取必要的措施,保护事故现场,抢救人员和财产,防止事故扩大,做好相应记录。

b.监理工程师要求承包人尽快提出质量事故的报告并按规定速报相应的主管部门。

c.监理工程师应积极配合质量事故调查组进行质量事故调查,客观地提供相应证据。

d.监理工程师接到质量事故调查组提出的质量事故技术处理意见后,审核签认有关单位提出的质量事故技术处理方案。

e.监理工程师指示承包人按照批准的工程质量事故处理方案对事故进行处理。

f.监理工程师对承包人实施质量事故处理方案或对加固、返工、重建的工程进行监理,并进行检查验收。经检验合格后,总监理工程师签发工程复工令,恢复正常施工。

2)公路工程费用监理

公路工程费用监理是我国实行全面监理制度的重要组成部分。工程费用监理的目的就是在监理计划的指导下,通过对工程费用目标的动态控制,使目标能够最优地实现。由于公路工程项目的各种复杂因素,通常采用单价合同形式的费用支付方式。由于业主对承包人的付款是以监理工程师批准的付款证书为凭据的,监理工程师对计量支付有充分的批准权和否决权,这样项目监理机构通过计量支付手段控制工程按合同进行。公路工程施工过程中费用监理的关键环节是工程计量与支付。

监理工程师作为工程费用监理的控制主体,处于工程计量与支付环节的关键地位。监理工程师除加强对合同中工程量清单所列工程费用的计量与支付的管理外,还应对合同中所规定的其他费用(如附加工程、工程变更调价、索赔等)加强监督与管理,尽量减少工程施工过程中各种附加性费用的支付。

(1)公路工程施工过程中的费用监理要点

①全面熟悉合同文件,特别是熟悉有关监理工程师在计量与支付方面的职责权限条款,这是做好计量支付工作的前提。工程量清单、技术规范、招标文件及附件等均从不同角度对工程计量支付作了规定,忽视任何一点都可能造成支付工作的失误。

②根据合同条款,制订工程计量与支付程序,使工程费用监理科学化、规范化。

③在工程施工过程中,监理工程师必须对所有已完成的工程细目进行计量和记录,以便检查承包人每月提交的月度结账单。监理工程师还必须对涉及付款的工程事项在施工中发生的一切问题进行详细记录,这对解决支付纠纷至关重要。

④工程计量是支付的基础。施工过程中由于地质情况变化或工程变更等可能会使实际工程量与原来的工程量出入较大。因此,施工现场的工程计量就很有必要。监理工程师收到施工单位计量申请后应及时计量,对路基基底处理、结构物基础的基底处理及其他复杂、有争议需要现场确认的项目,应会同建设、设计、施工等单位现场计量。所有计量均需承包人、监理工程单位双方签字,若有争议由监理工程师最后决定。

⑤工程费用的支付是对工程实施控制的核心手段,也是对工程费用实施控制的最后一个环节。通过计量与支付的有效控制来保证工程施工合同的全面履行。监理工程师必须严格按费用支付程序实施各种费用的支付管理。

⑥监理工程师必须熟悉工程的所有支付项目,如开工预付款、材料预付款、工程变更的估价、计日工、暂定金额的支付、各种原因引起的价格调整、保留金的支付、缺陷责任期费用的支付以及缺陷责任期终止后的最后支付等。监理工程师对计量与支付项目、数量的审核应做到不漏、不重、不超。

⑦监理工程师应建立计量与支付台账,根据施工单位申请和有关规定及时登账记录,实行动态管理。当有较大差异时应报建设单位。

(2)公路工程费用监理中的工程计量

①监理中的工程计量应符合的原则。

a.必须按合同文件所规定的方法、范围、内容、计量单位进行。

b.必须按监理工程师同意的计量方法计量。

c.不符合合同文件要求的工程不得计量。

②计量的依据及范围。

工程计量的主要依据有工程量清单及说明、合同图纸、工程变更令及修订的工程量清单、合同条件、技术规范、有关计量的补充协议、《索赔时间/金额审批表》等。

工程计量的范围包括工程量清单及修订的工程量清单中的项目,合同文件规定的各项费用支付项目(如费用索赔、各种预付款及其扣回、保留金、违约罚金、材料设备的价格调整等)。

③工程计量的方法。

a.实地量测计量。此方法是采用符合规定的测量仪器,对已完工程按合同有关规定进行实地量测并计算的一种工程计量方法,如土石方工程、场地清理工程等。当监理工程师欲对工程的任何部位进行量测计量时,应先通知承包人,承包人必须立即派人协助监理工程师进行计量。量测工作按合同中有关规定进行,量测计算后双方签字确认。

如果承包人收到监理工程师发出的计量通知后,不参加实地量测计量工作,监理工程师自己量测或经监理工程师批准的量测结果,即为正确的计量,可作为支付的依据。

b.按图纸计量。此种方法是根据工程图纸和已完工程的记录进行工程计量的一种计量方法。如对钢筋、工程结构物等,通常可采用此法计算工程量。

c.根据有关记录、凭证计量。此种方法是根据现场记录、承包人提供的票据凭证进行工程计量的一种计量方法。如计日工及《公路工程标准施工招标文件》(2018版)中第100章的大部分内容。

当采用图纸和记录计算法计量时,监理工程师应准备图纸和记录,并通知承包人,承包人应在通知发出后规定时间内派人参加图纸和记录的确认。若承包人在确认后 14 天内未提出异议,或承包人不参加图纸和记录的确认,则监理工程师按图纸和记录计算的工程量应被认为准确无误。若承包人在 14 天内对图纸和记录提出异议,监理工程师应复查这些图纸和记录,或予以确认或予以修改。无论采用何种方法,其结果必须经监理工程师和承包人双方同意,签字确认,方可进入费用支付环节。

在实际工程计量中,根据具体情况可将计量方法细分为断面法、图纸法、钻孔取样法、分项计量法、均摊法、凭证法、估价法。

④工程计量的方式。

a.监理工程师与承包人共同计量。工程达到规定的计量单位时,监理工程师应审查承包人提供计量所需的资料,并与其共同计量。

b.承包人计量,监理工程师确认。监理工程师必须对计量结果做出准确的记录,并将记录的副本抄送给承包人。

c.监理工程师独立计量。通常,一个工程项目的计量往往是以上三种方式综合运用。不论采用何种方式,其结果都须经监理工程师复核确认。对数量有异议的,监理工程师可要求承包人按合同条款的约定进行共同复核和计量。承包人应协助监理工程师进行复核,并按监理工程师要求提供补充计量资料。承包人未按监理工程师要求参加复核,监理工程师复核或修正的工程量视为承包人实际完成的工程量。

⑤工程计量的一般程序。

a.承包人提供计量原始报表和计量申请或监理工程师向承包人发出计量通知,监理工程师必须检查承包人为计量准备的有关资料,发现问题或资料不齐全,应退还承包人,暂不进行计量,或计量后暂不予支付。

b.监理人员与承包人共同进入现场测定计量。为了保证计量的准确性,监理人员必须对所计量的工程进行复核修正,共同签字确认。若承包人对修正不同意,可在合同规定的时间内向监理工程师提出书面申述,经双方协商后再签字确认。

c.承包人填写《中间计量单》报驻地监理工程师办公室。若驻地监理工程师办公室有质疑,可到实地复查。

d.根据《中间交工证书》、监理工程师与承包人共同签认的计量表、监理工程师签认的计日工、价格变更、索赔等填写《中期支付证书》,报上一级监理机构审批。计量工作主要由驻地监理工程师承担,总监理工程师最后审定。

工程计量的主要文件有《中间计量表》《工程分项开工申请批复单》《检验申请批复单》及有关的自检资料、《工程质量检验表》及有关的质量评定意见、《工程变更令》《中间交工证书》等。

⑥工程计量的条件。

a.计量的项目应符合合同要求,即只能对满足合同规定的项目进行计量。

b.质量合格。即欲计量的已完分项、分部工程质量已通过自检和监理工程师检验,确认工程质量合格,并签发了中间交工证书。

c.手续齐全。即欲计量的工程的批准的开工申请单,承包人的自检资料,监理的检查验收资料,中间交工证书齐全。

d.符合安全和环保要求。即欲计量的工程无安全和环保问题,或所存在安全与环保问题已按有关规定处理完成且经验收符合要求。

(3)公路工程费用监理中的支付

①工程费用支付的基本原则。

a.支付必须以工程计量为基础。对于单价合同,没有准确的计量就不可能有准确的支付。质量合格是工程计量的前提,而计量则是支付的基础。所以工程费用支付必须在质量合格和准确计量的基础上进行。

b.支付必须以合同为依据。合同文件中,技术规范、工程量清单以及合同条款是办理支付的重要合同依据。

c.支付必须严格按规定的程序进行。由于费用支付工作非常重要,且又需要大量的资料和表格,工作十分繁杂,因此一方面必须加强对支付的管理,另一方面支付必须严格遵循规定的程序。

d.支付必须及时、准确。及时支付工程费用是合同的基本要求,在《公路工程标准施工招标文件》(2018年版)合同条款中明确规定了各种款项相应的支付期限。另外,根据合同的精神及《公路工程施工监理规范》,支付必须做到准确无误,以确保业主、承包人任何一方的合法权益不受到丝毫损害。

e.支付必须经监理工程师核查。工程费用支付的目标是组织和协调好业主与承包人之间的收支行为,使双方发生的每一笔工程费用都符合合同的规定,并做到公平合理。为了确保费用支付公正、准确,最大限度地避免或减少合同双方的纠纷,维护双方的合法利益,支付必须经监理工程师核查。

f.支付必须以日常记录为依据。一方面,计量是支付的基础,准确的费用支付是建立在准确的工程计量基础之上的。许多项目的计量是以实际测量数据、现场记录为依据进行的。另一方面,根据支付记录可以了解每一支付项目支付的情况,确保实际费用支付不重、不漏,从而实现准确支付。

g.支付不解除承包人应尽的合同义务和责任。费用支付是合同双方等价交换、公平交易的具体体现。通过费用支付对承包人所完成工程价值进行确认和回报,但并不意味承包人对所完成的工程不再承担合同义务和责任。就是说,即便对某一项目支付了费用,但如果该项目由施工原因其质量不符合合同要求,承包人仍然要承担修复、修补、加固等责任。

②工程费用支付的基本程序。

首先,由承包人提交各类报表和有关的结账单,即由承包人提出支付申请。其次,监理工程师审查并确认支付报表和结账单,根据合同规定,监理工程师有权对支付报表和结账单中的错误和不实之处进行修改指正,然后向业主签发支付证书。最后,业主审批监理工程师签发的支付证书,按合同规定时间向承包人支付款项。

3)公路工程合同监理

(1)公路工程中的变更管理

①公路工程变更的内容。

a.增加或减少合同中所包括的任何工作的数量。

b.取消合同中任何工作细目,由业主或其他承包人实施者取消的除外。

c.改变合同中任何工作的性质、质量及种类。

d.改变工程任何部分的高程、基线、位置和尺寸。

e.实施过程竣工所必需的任何种类的附加工作。

f.改变工程任何部分的任何规定的施工顺序或时间安排。

②公路工程变更的程序。

一般来讲,工程变更要求可以由业主、监理工程师、承包人提出,但必须经过监理工程师的批准才能生效。工程变更程序如下:

a.业主要求工程变更时,监理工程师应按施工合同规定下达工程变更令,按施工合同要求须由业主批准的隐蔽工程的变更,还应会同建设、设计、施工等单位现场共同确认。

b.监理工程师认为有必要根据合同有关规定变更工程时,应经业主同意。

c.承包人要求变更时,应提交变更申报单,报监理工程师审核,必要时报业主同意后,根据合同有关规定办理。

监理工程师颁布工程变更令而引起的费用增减,变更费用应按施工合同约定计算,合同未约定的应由业主和承包人协商确定。

监理工程师下达的工程变更的指令必须是书面的,如果因某种特殊的原因,监理工程师有权口头下达变更命令。承包人应在合同规定的时间内要求监理工程师书面确认。监理工程师在决定批准工程变更时,要确认此工程变更必须属于合同范围,是本合同中的任一工程或服务等,此变更必须对工程质量有保证,必须符合规范。

(2)公路工程合同监理中的延期

①工程延期的原因。

工程延期的原因主要有额外的或附加的工作,异常恶劣的气候条件,由业主造成的延误或阻碍,不是承包人的过失、违约或由其负责的其他特殊情况,合同中所规定的任何延误原因。

②监理工程师受理延期的条件。

a.由于非承包人的责任,工程不能按原定工期完工。

b.延期情况发生后,承包人在合同规定期限内向监理工程师提交工程延期意向。

c.承包人承诺继续按合同规定向监理工程师提交有关延期的详细资料,并根据监理工程师需求随时提供有关证明。

d.延期事件终止后,承包人在合同规定的期限内,向监理工程师提交正式的延期申请报告。

当工程延期事件发生后,承包人应在合同规定的有效期限内以工程延期意向书的形式书面通知监理工程师,以便使监理工程师尽早了解所发生的事件,及时做出一些减少延期损失的决定。同时,对符合合同约定的延期意向或事件做好现场调查和记录,收集各种相关的文件资料及信息。随后,承包人应在合同规定的期限内,向监理工程师提交详细的工程延期申请报告,阐明延期事件发生的原因及发展的过程,申述延期的理由及依据,说明延期天数计算的依据、原则及方法等,并提供真实而全面的延期证据资料。监理工程师在收到延期申请后,对延期原因、发展情况、结果测算等资料进行审核并报业主。

③监理工程师审批工程延期的依据。

a.延期事件是否属实。

b.是否符合合同的约定。

c.延期事件是否发生在施工进度网络计划图的关键线路上。

d.延期天数的计算是否正确,证据资料是否充足。

根据监理工程师审批工程延期的依据,结合给出的背景资料,可以判断监理工程师对延期的审批是否正确。应确保延期事件是属实的,符合合同的约定,延期事件属关键工作,发生在施工进度网络计划图的关键线路上,延期天数计算正确,证据资料充足。

(3)公路工程的工程暂停

①监理工程师签发工程暂停令的情形。

当发生以下情况时,监理工程师在对暂停工程的影响范围和影响程度进行初步评估后,有权根据合同的规定签发工程暂停令:

A.业主要求暂停施工,且工程确有暂停施工必要。

B.工程施工中出现以下质量状态。

a.未经监理工程师检验或检验合格而进行下一道工序施工。

b.擅自采用未经监理工程师验收或不合格的材料、构配件和设备。

c.未经监理工程师批准,擅自变更设计图纸的。

d.未经监理工程师批准,擅自将工程分包给其他单位。

e.工程出现质量缺陷、质量隐患及质量事故。

f.没有可靠质量保证措施导致出现施工质量问题,经监理工程师指出,未采取有效整改措施,仍继续施工。

g.违反国家及交通运输部有关规范、标准、规程而野蛮施工。

C.施工中出现安全隐患,监理工程师认为必须停工消除隐患。

D.施工中出现违反环保规定,未按合同要求落实环保措施,监理工程师认为必须停工整改。

E.承包人一方某种违约或过错导致工程施工无法正常进行。

F.现场天气条件导致工程施工无法正常进行。

G.施工现场发生诸如地震、海啸、洪水等不可抗力而导致工程施工无法正常进行。

H.工程开挖遇到地下文物古迹需要保护处理。

I.施工现场发生质量、安全、环境污染事故必须停工保护现场或采取措施防止事态进一步扩大。

J.监理工程师认定发生了必须暂停施工的紧急事件或其他情况。

②工程暂停范围的确定。

监理工程师在签发工程暂停令前,应根据停工原因的影响范围和影响程度,慎重确定停工范围。

在必须暂停工程施工的诸多原因中,有些影响是全工地性的,如灾害性天气等,有些影响可能是局部的,如发现质量隐患等。准确地确定影响范围是确定工程停工范围的依据。同时,项目监理机构还要对工程暂停的影响范围作出评估,特别是由非承包人原因引起的工程停工,因为其容易引起费用索赔和工程延期。监理机构要仔细地如实记录与工程停工有关的情况,对照合同条款,分析工程停工的必要性,对影响程度进行深入研究,在承包人提出费用索赔和工程延期要求时才能有备无患,对费用索赔和工程延期进行公正的处理。

在确定停工原因的影响范围后,监理工程师做出全面停工或部分工程暂停施工的建议。监理工程师签发工程暂停令时应具体说明要求停工的范围,对具备继续施工条件的工程要求承包人继续施工。

(4)工程复工申请的程序

在监理工程师签发工程暂停令后,承包人应当按照工程师的要求停止施工,妥善保护已完工工程,并采取措施消除隐患。监理工程师应当在提出暂停施工要求后,在规定的时间内提出书面处理意见。承包人实施监理工程师做出的处理意见后,出现的问题得到处理和解决,可提出书面复工要求。监理工程师应当在规定的时间内给予答复。若批准工程复工,要指示承包人做好进度计划调整,并报业主。

承包人原因导致施工暂停,在具备复工条件需要复工时,监理工程师应审查承包人报送的复工申请以及有关资料,并检查施工现场整改的实际情况,符合要求后,方可签发工程复工指令。

由非承包人原因而发生工程暂停时,监理工程师应如实记录所发生的实际情况。在施工暂停原因消失后具备复工条件时,监理工程师应及时签发工程复工指令(表12-4)。

表 12-4　工程复工指令

复工依据:			
复工范围:			
复工原因:			
复工日期:　　　年　　月　　日　　时			
复工后应做如下处理:			
业主(代表)意见:		签字:	日期:
总监理工程师(代表)意见:		签字:	日期:
驻地监理工程师意见:		签字:	日期:
承包人:　　　　　收件日期			

(5)监理工程师确认业主的违约

①没有在合同规定的时间内根据监理工程师签发的支付证书向承包人付款,也未向承包人说明理由。

②无理阻挠或拒绝批准监理工程师签发的支付证书。

当监理工程师收到承包人因业主违约而提出的部分或全部中止合同的通知后,应尽快深入调查,收集掌握有关情况,澄清事实。在调查了解的基础上,根据合同文件要求,同业主承包人协商后,办理部分或全部中止合同的支付。

按照合同规定,因业主未能按时向承包人支付应得款项而违约时,承包人有权按合同有关约定暂停工程或延缓工程进度,由此发生的费用增加和工期延长,经监理工程师与业主、承包人协商后,将有关费用加到合同价中,并应给予承包人合理的工期延长。如果业主收到承包人暂停工程或延缓工程进度的通知后,在合同约定的时间内恢复了向承包人应付款的支付以及支付了延期付款利息,承包人应尽快恢复正常施工。

（6）监理工程师确认承包人的违约

①无视监理工程师事先的书面警告，一贯或公然忽视履行其合同约定的义务。

②违反合同条款中有关按投标文件及时配备称职的关键管理与技术人员的约定，或违反合同条款中承包人承诺配备的关键施工设备的约定。

③在接到监理工程师下达的要求承包人修复或运走、替换不合格材料、设备的通知或指令后，28 天内不执行该通知或指令。

④无正当理由而未按监理工程师下达的开工令开工；或在接到监理工程师下达的要求承包人加快施工进度的通知后 28 天内无正当理由未能采取措施加快施工。

⑤已经违反了合同条款中有关工程分包的约定。

⑥在保修期内，承包人不履行合同义务。

⑦违反合同专用条款中的其他重要约定。

承包人违约时，监理工程师应书面通知业主，并抄送承包人。业主在向承包人发出书面通知后 14 天内未见纠正，可向承包人扣以专用条款中约定的违约金。

如果根据我国法律，认为承包人已强制性破产、企业清理或解散（为合并或重组而进行的自动清理除外），或承包人已经违反合同条款中关于禁止转包的规定，则业主可以进驻现场和接管本工程，并终止施工合同。业主可自行完成该工程，或雇用其他承包人完成该工程。业主或上述其他承包人为了完成本工程，可以使用他们认为合适数量的承包人装备、临时工程和材料。

在业主进驻现场和终止合同之后，监理工程师在通过协商和调查询问之后，尽快地确定并认证以下事项：

a.在业主进驻现场和终止合同时，承包人根据合同实际完成的工程以及理应得到的款额。

b.未使用或部分使用过的材料、承包人装备和临时工程的价值。

业主在承包人违约而终止合同的情况下，将暂停向承包人支付任何款项。在本工程缺陷责任期满之后，再由监理工程师查清承包人实施和完成本工程与缺陷修复应结算的费用，应扣除的完工拖期损失偿金（如有）以及业主实际支付给承包人的各项费用，并予以证实。同时，监理工程师应指令承包人将其为履行合同而签订的任何协议的利益（如材料和货物的供应、服务的提供等）转让给业主。

（7）合同纠纷的解决

《公路工程标准施工招标文件》（2018 年版）通用合同条款 24 条"争议的解决"中对争议的解决作了明确的程序规定。发包人和承包人在履行合同中发生争议的，可以友好协商解决或者提请争议评审组评审。合同当事人友好协商解决不成、不愿提请争议评审或者不接受争议评审组意见的，可在专用合同条款中约定下列一种方式解决：向约定的仲裁委员会申请仲裁；向有管辖权的人民法院提起诉讼。

因此，发包人和承包人争议的解决方式有：

①友好协商解决。

在提请争议评审、仲裁或者诉讼前，以及在争议评审、仲裁或诉讼过程中，发包人和承包人均可共同努力友好协商解决争议。

②争议评审。

采用争议评审的，发包人和承包人应在开工日后的 28 天内或在争议发生后协商成立争议评审组。争议评审组由有合同管理和工程实践经验的专家组成。争议评审组应在不受任何干扰的情况下进行独立、公正的评审,作出书面评审意见,并说明理由。

发包人和承包人接受评审意见的,由监理人根据评审意见拟定执行协议,经争议双方签字后作为合同的补充文件,并遵照执行。

③仲裁。

如果友好协商或争议评审不能达成协议,则业主或承包人任何一方可向合同约定的仲裁委员会申请仲裁。仲裁人的裁决是最终裁决,对双方均具有约束力,任何一方不得再诉诸法院等,以改变此裁决。

④诉讼。

如果协商或争议评审不能达成协议,则业主或承包人任何一方可向有管辖权的人民法院提起诉讼。

在仲裁或诉讼结束前应按总监理工程师的决定执行。

12.3　施工安全监理

施工安全监理是指工程监理单位受建设单位(或业主)的委托,依据国家有关的法律、法规和工程建设强制性标准及合同文件,对交通建设工程安全生产实施的监督检查。

安全生产关系到人民群众的生命财产安全,是以人为本、构建和谐社会的重要基础,也是交通建设永恒的主题和追求的目标。作为交通建设履约行为的重要的一方,监理单位对安全生产应该起到关键的监督作用。

《建设工程安全生产管理条例》明确规定了工程监理单位的安全责任以及工程监理单位和监理工程师应对建设工程安全生产承担监理责任。因此,监理单位在监理过程中必须开展安全监理工作,使安全监理成为工程监理重要的一部分。

监理人员的安全管理工作是消除安全事故因素的外部力量。工程的安全事故与工程施工生产密切相关,为了真正能够预防工程安全事故,必须消除施工生产过程中的人的不安全行为和物的不安全状态。然而监理人员的管理活动属外部管理,是安全管理工作中的外部原因,外部原因必须通过施工单位这一内因方能发挥作用。监理人员的安全管理必须通过施工管理人员的贯彻才能成为有效的措施。

1)安全生产管理必须遵循的基本原则

①管生产必须管安全。安全寓于生产之中,并对生产发挥促进与保证作用。一切与生产有关的机构、人员,都必须参与安全管理并在管理中承担责任。安全生产人人有责。各级人员安全生产责任制度的建立和健全,管理责任的认真落实,是贯彻"管生产必须管安全"原则的具体体现。

②目标管理。安全管理的内容是对生产的人、物、环境因素状态的管理,有效地控制人的不安全行为和物的不安全状态,消除或避免事故,达到保护劳动者的安全与健康的目的。因此,应明确安全管理的目标,实施目标管理。没有明确目标的安全管理是一种盲目的行为。

③预防为主。强调预防为主,就是要把预防生产安全事故的发生放在安全生产工作的首位,切实做到安全生产管理防患于未然。要端正对生产中不安全因素的认识和态度,在生产

活动和各项工作中严格遵守有关安全生产的法规和操作规程,加强安全生产的监督管理,经常检查并及时发现不安全因素,采取措施,明确责任,尽快地、彻底地予以消除。

④动态安全管理。生产活动中必须坚持全员、全过程、全方位、全天候的动态管理。安全管理涉及生产活动的方方面面,涉及从开工到竣工交付的全部生产过程,涉及全部的生产时间,涉及一切变化着的生产因素。它是一种动态管理,必须坚持持续改进的原则,以适应变化的生产活动,及时发现并消除新的危险因素。

⑤安全具有否决权。安全具有否决权,是指安全生产工作是衡量工程项目管理的一项基本内容。它要求在对项目各项指标考核、评优创先时,首先必须考虑安全指标的完成情况,安全指标没有实现,其他指标即使顺利完成,该项目也不能认为是已实现了最优化目标。安全工作具有一票否决的作用。

⑥事故处理"四不放过"。国家有关法律、法规明确要求,在处理事故时必须坚持和实施"四不放过"原则,即事故原因分析不清不放过,事故责任者和群众没有受到教育不放过,没有整改预防措施不放过,事故责任者和责任领导不处理不放过。

2)施工安全监理的职责和工程安全监理的工作内容

(1)施工安全监理的职责

①工程监理单位对本单位所承接的工程建设项目安全监理工作负责,督促承包人建立健全安全生产责任制。

②审查施工方案及安全技术措施并督促其实施。

③项目总监理工程师对该项目的安全监理工作全面负责。

④项目监理人员在总监理工程师的领导下,按照职责分工,履行现场安全监督检查的职责,并对各自承担的安全监理工作负责。

⑤监理工程师按照法律、法规和工程建设强制性标准实施监理,并对建设工程安全生产承担监理责任。

⑥定期组织施工现场安全生产专项检查,每月向工程安监站报告工地安全生产情况。

(2)监理单位实施工程安全监理的工作内容

①审查施工组织设计或专项施工方案。工程开工前,监理工程师应审查施工单位编制的施工组织设计中的安全技术措施或专项施工方案是否符合强制性标准,审查合格后方可同意工程开工。审查重点有以下内容:

a.安全管理和安全保证体系的组织机构,包括项目负责人、专职安全管理人员、特种作业人员配备的数量及安全资格培训持证上岗情况。

b.施工单位是否在其内部各种管理制度的基础上,有针对性地建立了施工安全生产管理体系和运行机制,制订了安全管理规章制度、安全操作规程。

c.施工单位安全防护用具、机械设备、施工机具是否符合国家有关安全规定。

d.是否制订了施工现场临时用电方案的安全技术措施和电气防火措施。

e.施工场地布置是否符合有关安全要求。

f.生产安全事故应急救援方案的制订情况,针对重点部位和重点环节制订的工程项目危险源监控措施和应急方案。

g.施工人员安全教育计划、安全交底安排。

h.安全技术措施费用的使用计划。

i.监理工程师,特别是监理机构的负责人,必须结合施工单位的施工组织审查工作,重点审查其质量保证体系、安全生产保证体系的建立和实施计划,发出相应的修改完善的监理指令。同时应把对施工组织计划的审查意见以正式文件的形式向监理公司本部报告。

j.监理公司的技术负责人和职能管理部门,应当将现场监理机构负责人书面报回的施工组织审查意见,作为考核监理机构和人员的工作水平及能力的重要依据,及时组织相关人员检查、反馈监理机构所上报的审查意见,适时组织学习交流,不断提高监理人员的安全管理水平。

②审查工程分包。监理工程师应加强对施工单位工程分包的管理,审查分包合同中是否明确了施工单位与分包单位各自在安全生产方面的责任。

③加强对工程施工现场的巡视和旁站检查。监理工程师应加强对施工现场的巡视和旁站检查。在巡视、旁站过程中应监督施工单位按专项安全施工方案组织施工,若发现施工单位未按有关安全、法律、法规和工程强制性标准施工,违规作业时,应予制止。

对危险性较大工程作业要定期巡视检查,如发现安全事故隐患,应立即书面指令施工单位整改;情况严重的应签发"工程暂停令",要求施工单位暂停施工,并及时报告建设单位。施工单位拒不整改或者不停止施工的,监理工程师应及时向有关主管部门报告。

④监督施工单位安全生产自查工作。督促施工单位进行安全生产自查工作,落实施工生产安全技术措施,参加施工现场的安全生产检查。

⑤建立施工安全监理台账。监理机构应建立施工安全监理台账,由专人负责。监理人员每次巡视、检查工作对涉及施工安全的情况、发现的问题、监理的指令及施工单位处理的措施和结果应及时记入台账。总监理工程师和驻地监理工程师应定期检查施工安全监理台账记录情况。

3)公路工程中的专项安全施工方案监理

(1)公路工程专项安全施工方案的范围

《公路工程施工安全技术规范》第3.0.2条规定:公路工程施工应进行现场调查,应在施工组织设计中编制安全技术措施和施工现场临时用电方案,对下列危险性较大的工程应当编制专项施工方案,并附具安全验算结果。经施工单位技术负责人、监理工程师审查同意签字后实施,由专职安全生产管理人员进行现场监督。危险性较大的工程见表12-5所列。

表12-5 危险性较大的工作

序号	类型	需编制专项施工方案	需专家论证、审查
1	基坑开挖、支护、降水工程	1.深度不小于3 m的基坑(槽)开挖、支护、降水工程 2.深度小于3 m但地质条件和周边环境复杂的基坑(槽)开挖、支护、降水工程	1.深度不小于5 m的基坑(槽)的土(石)方开挖、支护、降水 2.开挖深度虽小于5 m,但地质条件、周围环境和地下管线复杂,或影响毗邻建(构)筑物安全,或存在有毒有害气体分布的基坑(槽)开挖、支护、降水工程

续表

序号	类型	需编制专项施工方案	需专家论证、审查
2	滑坡处理和填、挖方路基工程	1.滑坡处理 2.边坡高度大于20 m的路堤或地面斜坡坡率陡于1:2.5的路堤或不良地质地段、特殊岩土地段的路堤 3.土质挖方边坡高度大于20 m,岩质挖方边坡高度大于30 m,或不良地质、特殊岩土地段的挖方边坡	1.中型及以上滑坡体处理 2.边坡高度大于20 m的路堤或地面斜坡坡率陡于1:2.5的路堤,且处于不良地质、特殊岩土地段的路堤 3.土质挖方边坡高度大于20 m、岩质挖方边坡高度大于30 m且处于不良地质地、特殊岩土地段的挖方边段的挖方边坡
3	基础工程	1.桩基础 2.挡土墙基础 3.沉井等深水基础	1.深度不小于15 m的人工挖孔桩或开挖深度不超过15 m,但地质条件复杂或存在有毒有害气体分布的人工挖孔桩工程 2.平均高度不小于6 m且面积不小于1 200 m²的砌体挡土墙的基础 3.水深不小于20 m的各类深水基础
4	大型临时工程	1.围堰工程 2 各类工具式模板工程 3.支架高度不小于5 m;跨度不小于10 m,施工总荷载不小于10 kN/m²;集中线荷载不小于15 kN/m 4.搭设高度24 m及以上的落地式钢管脚手架工程,附着式整体和分片提升脚手架工程,悬挑式脚手架工程,吊篮脚手架工程,自制卸料平台、移动操作平台工程,新型及异型脚手架工程 5.挂篮 6.便桥、临时码头 7.水上作业平台	1.水深不小于10 m的围堰工程 2.高度不小于40 m的墩柱,高度不小于100 m索塔的滑模、爬模、翻模工程 3.支架高度不小于8 m,跨度不小于18 m,施工总荷载不小于15 kN/m²,集中线荷载不小于20 kN/m 4.50 m及以上落地式钢管脚手架工程,用于钢结构安装等满堂承重支撑体系,承受单点集中荷载7 kN以上 5.猫道、移动模架
5	桥涵工程	1.桥梁工程中的梁、拱、柱等构件施工 2.打桩船作业 3.施工船作业 4.边通航边施工作业 5.水下工程中的水下焊接、混凝土浇筑等 6.顶进工程 7.上跨或下穿既有公路、铁路、管线施工	1.长度不小于40 m的预制梁的运输与安装,钢箱梁吊装 2.跨度不小于150 m的钢管拱安装施工 3.高度不小于40 m的墩柱,高度不小于100 m的索塔等的施工 4.离岸无掩护条件下的桩基施工 5.开敞式水域大型预制构件的运输与吊装作业 6.在三级及以上通航等级的航道上进行的水上水下施工 7.转体施工

续表

序号	类型	需编制专项施工方案	需专家论证、审查
6	隧道工程	1.不良地质隧道 2.特殊地质隧道 3.浅埋、偏压及邻近建筑物等特殊环境条件隧道 4.Ⅳ级及以上软弱围岩地段的大跨度隧道 5.小净距隧道 6.瓦斯隧道	1.隧道穿越岩溶发育区、高风险断层、沙层、采空区等工程地质或水文地质条件复杂地质环境，Ⅴ级围岩连续长度占总隧道长度 10% 以上且连续长度超过 100 m，Ⅵ级围岩的隧道工程 2.软岩地区的高地应力区、膨胀岩、黄土、冻土等地段 3.埋深小于 1 倍跨度的浅埋地段，可能产生坍塌或滑坡的偏压地段，隧道上部存在需要保护的建筑物地段，隧道下穿水库或河沟地段 4.Ⅳ级及以上软弱围岩地段跨度不小于 18 m 的特大跨度隧道 5.连拱隧道，中夹岩柱小于 1 倍隧道开挖跨度的小净距隧道，长度大于 100 m 的偏压棚洞 6.高瓦斯或瓦斯突出隧道 7.水下隧道
7	起重吊装工程	1.采用非常规起重设备、方法，且单件起吊质量在 10 kN 及以上的起重吊装工程 2.采用起重机械进行安装的工程 3.起重机械设备自身的安装、拆卸	1.采用非常规起重设备、方法，且单件起吊质量在 100 kN 及以上的起重吊装工程 2.起吊质量在 300 kN 及以上的起重设备安装、拆卸工程
8	拆除、爆破工程	1.桥梁、隧道拆除工程 2.爆破工程	1.大桥及以上桥梁拆除工程 2.一级及以上公路隧道拆除工程 3.C 级及以上爆破工程、水下爆破工程

对于达到一定规模，且危险性较大的各分部、分项工程，施工单位还应当组织专家论证、审查以上所列工程的专项施工方案。

（2）监理工程师对专项安全施工方案的审查

①施工单位应当分别编写危险较大的各分部、分项工程的专项安全施工方案，在施工前向监理报审。

②监理工程师应按下列方法主持审查：

程序性审查。按规定须经专家认证、审查的专项安全施工方案是否执行到位；专项安全施工方案是否经施工单位技术负责人签认，不符合程序的应退回。

符合性审查。专项安全施工方案必须符合强制性标准的规定，并附有安全验算的结果。须经专家认证、审查的项目应附有专家审查的书面报告，专项安全施工方案应有紧急救护措施等应急救援预案。

针对性审查。专项安全施工方案应针对本工程的特点、所处环境以及管理模式，具有可操作性。

③专项安全施工方案经专业监理工程师审查后,应在报审表上填写监理意见,并由监理工程师签认。

④特别复杂的专项安全施工方案,项目监理机构应报监理单位的技术负责人审查。

⑤对施工单位事故应急救援预案的审查。

在施工过程中需要对专项安全施工方案进行修改的,必须请原批准部门同意,不得擅自修改。

4)公路工程监理的安全责任

《建设工程安全生产管理条例》第14条规定了监理单位的安全责任。

①应当审查施工组织设计中的安全技术措施或者专项施工方案是否符合工程建设强制性标准。

②在实施监理过程中,发现存在安全事故隐患的,应当要求施工单位整改;情况严重的,应当要求施工单位暂时停止施工,并及时报告建设单位;施工单位拒不整改或者不停止施工的,应当及时向有关主管部门报告。

③应当按照法律、法规和工程建设强制性标准实施监理,并对建设工程安全生产承担监理责任。

12.4 施工环境保护监理

在公路施工过程中,由于公路工程本身特有的性质和一些其他因素,对项目地区环境会产生较大的影响。常见的长期影响有植被破坏、水土流失等。如果施工方式不当,就会造成较大的短期影响,严重的会引发大量纠纷,导致工程停工,造成较大的经济损失。

为了有效控制工程施工阶段的环境影响,真正做到公路建设与环境的协调发展,做到全过程地监控公路建设中的环境问题,《公路工程施工监理规范》已明确将环境保护监理纳入工程监理管理体系中。因此,监理工程师有责任督促承包人做好环境保护工作。

监理工程师应督促承包人结合工程实际情况,提出施工期环境保护要求、措施和建议,并在施工过程中不断完善环境保护措施,规范化施工,以保证尽可能地缓解和减轻施工对环境的影响,保证工程的顺利进行。

1)公路施工对环境的影响因素

环境保护涉及范围广,根据可持续发展的理论,项目地区环境因素包括自然环境、生态环境和社会环境。公路施工期对环境的影响因素主要有以下几点:

①对生态环境的主要影响因素。如水土流失、植被破坏。

②对声环境的主要影响因素。如夜间施工机械噪声。

③对水环境的主要影响因素。如挖泥、取砂、材料冲洗引起水质混浊;施工机械的含油污水及油料泄漏造成水污染;施工人员的生活污水、垃圾直接排入水体;沥青、油料、化学品等因保管不善进入水体。

④对大气环境的主要影响因素。如灰土拌和、扬尘、沥青烟、废气。

⑤对社会经济的主要影响因素。如临时占地及施工作业对周边农田的损坏;对沿线河道、人工渠道的施工干扰;加重了地区道路的负荷等。

公路工程施工监理过程中,应着重检查、控制施工对生态环境、水环境、大气环境的影响。

2) 公路工程环境保护监理的工作内容

(1) 施工准备阶段环境保护监理的工作内容

①参加设计交底,熟悉环境评价报告和设计文件,掌握沿线重要的环境保护对象,了解建设过程的具体环保目标,对敏感的目标做出标志。

②审查施工单位提交的施工组织设计和开工报告,对施工方案中环保目标和环保措施提出审查意见。

③审查施工单位临时用地方案是否符合环保要求,历史用地恢复是否可行。

④审查施工单位的环保管理体系是否责任明确,切实有效。

⑤编制监理计划中的环保监理内容,根据工程项目特点明确环保监理的范围,制订环保监理工作程序和制度,确定监理人员的监理职责及分工。

⑥根据监理计划中的环保监理内容,编制各单位工程的环境保护监理细则。

⑦参加第一次工地会议,提出环保监理目标、环保监理措施及要求。

(2) 施工阶段的环境保护监理内容

①审查施工单位编制的分部(分项)工程施工方案中环保措施是否可行。

②对施工现场、施工作业进行巡视或旁站监理,检查环境保护措施的落实情况。

③监测各项环境指标,出具检测报告或成果。

④向施工单位发出环境保护工作指令,并检查指令的执行情况。

⑤编写环保监理月报。

⑥参加工地例会。

⑦建立、保管环保监理资料档案。

⑧处理或协助主管部门和建设单位处理突发环保事件。

3) 竣工及缺陷责任期的环境保护监理内容

①参加交工检查,确认现场清理工作、临时用地恢复等是否达到环保要求。

②检查施工单位的环保资料是否达到要求。

③评估环保任务或环保目标的完成情况,对存在的主要问题提出继续监测或处理的方案和建议。

④完成缺陷责任期环境保护监理工作。检查施工单位对环保遗留问题的整改,检查已交工环保工程的维护和修复、环境恢复,督促完善环保资料。

4) 公路工程环境保护监理工程师的职责

环保监理工程师应积极与业主配合。在施工准备阶段,参加设计交底,熟悉环评报告和设计文件,对沿线环境保护对象进行调查收集,认真审核设计单位的工程设计和环境保护设计,进行现场核对和检查,对达不到环保要求的设计提出修改意见和建议。

在施工阶段,环保监理工程师根据环境保护设计的要求,指导承包人编制切实可行的环境保护措施和方案。着重在水土保持、防大气污染、防水质污染、防噪声污染以及绿化等方面进行审核,达到环保要求后,再予以批准。

在施工过程中,环保监理工程师根据承包人编制的环境保护措施和方案,核查环境保护措施实施情况;检查工程设计中不利于环保的各种工程隐患;检查环境保护工程设计是否得以实施,质量是否达到要求;检查环保工程资金是否到位,是否落到实处;配合环保职能部门做好施工期间施工现场的环境监测和监督工作,及时掌握环境质量动态,随时调整环保监控力度。此外,对承包人存在的造成环境破坏或污染的施工活动,监理工程师应发出监理指令,要求承包人整改,严重的环境问题,应同时向业主汇报。

5)监理工程师对环境保护的监理措施

(1)施工前期的控制

①监理工程师应审查施工组织设计是否按照设计文件和环境影响评价报告的有关要求制订了施工环境保护措施,审查合格后方可同意工程开工。

②检查承包人的环保管理体系是否健全有效,环保人员是否已到位,环保人员及质检人员是否已进行了环保教育,环保应急预案是否合理可行。

③检查、督促承包人的各项开工准备工作,如临时用地征地情况、临时排水设施等。各项检查合格后方允许承包人开工。

④对全线设计的取、弃土场进行实地踏勘,做到心中有数,提出切实有效的控制措施。对变更的取、弃土场,除实地调研外,在承包人上报征地报告时,即要求其提出环保措施,监理工程师认为方案可行后,方可批准征地。

(2)施工过程中的控制

①规范承包人操作,合理指导施工。

②加强对承包人的监督管理,以便在施工中能保护现场周围的环境,防止自然环境遭到破坏,防止和减轻粉尘、噪声等对周围环境的污染和危害。如发现施工中存在违反有关环保规定、未按合同要求落实环保措施的情况,监理工程师应书面指令施工单位整改。情况严重的,应签发《工程暂停令》要求施工单位暂时停工,并及时报告建设单位。

③施工中发现文物时,监理工程师应要求承包人依法保护现场,并报告有关部门和业主,以免文物损坏。

④监理工程师应要求施工单位依法取得砍伐许可证后方可按照砍伐许可的面积、株数、树种进行砍伐,并注意保护野生动物、植物。

⑤经常检查承包人环境保护工作的进度和质量,及时纠偏,对达不到合同要求或不符合规范要求的项目不予计量。

(3)后期的控制

①督促承包人整理有关环境保护的合同条件和技术档案资料。

②督促承包人完善有关项目的环境保护工作。

6)公路工程施工环境保护监理工作程序

施工环境保护监理一般应按照下列工作程序进行。

①根据施工环保监理目标及任务,建立施工环保监理机构。

②依据监理合同、施工合同、设计文件、环评报告、水土保持方案等编制施工环保监理

计划。

③按照施工环保监理计划、工程建设进度、各项环保对策措施编制施工环保监理实施细则。

④依据编制的施工环保监理计划和实施细则,开展施工期环保监理。

⑤工程交工后编写施工环保监理总结报告,整理监理档案资料,提交建设单位。

⑥参与工程竣工环保验收。

环保监理工作程序如图 12-3 所示。

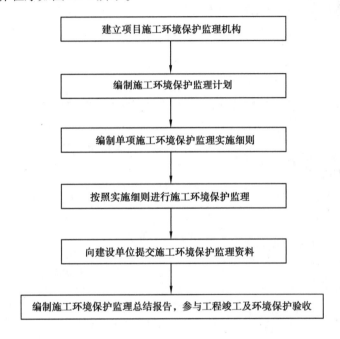

图 12-3　施工环境监理工作程序示意图

思考题

1.简述开展公路工程监理工作的程序。

2.简述公路工程监理计划的作用。

3.简述实施公路工程监理工作的基本目标。

4.简述公路工程监理计划的编写应符合的基本要求。

5.简述公路工程项目监理日志的主要内容。

6.简述公路工程监理资料归档应满足的要求。

7.简述公路工程质量事故处理的原则。

8.简述公路工程变更包括的内容。

9.简述监理工程师审批公路工程延期的依据。

10.简述公路工程施工安全监理的职责。

第13章
轨道交通盾构工程施工监理实务

知识点	能力要求	相关知识	素质目标
工程前期监理工作内容	熟悉盾构施工工程前期调查与施工场地接口协调	周边环境、建(构)筑物、周边管线调查;接口车站的设计、始发与到达场地、盾构预埋件安装协调;盾构到达、过站、调头场地协调	(1)培养学生的科学发展观、新时代爱国主义和大国担当精神品质 (2)培养学生的创新能力、理论与实践相结合的能力 (3)让学生认识到科学技术是第一生产力,科技推动行业和经济发展 (4)培养学生对行业的认同感,家国情怀和民族自豪感,社会责任感
施工方案审查要点	掌握盾构工程主要工作方案审查	施工组织设计审查要点;工程总进度计划、施工总平面布置方案、端头井(工作井)施工相关方案审查	
盾构掘进工作内容的监理要点	掌握盾构掘进主要工作内容监理要点	盾构掘进姿态超限监理要点;盾构掘进喷涌监理要点;盾构掘进结泥饼防控要点	
盾构在砂层中掘进监理要点	熟悉盾构在砂层中掘进特殊情况的监理工作	盾构过砂前施工管理监理要点;土压盾构过砂层掘进监理要点;软硬不均地层盾构掘进监理要点;盾构通过后监理要点	
盾构区间联络通道施工与洞门施工监理要点	熟悉盾构区间联络通道施工监理要点	联络通道水平注浆加固、开洞门、监理要点	
	熟悉盾构隧道洞门施工监理要点	拆除零环管片施工监理、钢筋绑扎和模板施工监理、浇筑混凝土和养护施工监理要点	

13.1 工程前期监理工作内容

1) 工程前期调查工作

工程前期调查工作主要包括周边环境调查、建(构)筑物调查、周边管线调查和补充地质勘察,简称"工程前期四个报告"。

(1) 周边环境调查

① 工程项目开工前或工程项目前期应要求承包商组织人员,开展周边环境调查工作。为了保障调查质量,须提前编制周边环境调查方案,报项目监理机构审查。

② 报告中应包括工程概况、调查范围、调查方法、调查内容、调查结果及车站、区间线路总平面图,并提出对周边环境状况的调查评估意见。

a.调查范围。方案中必须明确调查范围,通常工程施工影响范围不小于竖井或隧道边线埋深的二倍距离。对于特殊的地质环境,调查范围应适当扩大。

b.施工场地周边的自然环境和人文环境调查内容。周边自然环境、人文环境与场地或隧道的位置关系及所处里程范围,道路、地表水、地下水及特殊地理环境等现状情况。

c.环境调查报告应有重要环境因素与车站隧道的平面位置图(一般不小于1:500)。根据调查情况,评估工程施工对周围环境的影响,提出防治措施。

③ 调查的人员安排和计划。方案中应明确调查计划。调查工作应在相关施工前完成,调查人员应配备合理,且具备较强的沟通能力。

(2) 建(构)筑物调查

基本上与周边环境调查相同。

(3) 周边管线调查

基本上与周边环境调查相同。

(4) 补充地质勘察

① 工程项目开工前或工程项目前期应要求承包商确定补充地质勘察单位,编制补充地质勘察方案,报项目监理机构审查。

② 补充地质勘察单位除应具备相应资质外,还应尽量选取非详勘的单位,以利于报告能够与详勘报告对照分析,提高地质报告的准确性。

③ 补充地质勘察方案审查要点主要包括以下内容:

a.勘察的主要原则要合理。认真核查补勘孔位置平面图。补充地质勘察布点选择一般为易发生事故的地点,如盾构始发、到达端头和联络通道附近;根据详勘报告分析,地质纵断面起伏相当大的地段,或左右线同里程位置地质横断面起伏相当大的地段;详勘时钻孔间距过疏的地段;过重要建(构)筑物地段;拟定的换刀地段;如果存在不良地质如溶洞区域或花岗岩球状风化体的地区,应根据不同的情况予以加密勘察,并辅以物探检测等措施。

b.勘察的主要内容要与详勘基本一致,除强度、标贯击数等指标外,还包括岩层的RQD指标,粉、黏粒含量、石英含量等指标。

c.要对取芯率做出明确规定(岩层应达到90%以上,软土也应该达到80%以上),以便选择合适的勘察取芯设备,提出对补勘的设备、工艺流程和技术的要求。

d.应提供勘察单位的工程勘察资质、营业执照和备案资料。

e.补勘工作计划要满足工程进展需求。一般应尽早进行,在工程全面开工之前完成,对于盾构施工最好在盾构机选型和适应性评估之前完成。

f.针对不良地层的补勘方案,应重点说明不良地层补勘方位、补勘点布置、补勘采用的方法、补勘实施单位、设备、人员、实施计划等。

④不良地质的探查原则

a.孤石的探查原则。对于花岗岩风化壳中的球状孤石,一般以钻探为基础,结合工程需要进行综合探查(辅助适当的工程物探)。对于已揭露到球状风化孤石的钻孔,一般要求采取孤石岩样进行室内岩石抗压强度试验,并保留孤石岩芯。

b.溶洞的探查原则。溶洞的探测主要依靠地质钻孔,对于地下明挖基坑、隧道工程宜沿结构轮廓线布置,勘探点间距10~20 m,一般取中间值。对于地下明挖车站的附属结构,沿轮廓线两排对称布置。对于车站端头井地下连续墙,宜沿地下连续墙每3 m布置一个超前钻孔。岩溶发育区的基坑工程和隧道工程,施工单位根据详勘报告按照岩溶处理的原则对溶土洞完成处理后,施工单位评估施工风险,提出需要加密勘探的区域,设计单位提交加密勘探方案,监理和业主审查同意后,施工单位按照加密勘探方案在明挖基坑或隧道的平面投影外扩3 m范围内实施加密勘探,查清溶洞的发育情况。

c.断裂带的探查原则。对于断裂破碎带,宜采用综合勘察手段进行探查。即在钻探基础上,采用高密度电阻率法、浅层地震映像法和电磁波CT等多种方法进行综合勘察,查明断裂带的位置分布、走向、破碎情况、富水性、黏粒含量等特征,为工程设计和盾构掘进施工提供依据。

d.软土的探查原则。软土发育区勘察时,要采用薄壁取土器采取不扰动土样进行室内三轴压缩试验、固结试验、有机质含量试验,查清该类土层的物理特征、力学性质和变形参数,为支护结构设计和地基处理提供详细、准确的岩土参数。

e.花岗岩类残积土和风化岩的探查原则。对于具有遇水软化特性的花岗岩类残积土,应严控钻探质量,保证岩芯采取率,认真进行标贯试验、圆锥动力触探试验、旁压试验、螺旋板载荷等原位试验,准确划分其分层标高,同时做好相应的室内土工试验,包括固结试验、剪切试验、湿化试验、自由膨胀率试验等,全面客观地掌握花岗岩类残积土的物理力学性质。

2)盾构施工场地接口协调

(1)接口车站的设计协调

审查端头井或接口车站尺寸,满足始发、到达、过站的基本要求,主要包括但不限于以下内容:

①始发井段处车站侧墙与线路中心线间的净距离。

②始发井处中柱与线路中心线间的净距离。

③盾构吊装孔孔口尺寸。

④盾构始发端头墙后约80 m处车站顶板及各层楼板是否预留出土口。

⑤始发端预留洞口尺寸与盾构外形尺寸的匹配性。

⑥盾构始发端墙内侧底板是否需要留置凹槽以满足焊接需求或反力架设置要求。

⑦始发井段车站底板面应低于线路轨面线20~30 cm。

⑧始发井处车站结构底板板面应低于端墙预留始发孔最低点100 mm以上。

⑨特别注意底板和中板上、下腋角对始发的影响,梁对盾构机移动的影响。

⑩车站净空对曲线始发和盾构过站的影响。

⑪预留钢筋等对调头、过站的影响。

(2)始发与到达场地协调。

①端头加固的场地及水电协调。

a.移交时间。根据工程进度计划和加固的原则确定加固时间,宜早不宜迟。部分场地困难的,可以分批分期进行移交。

b.移交内容。移交范围内的施工场地、道路、场地内的地下管线、场地内的监测点、临时设施、水电接入点等。

c.移交要求。满足进行端头加固的场地和施工条件,拆除移交范围内的临时设施,清运因施工产生的建筑垃圾,遵照"谁产生谁负责"的原则,移交场地必须达到整洁有序。

d.端头加固进场施工的原则。加固期间,做好场地内的安全文明施工,尤其是泥浆的处理,场内必须服从车站承包商的统一管理。盾构承包商加固工作所需的水、电可由车站承包商提供接入点,单独安装水、电表,按时将水电费交付给车站承包商。

②地面施工场地移交。

a.移交内容。移交范围的场地、场地内的地下管线、场地内的监测点、水电接入点、场地内的临时建筑、临时道路、场地范围的地面主体结构及地表其他构造物等。

b.移交要求。拆除场地范围的临时设施,清运因施工产生的建筑垃圾,遵照"谁产生谁负责"的原则,移交场地必须达到整洁有序,场地内的垃圾和材料全部清理完毕。

c.注意事项。对于周边需要保护的建筑物,在盾构掘进期间可能受影响的,如果没有第三方监测,必须对监测数据进行移交,并与对方明确发生损失后的赔偿原则。

③地下施工场地移交。

a.移交内容。场地范围内的主体结构、围护结构及支撑、场地范围内的预埋件(接地引出线、防杂散电流端子、测量导线点、水准点、站台板预埋插筋、风道预埋插筋等)、预留孔洞、预埋注浆管及其他预埋件。

b.尽量减少在主体结构上打孔施工,若确实需要在主体结构上打孔,必须征得车站承包商和工点设计人的同意。

(3)盾构到达、过站、调头场地协调

①熟悉盾构到达、过站对车站的结构尺寸要求,并与相关方进行协调。

②盾构承包商运输方案(包括运输路线)、吊入吊出、组装解体方案,尤其是盾构机的起吊、运输的荷载,必须符合车站的地面超载要求,方案必须征得车站设计人的同意。

③盾构承包商需利用车站中板堆放材料和设备时,应有荷载验算资料,符合车站承载能力的要求,并征得车站工点设计人的同意。

(4)盾构预埋件安装协调

①盾构预埋件主要包括。洞门环板,吊装所需的钢板或吊环,后配套设备底座,测量监测点,盾构始发、过站及到达所需的预埋件等。

②预埋件施工的原则。盾构工点负责制作运输,车站工点负责安装埋设,安装过程盾构承包商指导施工,双方共同验收,双方要早沟通,多沟通。

③洞门预埋钢环的验收节点。包括但不限于以下内容:洞门中心定位的测量工作(注意

车站施工单位要尽可能早地放样,以免脚手架干扰);洞门环板业主、设计、监理和施工四方验收接收(提前10天以上完成);安装定位后四方验收确认;浇筑混凝土时注意螺栓孔封堵,浇筑完毕,四方再次确认钢环安装精度;其他预埋件提前2~3天到现场跟踪,避免遗漏。

(5)测量成果确认

①车站和盾构共同影响范围内的建(构)筑物的监测基准值由双方承包商和项目监理机构共同测量确定。

②承包商和项目监理机构对建(构)筑物外观和墙体等实物进行现场移交。由于车站施工引起变形较大、双方有争执的建(构)筑物,由车站承包商请第三方鉴定所鉴定后移交。

③对建(构)筑物的移交资料必须包括整个车站施工期间的监测资料和业主的协调处理资料。

13.2　施工方案审查要点

1)施工组织设计审查要点

①施工组织设计的编制、审核、批准资料均应签字齐全,有公司审查意见并经单位技术负责人审查、加盖公司公章。

②满足合同的质量、安全和进度指标要求。

③施工组织设计中不能有违反强制性条文或合同约定的内容。

④准确分析工程的重点、难点、重大风险因素并提出有效对策。

⑤总平面布置合理、施工程序合理、工程进度计划编制满足施工要求,对总平面布置、总进度计划要专门审查。

⑥施工方法和施工机械选择合理。

⑦包含各主要分部、分项工程的施工控制要点,且编制合理。

⑧质量保证措施完善,人员组织、材料进场、加工、运输、堆放、施工、验收等各个环节均采取有效措施对于围护结构、基坑开挖、主体结构、防水、盾构掘进等重要分部工程的施工均制定有效的技术措施,以确保工程质量。

⑨安全文明施工措施完善,对安全人员组织架构、安全防范措施(包括自然灾害、冬雨期安全施工、高空作业、高支模作业、安全用电与防护等)、应急救援预案等方面进行审查。

2)工程总进度计划审查

工程总进度计划审查前首先要熟悉合同中关键节点的要求。总进度计划提交时,需要有横道图或者网络计划图,并附上总进度计划编制说明。

(1)端头井(工作井)工程进度计划审查要点

端头井(工作井)工程的进度计划首先要满足合同中关键节点的要求,具体审查中,一般重点关注以下方面内容:

①围护结构开工时间、完成时间。审核时要注意其设备投入的数量、质量能否满足围护结构施工进度的需求。

②基坑开挖时间。根据基坑不同阶段的土方开挖量和开挖方式、运输方式,判断其开挖时间计算是否合理。

③与隧道施工相关联的第一段及最后一段底板完成时间、第一段及最后一段顶板完成时间、车站全部底板及顶板完成时间。根据经验分析,每段结构的垫层施工、防水施工、钢筋绑扎、混凝土浇筑及支模、拆模、换撑时间是否合理,是否满足规范要求。

④关注出入口、风道施工时间,要与盾构施工场地总平面布置综合考虑。

(2)盾构工程进度计划审查要点

盾构工程的进度计划首先要满足合同中关键节点的要求,具体审查中,一般重点关注以下方面的内容:

①盾构机设计制造时间。如果是新盾构机,制造周期一般至少 8 个月;如果是旧盾构机,要了解其目前在工程上进展的情况,并考虑维修改造、运输等所花费的时间。

②端头加固时间。要考虑每一个端头井的端头加固时间是否能满足盾构掘进需求和端头井施工需求。在端头井开挖和主体结构施工期间,一般不能进行端头加固施工,以防对基坑安全和主体结构侧墙质量造成不利影响。因此,其施工时间应考虑在端头井基坑开挖之前或者端头主体结构完成之后。

③端头井提交时间。端头井关键节点完成时间是否满足需求。

④盾构始发时间。一般在盾构机进场后一个月时间内,可以完成始发掘进的各项准备。

⑤管片生产起始时间。根据盾构掘进的进度和管片模具的数量,计算管片生产的起始时间能否满足盾构掘进的管片供应需求。有特殊管片时,要特别注意特殊管片的生产时间是否满足掘进需求。

⑥盾构始发、到达、掘进阶段的进度计划安排是否合理。应按照始发、到达和正常掘进三个阶段的不同工况来划分盾构掘进的各阶段掘进速度,根据各阶段的平均速度来计算其总体进度。

⑦盾构过站、调头、转场等时间安排是否合理。一般盾构过站和调头在 15~30 天内均可完成,转场需要一个月左右时间。

⑧附属结构施工。应预留足够的洞门施工和联络通道施工时间,特别是软土地层的联络通道采用冻结法施工时,一般要考虑三个月左右的工期。

(3)进度计划审查意见

监理单位审查工程进度计划时,应清晰地阐述如下意见:

①总进度计划是否满足合同中约定的节点工期要求;年度计划是否满足总进度计划要求;季度或月度计划是否满足年度计划要求。

②明确进度计划中的关键节点。

③明确需要采取的措施(人员投入、设备投入、材料投入等)确保关键节点目标的实现。

④涉及的其他标段施工部分的关键节点时间需求。

3)施工总平面布置方案审查

(1)施工场地总平面布置图内容

施工场地总平面布置图应附有相应的说明和计算书,并包含以下内容:

①红线范围内的一切地上、地下已有和拟建的建(构)筑物以及其他设施的位置和尺寸。

②为全工地施工服务的临时设施的布置位置,包括:a.施工用地范围,施工用的各种道路;b.塔吊或龙门吊布置形式、吨位;c.钢筋加工场及有关机械的位置;d.各种建筑材料、半成品、构件的仓库和生产工艺设备主要堆场;e.取土弃土位置;f.办公管理用房、宿舍、文化生活

福利建筑等；g.水源、电源、变压器位置，临时给水排水管线和供电、动力设施；h.一切安全、消防设施位置；i.永久性测量放线标桩位置。

（2）盾构施工场地平面布置审查要点

①临时设施布置中项目部主要管理人员、监理部主要管理人员的办公生活场地、试验室、值班室、会议室、厕所、浴室等是否均设计合理，是否能满足合同需求和建设单位需求。

②盾构施工的地面平面布置图应包含但不限于以下设施：办公生活建筑及设施、龙门吊布置形式及走行方向、渣土坑、管片堆场、砂浆拌和系统、排水系统、地面沉淀池、机修车间、充电间、试验室、洗车槽、地面材料堆场、地面临时仓库、变电站等。

③盾构施工的地下平面布置图应包含但不限于以下设施：轨道布置形式（包含道岔）、人行走道布置形式、井下沉淀池、循环水池、冷却塔、地下临时材料仓库或堆场等。

④盾构隧道施工横断面布置图应包含但不限于以下设施：人行通道、轨线、进水管线、排水管线、泥浆管路（泥水盾构）、高压电缆、低压照明用电等。

⑤渣坑设计位置、大小是否合理，审查要点如下：

a.渣坑容量最少应满足正常掘进状态下1天掘进的出土量，最好能达到3倍的正常掘进出土量。

b.渣坑如果设置在顶板上，要考虑顶板负荷问题，做好顶板加固；如果设置在端头或侧面，注意渣坑深度对侧墙的影响。

c.渣坑围挡的自身刚度应该足够防止在土压力作用下发生变形，对于深、长的渣坑，应该有简单的计算书。

d.出土口与渣土池线路要近，禁止门吊出土运输跨常设人员作业区，如工具加工间、气瓶存放间等。

⑥门吊设计审查要点：

a.门吊能力是否与盾构施工相匹配，特别是垂直提升吨位和速度。

b.门吊的数量、走行方向与渣坑、管片堆场位置应相适应，保证渣土运输和管片吊装不会互相干扰，施工便捷。

⑦始发井预留洞口审查要点：

a.井口大小是否满足盾构机吊装的空间需求。

b.始发井长度足够时，应在后方预留临时出土口，且临时出土口应尽可能满足列车编组长度的需求。

c.预留洞口的周边防护高度应满足防洪要求。

⑧砂浆拌和系统审查要点：

a.砂浆拌和系统设置应距离始发井口较近，且应具有足够的防倾覆措施。

b.拌和站应紧邻砂、水泥等材料临时堆场，以便施工。

c.一般会在中板或者底板上设置一个临时贮浆罐。

d.平面布置应避开盾构隧道上方布设，且避开车站附属开挖用地。

⑨管片堆场审查要点：

a.管片堆场的管片存量应满足至少1天正常掘进的需求，有条件的情况下最好能达到满足3天正常掘进的需求。

b.管片堆场与运输道路和门吊吊装应相互适应。

c.管片运输车辆停卸区装卸作业时,不会对盾构掘进相关工序造成影响,如渣土外运、下井材料等。

⑩场地内道路审查要点:

a.应根据渣坑、管片堆场、材料堆场、仓库、机修车间等的相对位置,研究运输路线图,保证运输通畅。

b.应根据运输情况和运输工具的不同类型,选择合理的路面结构。

⑪排水系统审查要点如下:

a.地面排水沟的分布应图示清晰,排水沟的位置合理,且能够涵盖盾构始发井的工作范围,特别是井口、临建等重要设施。

b.沉淀池大小及分级应能满足排污需求,宜设置井下和地面的分级沉淀池,以提高污水处理能力,确保排入市政管网的污水不会发生淤积、堵塞。

⑫对于泥水盾构机的泥水处理系统,应该进行专项设计,审查要点如下:

a.泥水处理设备位置应远离城市住宅区,防止泥水处理设备运行噪声扰民。

b.泥水设备处理能力应能满足最大掘进效率的泥浆处理能力,分离设备型号规格、振动筛等应满足施工现场要求,处理能力应经计算确定。

c.泥水处理系统制浆池、调浆池、沉淀池容积需满足最大掘进效率的要求,泥浆制备宜采用剪切泵设备进行膨润土的拌制。

d.泥水处理系统场地布置应明确渣土运输、弃浆外运车辆运输路线,现场应配置足够数量的视频监理系统。

4)端头井(工作井)施工相关方案审查

(1)围护结构施工方案审查要点

①围护结构施工设备形式选择是否与招标文件一致,设备数量是否能够满足围护结构施工进度需求。

②围护结构施工外放量是否满足要求。外放量是为了满足施工限界要求,考虑到围护结构施工产生的垂直度偏差和基坑开挖过程中产生的水平位移而将围护结构沿设计轴线的外放尺寸。如果设计图纸中没有明确,需要根据工程地质情况和基坑支护方法来确定。

③围护结构施工顺序是否合理。不管是桩或者连续墙,均应该事先编号,按照编号来划分施工顺序。应首先完成关键地段的围护结构桩,并特别注意施工顺序与设备位置的相互干扰,注意端头加固是否与围护结构施工同步进行。

④技术措施是否完善。例如孔深偏斜后的处理措施、塌孔后的处理措施、钢筋笼上浮处理措施、端桩处理措施等是否完善。

⑤检测或监测设备(如声波管、测斜管)的安装要点是否清晰。

⑥围护结构施工主要工序及其报验程序是否满足质量检验要求。

⑦钢筋笼吊装是否有计算书,其吊具选择和吊机选择是否满足要求。

⑧围护结构试验和检测方法是否完善。

⑨如果采用连续墙施工,要注意特殊槽段施工方法的技术可行性。

(2)基坑开挖施工方案审查要点

①基坑开挖方案首先需经施工单位组织内部评审,报公司技术负责人批准,并组织深基坑施工专家审查。

②基坑开挖方案应根据围护结构、支护结构和地质条件、周边环境的不同而有针对性地编制。

③基坑开挖方案应包含以下方面内容：

a.周边环境调查情况。邻近建筑物状况,地下管线,邻近构筑物、设施及道路状况,周围施工条件(如交通运输、噪声限制、场地等)。

b.基坑降水和排水系统布置。包含降水井点设计,地面排水系统布置和坑内排水系统布置。

c.基坑开挖方法和程序。

d.基坑开挖土方机械选择。

e.支撑节点设置大样。

f.监理量测措施。

g.应急预案。

④方案审查要点。包括审查开挖程序的合理性和开挖机械设备选择。

a.审查开挖程序的合理性

严格遵循时空效应原理。根据地质条件采取相应开挖方式,根据监测数据指导支撑架设。

遵循"分层开挖,先撑后挖"的原则。

分层、分区、分块、分段、抽槽开挖、留土护壁、快挖快撑,先形成中间支撑,限时对称平衡形成端头支撑,减少无支撑暴露时间。

b.开挖机械设备选择依据

基坑土方开挖机械应根据基础形式、工程规模、进度指标、开挖深度、现场机械设备条件、工期要求及土方机械特点、技术性能选择。

机械设备选择应注意必须具备适当的机械工作面,尽可能实现分层开挖。

⑤富水软土地区的基坑降水方案需要单独编制,降水井设计需要有详细的计算书,方案通过专家审查。

⑥支撑节点架设是否与设计图纸相吻合,特别注意围檩、钢支撑等材料形式,固定端与活动端细部构造,转角支撑加强设计,围檩之间的连接形式和围檩背后回填措施等。

⑦监测点位是否按照设计要求进行布设,监测报警值设定是否合理,相应的应急措施是否有针对性。

⑧需要爆破的地层需要单独编制爆破施工方案,并经公安部门审批。

⑨基坑发生漏水漏砂、沉降过大等问题时的应对措施是否完善。

（3）主体结构施工方案审查要点

项目监理机构在审核施工单位编制的主体结构施工方案时主要从方案内容全面性和针对性两个方面进行审核。

①内容全面性审核。

主体结构施工方案一般包括以下内容：

a.编制依据。

b.工程概况。包括设计要求,设计特点,各子分部工程量和部位分部情况等。

c.施工安排。包括施工部位及工期安排,主要材料供应方式,劳动力组织情况,管理人员组织及职责分工等。

d.施工准备。包括技术准备(各主要材料的参数确定),机具、材料准备。

e.主要施工方法及措施(根据工程实际取舍)。混凝土结构子分部应包括模板、钢筋、混凝土、现浇结构、装配式结构等分项内容的施工方法及措施;钢筋混凝土结构子分部应包括钢筋焊接、螺栓连接,钢筋制作、安装,混凝土等分项内容的施工方法及措施。

f.季节性施工。施工单位没有编制季节性专项施工方案时,应单列此内容,冬季施工和雨期施工分别编写。

g.注意事项。结合各子分部的工程特点分别提出,同时编写相应的安全措施和质量通病及防治措施。

②针对性审核。

a.编制施工方案时选用的依据是否有效并符合工程特点。

b.各子分部的施工方法和措施是否合理有效。

c.混凝土结构控制措施是否符合要求。

模板的选用和安装方式及控制措施是否满足质量要求和进度需要,是否经过强度验算;钢筋的加工方式、试件制作,钢筋安装、保护块选用等是否符合规范和设计要求。

混凝土各层数量及大致浇筑时间安排,混凝土运输方式、时间控制,混凝土浇筑用泵和数量的选择(结合现场条件和流水作业面确定)。

混凝土浇筑时施工缝留置位置及继续浇筑前的处理方法是否符合设计要求。

混凝土浇筑过程的控制能否保证混凝土质量;对垫层混凝土浇筑,底板混凝土浇筑,柱、墙混凝土浇筑,梁、板混凝土浇筑,楼梯混凝土浇筑,框架梁、柱节点混凝土浇筑等是否有结合工程特点的具体控制措施。

混凝土养护的措施是否符合规范要求。

试块(包括同条件养护试块)制作和养护是否满足规范要求。

5)盾构施工相关方案审查

(1)管片生产施工方案审查要点

管片生产一般属于专业分包,监理单位审查要点如下:

①管片数量是否按照设计图纸的线路要求进行了排版设计,并按照排版设计确定管片数量。对于采用标准环和转弯环组合的管片,首先应分别确定标准环和转弯环数量,考虑适当的转弯环富余量(直线段一般至少考虑 5 个标准环搭配 1 个转弯环)。

②管片生产计划是否满足盾构掘进进度计划的需求。

a.应列出不同类型管片的需求进度计划,然后对应不同类型的管片制订生产计划。

b.考虑到管片生产后一般要 28 天以后才能投入使用,因此,管片生产应该有足够的提前量,在需求计划中应明确管片最大存量。

c.应明确特殊管片的生产时间。

d.应考虑足够的管片试生产时间。一般要求管片外观质量合格,三环拼装试验、抗弯试验、抗拔试验和检漏试验完成且验收合格后,才能开始正式生产。

③管片厂生产条件是否满足本标段施工需求。

a.结合管片生产的需求情况计算管片钢模数量是否满足需求。

b.管片养护场地是否满足养护 14 天的需求,其中养护池至少满足 7 天水养需求(北方冬季结冰的城市应满足水养 14 天的需求)。

c.管片堆放场地是否分标段分别堆放,堆放场地能否满足最大管片存量需求。

d.钢筋笼加工靠模数量是否满足要求。

e.钢筋焊接是否采用先进的焊接技术(如二氧化碳保护焊)。

④管片生产配合比是否满足要求。试生产前,需要进行配合比试验,至少对于拟用的不同品种水泥各准备一组配合比。

⑤管片生产试验种类、试验方法是否明确。特别注意管片抗弯试验、抗拔试验、检漏试验、三环拼装试验等检验方法和频率应明确。

⑥应明确管片编号的编制方式。在内弧面和管片侧面清晰地标注管片类型、管片生产日期、模具编号及生产序号。

⑦管片生产质量保证措施健全,进出场检验程序健全。

a.管片厂的生产管理组织架构是否健全,总包商和项目监理机构应有管理人员常驻管片厂。

b.管片生产试验室场地、人员和设备应满足要求。

c.应明确不合格管片的判定标准及处理方式。

(2)端头加固施工方案审查要点

①根据补充地质勘察资料,判断加固方法是否合理。

②端头加固的水平和竖向范围是否满足要求。

③端头加固施工工艺流程是否满足要求。

④对于围护结构与加固体之间、不同类型加固工法之间、岩面与搅拌(旋喷)桩之间的加固节点处理措施是否有效。

⑤加固设备选择、加固工艺流程是否合理。

⑥加固体检测手段是否满足要求。

⑦加固时间安排是否合理,确保满足盾构始发、接收要求,且与车站或竖井施工不相冲突。

⑧加固材料进场检查验收,加固浆液的配合比确定,加固浆液使用量的签认是否完善。

⑨质量保证措施是否到位。

(3)盾构始发/到达施工方案审查要点

①盾构始发方案审核要点。

a.始发架、反力架设置是否合理,其中反力架应有计算书。

b.始发姿态控制是否合理,特别是曲线始发的定位方式。

c.防滚动、防管片椭变、防管片松弛等措施是否到位。

d.始发测量方法、监测方法是否完善。

e.负环管片安装位置是否正确,并附有纵剖面图。

f.始发掘进参数的控制是否合理。

g.密封环板选择是否满足设计要求。

h.洞门凿除方法是否合理,包括凿除计划、凿除方法、凿除顺序、凿除人员安排、安全措施等。

i.始发风险辨识到位,应急措施到位。

j.拆除负环管片时间是否合理。

②盾构到达方案审核要点。

a.接收架设置是否合理。

b.到达姿态控制是否合理。

c.防滚动、防管片椭变、防管片松弛等措施是否到位。

d.到达测量方法、监测方法是否完善。

e.负环管片安装位置是否正确,并附有纵剖面图。

f.到达掘进参数的控制是否合理。

g.密封环板选择是否满足设计要求。

h.洞门凿除方法是否合理,包括凿除计划、凿除方法、凿除顺序、凿除人员安排、安全措施等。

i.到达风险辨识到位,应急措施到位。

(4)盾构掘进与管片拼装施工方案审查要点

①进度计划。

a.能否满足总施工组织设计要求,是否给附属工程、站内结构留有足够施工时间。

b.特别注意特殊地段(如盾构始发和到达)进度安排是否合理,换刀时间是否考虑充分,是否针对不同地层特点安排进度。

c.隧道清理、堵漏时间的安排是否合理。

②平面布置及设备投入。

a.场地布置能否满足工程需求。

b.后配套设备选择能否满足工程需求,电瓶车编组方式是否合理,如电瓶车牵引力能否满足运输强度需求和隧道坡度要求,设备数量、备件是否足够等。

③盾构掘进施工方法是否合理。

a.针对不同地层和地面环境条件下的掘进模式选择。

b.掘进参数选择。

c.结合不同地段添加剂的选择,注浆方式的选择。

d.测量方法,纠偏方法。

e.刀具选择,换刀地点选择。

f.重大风险点的辨识和处理方法。

④质量保证措施是否到位,特别注意管片如何排版,如何针对不同的线形和盾构掘进纠偏进行管片选型,管片拼装破损、开裂或渗漏的处理方法。

(5)管线、建筑物保护方案审查要点

监理单位在审查承包商编写的建(构)筑物和管线保护方案时,主要审查所采取的保护措施是否具有安全可靠性,能否在盾构掘进过程中保证建(构)筑物及管线的安全,审查要点如下:

①审查承包商上报的建(构)筑物和管线保护对象是否齐全,有无缺省项目及对象。

②审查建(构)筑物和管线保护措施是否满足要求。

③审查沿线需要鉴定的建(构)筑物是否按要求完成鉴定工作。

④审查拟采取的技术保护措施能否满足要求。

⑤审查承包商是否按合同、施工图要求进行管线保护。

（6）地下障碍物处理施工方案审查要点

①施工单位应根据地下障碍物处理设计方案及时编制施工方案。监理收到施工方案后应及时、认真地进行审查，提出审核意见。

②特别注意：由于地下障碍物处理有较大的安全隐患，方案中除有保障安全的措施以外，还应有应急措施或专项应急预案。

复合地层盾构施工中，盾构机动态平衡掘进，掌子面撑得住，掘得进，渣土排得出，盾构掘进才能连续作业，持续推进。实际施工中会遇到盾构姿态超偏、管片上浮、盾构掘进滞排、泥饼、喷涌等典型施工问题，这些问题看似简单常见，一旦疏忽，控制不及时，不仅导致盾构停滞不前，工期不可控，甚至造成严重的质量与安全问题。

13.3　盾构掘进工作内容的监理要点

1）盾构掘进姿态超限监理要点

（1）盾构机纠偏监理控制流程

盾构机纠偏监理控制流程，如图 13-1 所示。

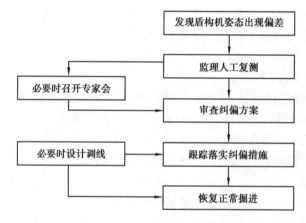

图 13-1　盾构机纠偏监理控制流程

（2）盾构纠偏控制要点

①盾构掘进时的预偏控制。

a.盾构掘进时，先考虑给隧道预留一定的偏移量，本方法属于事前控制，主要应用于始发及急曲线掘进。

b.为了避免盾构机在软弱地层中始发出现"磕头"现象，在始发过程中，盾构机应保持向上抬头的趋势。如果发现有"磕头"趋势，应立即调节上下部压力，维持盾构机向上趋势。

c.在急曲线掘进过程中将盾构机沿曲线的割线方向掘进，管片拼装时轴线位于弧线的内侧，以使管片出盾尾后受侧向分力向弧线外侧偏移时留有预偏量。预偏量的确定往往需依据理论计算和施工实践经验的综合分析得出，同时需考虑掘进区域所处的地层情况。一般预偏量控制在 20~60 mm。

②管片选型对纠偏的控制。

a.管片选型有三个原则:第一,适合隧道设计线路;第二,适应盾构机的姿态;第三,适合盾构千斤顶的行程,这三者相辅相成。

b.根据盾构机的走向,为使管片的轴线与盾构机的轴线重合,盾尾间隙均匀,整个管片受力均衡,在进行纠偏调整的过程中需对管片正确选型。

c.根据盾尾间隙,尽量选择合理的管片类型,严格控制管片拼装质量,避免因此而引起的对盾构机姿态的调整。

d.根据推进油缸的行程分析,封顶块要拼装在行程最短的一侧。

e.当管片与盾尾间夹角较大时,采用较小管片(如 1.2 m 宽),可有效减少管片与盾尾间的摩擦,提高盾构机的有效推力。

③千斤顶掘进速度与推力。

a.盾构机千斤顶一般设有分区,各区千斤顶相对独立,同一分区千斤顶动作一致。纠偏是通过增加相对两侧油缸推力差来改变盾构机的运动方向,以实现对盾构机姿态的控制。

b.竖直方向纠偏:盾构机抬头时,可加大上部千斤顶的推力进行纠偏;盾构机磕头时,可加大下部千斤顶的推力进行纠偏。水平方向纠偏:向左偏时,加大左侧千斤顶推力;向右偏时,加大右侧千斤顶推力。但在纠偏过程中加大油缸推力的同时,要注意管片的承受能力,避免造成管片破裂。另外,要注意在盾构掘进启动时,掘进速度要以较小的加速度递增,这样可以避免产生千斤顶起始推力过大的问题。

c.在盾构机姿态控制中,推进油缸的行程控制是重点。对于 1.5 m 宽的管片而言,原则上推进油缸的行程控制在 1 700~1 800 mm,行程差控制在 0~50 mm。行程过大,则盾尾刷容易露出,管片脱离盾尾较多,变形较大,易导致管片姿态变差;行程差过大,易使盾体与盾尾之间的夹角增大,铰接油缸行程差加大,盾构机推力增大,同时造成管片的选型困难。

d.使用盾构机的铰接装置,可以使盾构机的前筒、后筒与曲线趋于吻合,预先推出弧线态势,为管片提供良好的拼装空间,在采用压力差纠偏过程中也往往开启铰接辅助控制,需注意铰接不能与推进油缸行程及掘进趋势方向相反,即铰接油缸最小长度方向与推进油缸相同,合理控制铰接行程及行程差,以保证盾体(前体及中体)与盾尾轴线夹角不致过大。盾体与管片轴线夹角过大时,盾尾会出现卡死现象,而铰接无法提供较大的拉力,此时也可更换刚性铰接,一方面可以杜绝铰接拉脱事件,另一方面可将盾体连接成一个整体,避免由于盾尾卡死而出现机头晃动造成的趋势变化假象。

④同步注浆及二次注浆。

a.同步注浆与二次注浆在盾构纠偏中作为一种辅助方法出现。例如在小曲线掘进过程中,如不立即对盾体及管片周边注浆固定土体,则无法得到合格的盾构推进反力,因此带来管片的变形、隧道的位移,最终使隧道轴线发生偏移。

b.注浆需注意注入时间、位置、压力及注入量等参数的控制。另外,在纠偏过程中,当盾体轴线与管片轴线夹角过大时,会出现盾尾卡死现象。此时注入浆液可采用惰性浆液(钠基膨润土+水玻璃,配合比要根据试验进行确认),起到止水、填充作用,且不会发生盾尾固死、盾尾刷破坏及盾尾漏浆现象。

c.对注入浆液要做好质量控制,检查浆液的初凝时间、终凝时间、离析比等指标。

⑤超挖刀的控制。

a.在盾构纠偏中,采用超挖刀也成为目前一种常用方法。纠偏用超挖刀主要有仿形刀、羊角刀及改造的边缘刮刀等多种形式。采用超挖刀的目的就是为盾构的纠偏提供合理的空间。超挖量过大,将扰动土体,严重时引起地表较大沉降,容易造成较长时间的后期沉降;过小,将不能充分发挥铰接装置的作用。采用超挖刀时,超挖范围与超挖量为关键控制点。

b.实践发现,水平、垂直纠偏往往同时存在,一般先把垂直姿态稳住,再进行水平纠偏,也就是说要一个方向纠完,再纠另一方向。

c.盾构姿态出现超限时,往往会引起其他不良因素的出现。因此,纠偏方法的采用也是多样的,存在主次之分。监理工程师在盾构机纠偏过程中应多听取专家意见,及时准确地收集盾构机各项参数与测量数据,认真进行综合分析,并严格按已定措施有计划、有步骤地进行。

2)盾构掘进喷涌监理要点

(1)事前控制

①熟悉图纸和地质补勘资料,分析可能出现喷涌的地层(如粉砂层、粗砂层、中风化层、微风化层,岩溶地层、断裂构造等),审核喷涌处理和应急方案。

②预备土仓外加剂(如膨润土、高分子聚合物等),当出现喷涌时可以适当添加外加剂改善渣土的和易性。

③在水量较大或土层渗透系数较大的地段掘进时,采用螺旋输送机闸门控制,加注泥浆或高效聚合物,必要时采用保压泵渣装置。同时,利用盾构机配套的二次注浆设备及时注浆,在管片外周形成连续的封闭环,防止管片周围的地下水串通,避免喷涌。

④盾构机选型方面,螺旋输送机选择具有土塞效应的中轴式螺杆和间断式螺杆,增加保压泵渣装置;在隧道转弯半径允许的前提下,选择双螺旋出土。在设计盾构刀盘时,优化设计好刀盘的开口率和刀具,使切削进仓的颗粒较小且均匀;同时考虑加强同步注浆和二次注浆的能力。

(2)事中控制

①发生喷涌时停止盾构机的掘进,关闭螺旋输送机的入口和出口仓门,防止渣土从螺旋输送机处大量涌出。

②当喷涌发生时,应及时通知测量人员加强地面监测工作,安排专人对盾构机所对应的地面位置进行全天24 h巡查,发现异常及时向上级领导汇报并采取积极有效的措施控制地面沉降。

③及时清理喷射在盾构机内的渣土和泥浆,并对渣土和泥浆的数量以及状态做好记录。

④制定渣土改良参数,并马上执行。如果泡沫达不到要求的话,则改用加注高效聚合物和膨润土溶液进行渣土改良。

⑤高效聚合物或膨润土溶液注入土仓之后,慢慢地转动刀盘2~3 min,然后打开前仓门,观察后仓门的土压,如果还是大于0.1 MPa以上,则继续加入高效聚合物或膨润土溶液进行搅拌,直到后仓门的土压小于0.1 MPa的时候,打开后仓门进行出渣,恢复正常掘进。

⑥通过管片进行双液二次注浆,以便尽快封堵隧道背后汇水通道。

⑦做好盾构机及后配套设备的后勤保障工作,保持连续快速推进,不能因盾构机后配套设备故障而影响掘进。

（3）事后控制

①螺旋出土器出口有大量渣土后，应及时进行人工清理、运出。隧道内积水应立即抽出。

②发生地面沉降过大的情况后，地面应加密监测。隧道内盾构机土仓保压。

③依据地面监测情况，对管片做好二次注浆工作。

④对地面做物探扫描或开孔检查，确认有无超出土。

3) 盾构掘进结泥饼防控要点

（1）泥饼成因分析要点

①地质因素。

容易在盾构掘进过程中形成泥饼的地层有：可塑、硬塑状的黏土类地层、黏土质砂土地层、泥岩、泥质粉砂岩、母岩为花岗岩的残积土层、全风化岩层和强风化岩层等。根据地质常识，黏土类地层和黏土质砂土地层经"成岩作用"分别将演变为泥岩泥质粉砂岩或泥质砂岩。前者是土，后者是岩，两者土力学性质差别很大，但岩与土的矿物成分相似。

②盾构机选型。

黏土矿物含量超过 25% 的各类地层仅是泥饼形成的物质基础，盾构机是否制造泥饼关键还在于盾构机选型。与泥饼形成有关的盾构机主要系统有刀盘系统、密封仓和搅拌系统、螺旋输送机出土系统等。

盾构刀盘和刀具设计制造缺陷会导致施工掘进中泥饼的产生。刀盘中心区开口率是泥岩和砂岩地层盾构掘进中结泥饼的重要因素。如广州地铁采用的三菱、小松、海瑞克、威尔特等盾构机开口率多在 33%～38%，可以认为 33% 是保证少结泥饼的开口率下限值。刀盘内的搅拌棒及辐条型式、数量也是泥饼产生的另一因素。刀具布置不合理会导致切削下的砂土块度不均、滚刀磨损，进而降低掘进和排土效率，使其产生泥饼。

③施工因素。

从施工角度来说，"制造"泥饼的因素主要有：对地质条件的误判（认知问题）；建立土压平衡模式并设定过高的出土压力；未用或未针对性应用"渣土改良剂"等；盾构机产生的高温、高热量；密封仓土体饱满的情况下长时间停机。

（2）防结泥饼监理要点

①地质研究。

认真研究地质资料，是选好盾构机的基础；现场跟踪施工全过程地质条件的变化，并根据地质条件改善施工措施。

②盾构机选型。

当隧道洞身为黏土层、黏土质砂土层、泥岩、泥质粉砂岩、花岗岩残积层、全（强）风化花岗岩等软岩类（小于 30 MPa）地层，并且黏土矿物含量超过 25% 时，盾构机选型需考虑预防结泥饼的（措施）设施，诸如：

a.刀盘系统。

刀具的布置要层次清楚，其中滚刀和刮刀的高差宜大于 35 mm。刀盘中心区直径 2.0 m 范围内少设或不宜设置滚刀，尽可能增大开口率，也可设置独立驱动的中心子刀盘或高出面板 40 cm 以上的中心刀群，刀盘的扭矩也应相应增大。

b.宜设置搅拌棒，尤其是能进行注泥浆、注泡沫、注水的固定搅拌棒必须设置，位置宜设计在轴承密封圈内侧。

c.仓体的容积(即密封仓的宽度)宜设计为 $25\sim30\ m^3$(就直径 $5\sim7\ m$ 的盾构机而言)。

d.螺旋输送机的伸入长度宜超过密封仓宽度的一半以上。

e.装备有泡沫生产机、辅助气压作业和盾构机冷却设备等。泡沫类添加剂可通过刀盘面板和搅拌棒内注浆管路注入。

③施工措施。

在易结泥饼的地层中掘进时,应考虑以下措施:

a.根据地质条件,有针对性地向土仓和刀盘面板适量加注高质量的泡沫、聚合物、膨润土,或其中的两种混合液甚至三种混合液等,以改善土体的和易性和流塑性。

b.掘进过程中及时判断结泥饼的情况。当掘进中出现速度逐步降低,推力明显增大,扭矩逐渐减小的情况时,刀盘及刀具可能已开始结泥饼,要及时采取相应措施。

c.浅埋隧道施工中,当刀盘开口率小于40%,并且地层标贯值大于20的情况下,即地层相对自稳时,设定的出土压力不宜超过主动土压,并且最好控制在 0.1 MPa 以下,宜采用欠土压平衡模式掘进。

d.若地层稳定性较差,但隔气性较好时,宜采用辅助气压作业土压平衡模式。

e.采用冷却措施,避免土仓高温、高热。

f.避免土仓饱满时长时间停机,宜以泥浆代替部分土体充填土仓。

13.4 盾构在砂层中掘进监理要点

1)盾构过砂前施工管理监理要点

①盾构过砂层前,监理工程师需熟悉工程的地质资料、施工图纸,督促施工单位对隧道施工影响范围内的建(构)筑物、地下管线等进行调查,必要时可对建(构)筑物、地下管线等进行鉴定。

②盾构机需长距离过砂层或砂层上方存在建(构)筑物、地下管线时,监理工程师需要求施工单位上报专项施工方案,并对方案进行审核。

③盾构过砂层前,监理工程师需组织施工单位对盾构机及配套设备进行检查,确保设备无故障状态进入砂层,避免盾构机在砂层中停机。具体可参照表13-1进行检查。

表 13-1 盾构机及配套设备的检查

检查项目	检查方法	检查结果	备注
刀具	根据盾构掘进的速度、推力、扭矩等参数判断刀具是否在穿越砂层前需要更换		
刀盘转动	根据盾构掘进的参数及日常的工作状态,判断刀盘转动是否存在故障		
主轴承密封系统	根据盾构机日常工作的状态,判断主轴承密封系统是否存在故障		

检查项目	检查方法	检查结果	备注
土压传感器	土压传感器显示压力是否与实际一致,若出现差异可进行校核		
外加剂注入系统	外加剂注入系统工作是否正常,管路是否通畅		
润滑油脂注入系统	润滑油脂注入系统工作是否正常,管路是否通畅		
密封油脂注入系统	密封油脂注入系统工作是否正常,管路是否通畅		
盾尾油脂注入系统	盾尾油脂注入系统工作是否正常,管路是否通畅		
管片拼装机	管片拼装机工作是否正常,是否存在故障		
校接密封	校接密封是否严密,是否存在漏水现象		
盾尾密封	盾尾密封是否严密,是否存在漏水、漏浆等现象		
螺旋输送机及闸门	螺旋输送机工作是否正常,前、后闸门能否关闭		
同步注浆系统	同步注浆系统工作是否正常,注浆管路是否通畅		
自动测量系统	自动测量系统工作是否正常,是否需要移站,如需移站应在盾构穿越砂层前完成		
后配套设备	后配套设备工作是否正常,是否存在故障		
电缆线	电缆线的长度是否满足一次性穿越砂层的需要		
水平运输设备	电瓶车工作是否正常,是否存在故障		
垂直运输设备	龙门吊工作是否正常,是否存在故障		
砂浆拌和站	砂浆拌和站的设备工作是否正常,能否满足盾构掘进的需要		

检查意见:	签名:	日期

注:检测中若设备存在故障或工作不正常,必须在盾构机进入砂层前进行维护和修理。

2) 土压盾构过砂层掘进监理要点

（1）不同地层组合的掘进监理要点

①隧道上部为砂层的掘进控制。

土压盾构在这种地层条件下掘进时,刀盘转速和推力应控制得当,建立稍高的土压,不可对上覆砂层造成过大扰动或击穿较薄隔水层。同时,严格精确地控制出土量。在监理过程中,监理工程师应按以下要点进行监理:

a.土仓压力控制。土仓中部的压力应该保持稍高于侧向水土压力,土仓压力的变化控制在±0.03 MPa。一环掘进结束时为防止拼装管片发生土压下降,可将土仓压力提高 0.03 MPa。

b.刀盘转速控制。刀盘转速过快会对地层造成扰动,一般可将刀盘转速控制在 1~1.5 r/min。在掘进速度相同的情况下可减少刀盘对土体的扰动次数,从而减少地面沉降。

c.掘进速度控制。盾构在该种地层条件下掘进以快速平稳通过为原则,推进速度应尽量保持平稳,在条件允许的情况下将其控制在 30 mm/min,保持匀速推进,避免刀盘转动时间过长而造成上部砂层坍塌。

d.掘进姿态控制。盾构机在过砂层时姿态应控制在±50 mm 以内,并使姿态保持平稳,尽量避免进行频繁的纠偏量较大的纠偏操作以减少对地层的扰动,从而减小上部砂层的坍塌可能。当盾构机处于上部砂层下部岩层的地层条件时,盾构机的垂直姿态应控制在−20 mm 左右,防止盾构机出现垂直姿态超限(即盾构机出现抬头现象)。

e.盾构出土控制。盾构机过砂层时必须严格控制出土量。理论出土量可根据 $V = 3.14 \times R^2 \times L \times K$(式中:$V$ 为理论出土量,R 为盾构机刀盘切削半径,L 为掘进一环的长度,K 为渣土松散系数)进行计算。按照盾构机千斤顶单位行程来进行出土控制,防止因多出土而引起地表塌陷。

f.管片背后注浆控制。饱满的管片背后注浆可以有效地控制地表沉降。盾构过砂层时,注浆需利用注浆量和注浆压力进行双向控制。由于砂层渗透性好,同步注浆的浆液应选择初凝时间较短的硬性浆液(即提高浆液中水泥的含量)。注浆量控制在理论空隙量的 130% ~ 180%,一般取 180% 进行控制,可根据地层情况进行适当调整。对直径 6 280 mm 的盾构机,注浆压力应控制在 0.3~0.5 MPa,最大不超过 0.5 MPa,防止因注浆压力过大造成管片错台。对于脱出盾尾的管片须及时进行二次补充注浆,防止管片出现上浮现象。

g.密封系统管理。盾构机过砂层时需加强各密封系统密封油脂的注入量,保证各密封系统能够高效工作。盾构机三大密封系统包括主轴承、铰接密封和盾尾密封。

h.外加剂的使用。盾构机掘进中要合理选择外加剂,加强渣土的改良,使其具有良好的流动性和可塑性,可有效地防止喷涌、结泥饼、出土困难等现象的发生。

②全断面砂层中的掘进控制。

全断面砂层土压盾构掘进,实际上是一种均一地质环境条件下的盾构施工,掘进控制与上述地层类似。所不同的是:

a.若砂层含水量高,掌子面透水性好,水头压力大,主要是防止螺旋机的喷涌;若砂层含水量少,甚至是无水砂层(如铁板砂),则主要是防止螺旋机出现出土困难、刀盘扭矩及盾构机推力增大等问题。因此,要选择合适的外加剂,以便改良砂层的和易性,使开挖面形成均质、流动性好的塑性流动体。

b.在该种地层条件掘进时,盾构机的姿态应控制在±30 mm 左右。砂层含水量较高时,可将盾构机的姿态控制在−20 mm 左右,防止因管片出现上浮而导致管片姿态超限,做好同步注浆,及时进行二次注浆。

(2)渣土改良监理要点

①渣土应具备的性质。

土压盾构能否在砂层中顺利施工,渣土改良是至关重要的。土压盾构过砂层必须使用外加剂对开挖土体进行改良,使之接近理想状态,应该满足:

a.不易固结排水,不易"结饼",尤其是上部砂层下部残积土地层。

b.土体处于流塑状态,易于压力传递,易于搅拌,尤其是中粗砂层。

c.土体具有不透水性,不发生"喷涌",尤其是上覆砂层或上部砂层下部岩层。

②常见外加剂的特性及适用地层。

a.膨润土。适合细粒含量少的砂土。对于细粒含量少的砂土地层,为了使开挖下来的渣土具有一定的流动性和止水性,保证盾构机的正常推进,盾构机压力仓内的土体必须保证一定含量的微细颗粒,这种微细颗粒的含量应该在 30%以上。所以,膨润土泥浆适用于细料含量少的中粗砂土、砂砾土、卵石、漂石等地层,主要原因是膨润土泥浆能够补充砂砾土中相对缺乏的微细粒含量,提高和易性、级配性,从而可以提高其止水性。

b.泡沫。适合颗粒级配相对良好的砂土。对于颗粒级配良好的砂土,其粒径分布范围较广,而泡沫本身的尺寸也不均一,这样更容易落到土粒间的孔隙中,和土颗粒接触更紧密。在级配相对良好的砂土中,因为泡沫会和土体颗粒结合得更完整和致密,能更充分地置换砂土中的孔隙水进而填充原来的孔隙,所以容易形成更多封闭的泡沫。正是由于大量封闭泡沫的存在,才使得砂土的渗透系数降低,止水性增强。

c.高分子材料。适用于黏土、淤泥及泥质砂层类。它附着于黏土和淤泥及泥质砂层的表面,形成非常黏稠的保护膜,使其提高挖掘土塑性流动,从而提高止水效果。高分子材料对于砂层有提高塑性和止水效果,对于黏性土层可防止刀盘前及土仓内结泥饼现象。加入适量高分子材料后,渣土保水性好,使其排土顺畅。所以,高分子材料适用于软弱地层盾构掘进。需要注意的是,对水+砂的混合料掺入高分子材料没有明显效果。盾构掘进过程中,土仓中适当的黏土比例对注入高分子材料的效果是有正面影响的。

③在各类砂层中使用外加剂需要注意的几个问题。

a.在推进或停机过程中,需排除由于存在泡沫导致土仓内气压增大、出现"虚土压"效应的情况。否则,达不到真正的土压平衡掘进,容易导致掌子面失稳,继而出土量超限,地表沉降加剧。

b.含水量大的砂层,应适当降低泡沫的发泡倍率(FER = 10 ~ 12,即泡沫不能太稀)。否则因为泡沫的表面张力降低会降低其稳定性,即提前破灭。

c.若断面内砂层颗粒较粗且级配不连续,即细颗粒缺失时,应考虑向仓内添加膨润土泥浆。膨润土浆液按照膨润土:水 = 1:10(质量比)配制,注入量为 10% ~ 15%。

d.高分子材料的浓度和注入比例主要依据砂层的含水量以及掌子面内的黏粒粉粒总含量来进行调整。若含水量大,黏粒粉粒含量低,则相应地增加浓度与注入比例。如中粗砂层:浓度 2‰ ~ 3‰,注入率 15% ~ 40%;粉细砂层或存在残积土层:浓度 0.3‰ ~ 1‰,注入率 8% ~ 10%。

(3)监测及测量监理要点

①盾构在砂层中掘进时,要对地表及施工影响范围内的建(构)筑物进行监测。监测点的布设、监测频率必须严格按照施工图纸要求进行。同时监理工程师要对监测数据进行分析,出现异常情况要及时督促施工单位采取措施进行处理。

②在砂层中掘进时,由于地层的特性,隧道成型管片易出现椭变、上浮等现象。因此应加强对成型管片姿态的测量,出现异常变化需及时督促施工单位采取措施进行处理。

3)软硬不均地层盾构掘进监理要点

软硬不均地层,就是在盾构隧道范围内存在明显分界的两类或多类地层,且下部地层比上部地层或左右两侧地层的强度等级大较多的一种特殊地质地层,强度相差几十兆帕甚至一百多兆帕。软硬不均地层以上软下硬最为典型,既有砂层、软土层、软岩等地层的不稳定性,又有硬岩的强度。在盾构机推进过程中,刀盘切削掌子面土体上部软地层较易进入盾构土仓,而下部较硬岩体不易破碎,盾构机姿态较难控制,就会出现姿态超限,导致管片错台、碎裂等质量问题。

(1)盾构掘进前监理要点

①在盾构区间始发前,要详细掌握该区间地质情况,根据地层,提醒、监督承包商配置适宜该地层的刀具,以减小中途更换刀具的风险。

②为了准确掌握地层情况,在盾构机到达该地层前,根据地质勘察资料监督承包商加密补勘。尤其断面要特别对待,岩层变化较大时,每个断面可设置3个钻孔,尽量准确探明上软下硬地层的软硬分界面、硬岩侵入隧道的起伏情况、是否存在孤石等,以便选择合适的参数。钻孔完成后要进行封堵,封堵要密实,以防影响盾构机保压。

③审核承包商绘制的加密地质剖面图、断面图,结合设计图纸、隧道线路讨论掘进参数。根据情况,必要时(情况复杂时)要求承包商上报专项的盾构掘进方案。

④在进入该地段前,监督承包商检查、复核测量系统,校核及调整盾构机姿态,加强注浆稳定管片,以保证先期隧道的稳定。

⑤监督检查盾构机主要设备、部件的运行状况,做好维修保养及调整。特别是盾构机铰接系统的运行状况,其是否能正常使用和能达到设计的最大铰接拉力及行程将直接影响盾构纠偏的效果。

⑥核实现场准备的应急物资。如地面沉降较大、塌陷、隧道管片位移、碎裂、姿态超限、刀具更换(非计划性)等问题而引发的物资使用和后续处理,尽量减少盾构机停机。

⑦在开始进入此类区域时,要引起足够的重视。在承包商针对此类地层进行详细的技术交底时,交底内容要有针对性和警觉性。发现问题、出现异常时要及时上报。应与各方讨论处理措施,严禁私自做出处理或纠偏,以免问题恶化而失去控制。交底全过程监理必须旁站。

⑧在开始掘进此地层时,最好能提前调整盾构机使其具有下潜的趋势,垂直姿态根据地层情况保持在-30 mm 左右,以便能够在不超限的情况下调整好盾构机姿态。

⑨检查地面沉降控制点是否按设计和方案布设,其沉降点的设置能否结合地质情况及时并真实地反映出地面沉降、塌陷等异常。

(2)盾构掘进过程监理要点

①盾构推力控制。

a.在上软下硬地段掘进时,刀盘和刀具的受力是不均匀的。硬岩部位受的力较大,如果推力过大,势必造成部分刀具提前破坏甚至刀座变形、刀盘变形等。

b.根据以往盾构施工在上软下硬地段的掘进情况和刀具等破坏情况的总结,最大推力用下式可得:$P=mT$(m 为硬岩范围内的滚刀数量;T 为每把滚刀能承受的最大力),结合地层情况计算,盾构机掘进推力不宜超过此公式计算的 P 值。

②刀盘转速。

在上软下硬地层中掘进时,刀盘转速不宜过快,最好是匀速地慢慢向前推进,刀盘转速控制在 1.6 r/min 为宜。实际工作中要结合掘进速度、刀具损坏情况作调整。

③刀具贯入度。

a.在上软下硬地层段掘进,防止刀具非正常损坏和发生偏磨是控制重点。一般情况下,刀具贯入度不大于 5 mm/r。

　　b.在掘进过程中,要随时掌握渣土情况及刀盘磨切声响,出现异响或异常要及时作出处理,以防刀具损坏。

　　④切口压力。

　　在掘进过程中,土仓压力(切口压力)应根据盾构机埋深和相关物理参数等计算决定。但在上软下硬地段中掘进时,掘进速度慢,扭矩较大,保持真正的土压平衡比较困难。可采用气压平衡模式掘进,关键是要保持土仓压力平稳,减少异常波动,要严格借助地面沉降情况适时调整切口压力。

　　⑤掘进速度。

　　盾构掘进速度是根据盾构推力和刀具贯入度决定的,不宜过快。一般在此类地层中不宜超过 10 mm/min,最好能够控制在 5 mm/min 左右。

　　⑥刀盘扭矩。

　　a.由于局部存在的硬岩和受力不均对刀具的磨损很严重,应减少刀具在连续工作时受到的冲击力以保护刀具。刀盘扭矩是刀具在受到冲击力后的直接体现,可以降低刀盘扭矩以求得在现有刀具条件下的最佳掘进效果。在软硬不均的上软下硬地层中,对直径 6 280 mm 的盾构机,刀盘扭矩最大值不宜超过 1 600 kN·m。

　　b.由于刀具和软硬不均地层岩面做周期性碰撞,刀盘振动很大,要加强观察刀盘扭矩变化和仔细聆听刀盘声音,防止刀盘被卡死或出现意外。

　　⑦出土量控制。

　　a.土压平衡盾构机相对泥水平衡盾构机的出土量控制较为直观,可以通过渣斗车来衡量,螺旋输送机转速来控制。

　　b.泥水平衡盾构机就要通过量测、计算等辅助手段掌握其干砂量,以确定软土部位是否超挖或塌陷。

　　⑧同步注浆、二次注浆。

　　a.盾构机在上软下硬地层中掘进时,同步注浆以压力控制为主。由于地层稳定性差,地层在延迟注浆的时间内可能发生坍塌,注浆量可能有所减少,但注浆压力不应小于 0.35 MPa。

　　b.注浆位置根据隧道管片姿态和盾构机姿态进行选择,如管片有上浮现象,则选择顶部两个注浆管进行注浆,而且管片二次补浆要同时跟进(注浆环数与掘进环数间隔 4~5 环),以便进一步稳定管片,保证后续隧道掘进。

　　⑨盾构机姿态控制。

　　a.上软下硬地层中的盾构机姿态控制是关键。掘进时,极易发生盾构机垂直姿态上浮。如控制措施失妥,就会发生盾构机垂直姿态超限而失去控制,严重者造成管片碎裂、盾尾卡死、隧道报废等。

　　b.进入该地段初期就要调整好盾构机趋势,建议盾体最好能有下潜的趋势,以保证盾构机在掘进过程中能很好地切削下部较硬岩层,在一定程度上减少刀具对底部岩层切削不足而引起盾体逐步上滑。最好能在不超限的情况下,适当创造一定的调整范围(进入上软下硬地层时盾构机垂直姿态调整至-30 mm 左右)。

　　c.当刀盘接近上软下硬分界岩面时,如果盾体趋势与分界面线相一致,或边缘刀具不能切入底部岩层中时,盾构机就会随着岩面运动,姿态就会出现超限。建议在掘进初期,在开始(切削)超挖底部岩层时,要有足够的下潜力量,结合姿态的变化和各参数,分析得出最佳的参数配置。

⑩推进千斤顶分区油压、行程差。

盾构机在上软下硬地层中掘进时,每掘进一段时间(或每掘进 50 mm、100 mm)就要计算一次实际行程差,以复核盾构机姿态及趋势的变化,根据异常情况及时调整分区油压等参数,以稳定盾构机的三维变化而满足设计线路要求,要对细微的参数变化作出反应。

⑪盾构铰接控制。

a.不管盾构机配置的是主动铰接还是被动铰接,在日常掘进过程中,宜采取不开铰接、处于回收状态下掘进,一般的小量姿态调整、纠偏也不需要打开铰接。

b.当盾构机姿态出现大的偏差或失控时,在纠偏过程中就必须使用铰接,而且铰接拉力和推进千斤顶的力量要足以拖动盾尾而不出现盾尾卡死现象。必要时可借助外加千斤顶使盾尾脱困,否则将出现姿态严重超限、管片损坏。

c.为了建立铰接行程差趋势,而不使铰接反复伸缩,则需要更换刚性铰接,以稳定盾体夹角。

⑫渣土状态及温度。

a.为更好地控制土仓压力,增大土仓内渣土的止水性等,应采取措施保持泡沫系统工作状况良好,并及时添加泡沫剂,使渣土具有很好的软流塑性,同时改善仓内及渣土温度。

b.当掌子面地层渗透性很好时,则需向土仓内添加膨润土等改良渣土,以防止发生喷涌。

c.渣土温度过高,存在以下几种可能:刀盘中心或滚刀等已形成泥饼;刀具严重损坏;泡沫剂添加系统故障等。要严密监视渣土情况,及时采取措施。一般情况下,渣土温度过高应立即停止掘进。

d.在上软下硬地层中如存在黏土或泥质岩系,土压平衡盾构机必须加强渣土的改良,确保刀具不发生偏磨。泥水平衡盾构机则要调整泥浆参数,加强刀具冲洗和泥浆循环来减少泥饼的形成,但是不能长时间反复洗仓,否则易发生上部地层的失稳而引发地面坍塌。

⑬管片拼装监理。

管片拼装过程中,监督其做好管片清洗,检查止水条、衬垫的粘贴牢固情况等,要严格控制管片错台,提醒、监督承包商做好管片螺栓复紧。

⑭管片的选型。

a.在上软下硬地层中,盾构机姿态极易发生上浮,在加强掘进参数控制的同时也要加强管片选型的监督,以防错误的管片选型引发盾构机姿态的恶化,给纠偏造成困难。

b.在管片选型过程中,监理要收集数据,如盾尾间隙、推进千斤顶行程差、铰接行程等,结合盾构机姿态和隧道设计线路,提出意见供承包商参考。如出现较大出入或非常时期,则需上报领导并经过讨论确定。

4)盾构通过后监理要点

在盾构通过后,监理仍需关注隧道管片及地面沉降情况,确保隧道稳定或作出后续处理。

(1)管片姿态测量

盾构掘进过程中,每日需对管片进行人工姿态测量,以掌握盾构机姿态及调整参数。在上软下硬等特殊地层中掘进时,盾构机姿态相对难以控制,隧道管片易出现上浮,所以要加密管片姿态的测量次数。必要时,每环均测量,以便及时调整盾构机掘进参数和姿态。同时,经过多次测量数据的比较,检查隧道是否稳定、是否需要补充注浆。

（2）管片补浆

管片补浆是在同步及二次注浆后,由于隧道仍未稳定,需要进行补充加固,以稳定隧道管片。对于上软下硬地层,要重点加强隧道上半部注浆质量和效果。

（3）地面后期沉降监测

对于上软下硬地层,结合地面建筑物、管线等实际情况,在盾构通过后,仍需对地面及建筑物进行监测,观察其后期是否仍有异常变化,以便作出妥善处理。

（4）管片错台、渗漏修补

①如果出现姿态异常,管片错台数量必然增加。大的错台会引起管片崩角、碎裂、渗漏等,影响隧道质量和增加隧道修补量。而较小的错台在管片拼装过程中则可以避免,这就需要加大监督,每拼装一块管片就要检查其接缝平整度,及时进行调整。同时要求承包商增加管片螺栓复紧次数。以上措施可以在很大程度上减少管片错台。

②后期的盾构掘进、隧道变形和注浆压力引起的管片错台,是一个连锁反应,需要加强对每一道工序、技术措施的监理。如均按要求做到位,就可有效避免管片错台和渗漏。而因较大的姿态异常,在管片拼装时就造成了错台,则只能在后期注浆过程中加强止水封闭,必要时增加管片连接、固定和补强等。

13.5　盾构区间联络通道与洞门施工监理要点

1) 盾构区间联络通道施工监理要点

（1）联络通道地层加固和开挖方式

联络通道地层加固和开挖施工工艺必须与地层地质条件和周边环境条件相适应。由于联络通道所处地层不同,所采用的施工方法也不尽相同。目前常用的工法主要有:

①地面环境条件许可,采用地面加固竖井开挖法和地面加固暗挖法。加固方法包括地面搅拌桩加固法、高压旋喷注浆加固法、冻结法等(竖井开挖可参见基坑开挖施工监理要点,搅拌桩加固法可参见搅拌桩施工监理要点,注浆法可参见旋喷桩施工监理要点,冻结法可参见冻结法施工监理要点)。

②地面无作业空间时,采用暗挖法,地层加固只能在隧道内进行,加固方法为水平注浆加固和冻结法加固等(冻结法施工可参见冻结法施工监理要点)。水平注浆加固暗挖法是目前区间联络通道的主要施工方法。

（2）联络通道水平注浆加固监理要点

①设计方案审查,依据地层地质特点,选择注浆加固方式和注浆材料。常用的注浆方式有管幕(棚)注浆、袖阀管注浆、WSS 注浆。浆液有水泥浆、双液浆等。

②注浆材料进场检验和台账管理,保证注浆材料的质量和数量,尤其是水泥用量的管理。

③水平注浆开孔要做好防涌水涌砂,严格开孔作业管理,防喷涌装置要安装到位。

④注浆开始时,先开观察孔,观察地层涌水涌泥情况。后续注浆过程对比注浆效果,修正注浆的配比和孔位的布置。

⑤注浆过程中应注意注浆压力控制,避免压力超过管片承受压力,造成管片质量问题。

⑥通过打设探孔取芯,观察浆脉的渗入情况,观察探孔的来水,判断封水情况,综合评估

注浆效果。

(3)开洞门监理要点

①探孔位置的确定。

着重检查联络通道开挖范围内土体稳固情况,并根据探孔情况确定地层加固的效果。探孔应设置在开挖掌子面的薄弱处、边界处,重点是通道顶部探孔,能代表开挖范围土体的整体稳固情况。

②联络通道钢管片割除开洞门。

a.钢管片先割除第一块,将背后同步砂浆凿除清理后判断掌子面情况。若掌子面稳定无水再进行下一步作业。混凝土管片切割,选择的砂轮片与切割机要匹配,砂轮片应选择韧性较好的型号;切割作业中,要求在砂轮切割正面设置防护隔离装置,防止砂轮片飞出伤人,同时,严禁切割前方站人。

b.剩余钢管片采取拉拔方法拆除。拉拔的吊点及受力点应稳固,采用的钢丝绳和倒链应完好并能满足拉拔受力。避免拆除管片发生大的摆动,冲击伤人。

c.钢管片拆除期间,项目部管理人员(技术人员、安全人员)应现场值班。

d.现场临时用电、动火作业应满足安全操作及管理的规定。

e.拆除的钢管片应及时运出,避免堆放在洞口影响安全门的开闭。

③监理控制要点。

A.超前小导管施工质量控制。

a.材料质量。

钢管、水玻璃、缓凝剂应符合设计和规范要求。

水泥应符合规范要求,采用硅酸盐水泥或普通硅酸盐水泥,强度等级不应低于42.5 MPa。

b.安装前的作业要求。

应将工作面封闭严密、牢固、清理干净。

放线定出钻孔位置。

检查钢管是否直顺,规格及长度是否符合设计要求,是否报验合格。

c.安装作业要求。

应从高孔位向低孔位进行钻孔。

钻孔合格后应及时安装钢管。

遇卡钻、塌孔时应注浆后重钻。

导管如锤击打入时,尾部应补强,前端应加工成尖锥形。

d.注浆浆液制作。

浆液拌制所用材料是否报验合格。

浆液配合比应经现场试验确定。

投料顺序:水泥,同时加入水及缓凝剂,搅拌1 min加入水玻璃,搅拌1 min。

缓凝剂比例控制在浆液的2%~3%。

e.注浆作业要求。

注浆浆液必须充满钢管及周围的空隙并密实,注浆量和压力根据试验确定。

注浆过程中应根据地质、注浆量等控制注浆压力。

注浆口的最大压力严格控制在0.5 MPa以内,以防压裂工作面。

未经过滤的浆液不得进入泵内。

注浆过程中不得溢出及超出有效注浆范围。

注浆结束后应检查其效果,不合格者应补浆。

注浆期间应对地下水取样检查,如有污染应采取措施。

注浆时要严格记录,并计算填充率。一般情况下孔隙的填充率不小于 75%。填充率低,浆液注进得少,固结率就低,开挖就易涌水涌砂。

注浆时,监理必须在场,注浆量必须经监理签字确认才能有效。

注浆质量:一看注入量,二看注浆压力。

f.导管安装质量要求。

导管允许偏差:采用钻孔时,钻孔应不大于导管长度;采用锤击或钻机顶入时,顶入长度不应小于管长的 90%。

纵向两排钢管搭接长度不应小于设计搭接长度。

B.土方开挖施工要点。

a.严格控制开挖轮廓线,必须满足衬砌要求,防止超挖、欠挖,沿轮廓线预留 10 cm 厚,用人工找平,用手工修边。拱部平均超挖值 10 cm,最大 15 cm;边墙、仰拱平均 10 cm。

b.每衬砌前检查一次验收开挖轮廓线。

c.开挖过程中,应进行地质描述,检查与设计是否相符。

d.通道分台阶开挖时,上步台阶施工时应留核心土。上、下台阶在掌子面处留稳定坡度,步距 2~4 m。

e.开挖过程中做好超前探孔,观察探孔的来水情况。

C.初衬混凝土喷射质量控制。

a.原材料质量要求。

水泥:采用不低于 42.5 级的矿渣硅酸盐水泥,使用前对其强度、凝结时间、安定性进行复查试验,其性能符合现行国家标准《通用硅酸盐水泥》(GB 175—2007)的规定。

细骨料:采用硬质、洁净的中砂或粗砂,其颗粒级配、坚固性、氯离子含量指标应符合现行行业标准《普通混凝土用砂、石质量及检验方法标准(附条文说明)》(JGJ 52—2006)的规定,细度模数大于 2.5,含水率应为 5%~7%。

粗骨料:采用坚硬而耐久的碎石或卵石,粒径为 5~15 mm,含泥量不应大于 1%,级配良好。若使用碱性速凝剂时,不得使用活性二氧化硅的石料。

速凝剂:使用合格产品,质量应符合现行国家标准《混凝土外加剂》(GB 8076—2008)和《混凝土外加剂应用技术规范》(GB 50119—2013)的规定。使用前与水泥做相容性试验及水泥净浆凝结效果试验,其初凝时间不得大于 5 min,终凝时间不得大于 10 min。

配合比:水:水泥:砂:石子按现场试验确定的施工配合比进行配料(应提前一个月作配合比送检)。

b.喷射混凝土的质量检验。

坍落度:喷射混凝土为 80~120 mm。

抗压强度试块取样:每喷射 50~100 m³ 不小于一组(一组三块)。

试块强度取值规定:符合设计要求。

c.喷射混凝土前检查要求。

是否设置控制喷射混凝土厚度的标志(其标志长度比喷射厚度长 10 mm,每 m^2 埋 1 ~ 2 根)。

松动土和拱、墙脚处的土等杂物是否清除。

清理受喷面并检查断面尺寸,保证尺寸符合设计要求。

喷射混凝土作业区有足够的照明,作业人员佩戴好作业防护用具。

D.混凝土喷射过程质量控制。

a.联络通道土石方每开挖一根后及时安装通道初衬并喷射混凝土。通道开挖后先喷射 40 mm 厚混凝土,封闭开挖面,挂网、架立钢架,然后喷射混凝土至设计厚度。

b.混凝土喷射机具性能良好,输送连续、均匀,技术性能满足喷射混凝土作业要求。

E.钢筋格栅加工要求。

a.施焊应符合设计及钢筋焊接标准的规定。

b.拱架(包括顶拱和墙拱架)应圆顺,直墙架应直顺。

c.钢筋焊接搭接长度:单面焊不小于 10 d,双面焊不小于 5 d。

d.钢筋焊接连接区长度:不小于 35 d 且不小于 500 mm。

e.钢筋格栅在地面应做组装试拼检查。

F.防水施工质量控制。

a.材料质量:防水板的材质应符合《地下工程防水技术规范》(GB 50108—2008)相关规定要求;防水板存放库应整洁、干燥、无火源、通风好,要立放,库内温度不高于 40 ℃。

b.防水安装前的规定要求:铺设防水板前应检查喷射混凝土面是否有钢筋等露头,如有,应用砂浆抹平。铺设防水板的基面应坚实、平整、圆顺、无漏水现象,基面平整度为 50 mm,基面阴、阳角应做成 100 mm 圆弧或 50 mm×50 mm 钝角。

c.安装作业规定要求:两幅防水板的搭接宽度应为 100 mm,焊缝应为双条焊缝,单条焊缝的有效宽度不小于 10 mm。环向铺设先拱后墙,下部防水板应压住上部防水板。相邻两幅防水板接缝应错开,错开位置距结构转角处不小于 600 mm。应先将缓冲衬垫用暗钉固定在基层上,然后将防水板与暗钉圈焊接牢固。

G.钢筋工程质量控制。

a.钢筋绑扎应用同强度等级砂浆垫块支撑,支垫间距为 1 m 左右,并与钢筋固定牢固。

b.钢筋绑扎必须牢固稳定,不得变形、松脱和开焊,变形缝处主筋和分布筋均不得触及止水带和填缝板。混凝土保护层厚度,以及钢筋级别、直径、数量、间距、位置等应符合设计要求。预埋件固定应牢固、位置正确,钢筋位置允许偏差应符合规定要求。

H.模板工程质量控制。

a.模板及支架要有足够的承载力、刚度和稳定性,能可靠地承受浇筑混凝土的重量、侧压力以及施工荷载。

b.保证混凝土结构和构件各部设计形状、尺寸和相互间位置正确。

c.固定在模板上的预埋件、预留孔和预留洞不得遗漏,且应安装牢固。

d.拱部模板应预留沉落量 10 ~ 30 mm。

e.变形缝端头(挡头)模板处的填缝板中心应与初期支护结构变形缝重合。

f.变形缝及垂直施工缝端头(挡头)模板处应与初期支护结构的缝隙嵌堵严密,支立必须垂直、牢固。

g.边墙与拱部应预留混凝土浇筑及振捣孔口。

I.二衬混凝土质量控制。

a.泵送混凝土施工控制。

由于泵送混凝土对模板产生较大侧压力,应检查模板和支架有无足够的强度、刚度和稳定性。

钢筋骨架的底部和侧面应有足够的保护层垫块支承,在重要节点上要有加固措施。

管道安装:管线宜直,转弯宜缓(曲率半径不应小于 0.5 m),以减少压力损失;接头应严密,防止漏水漏浆;避免下斜,防止泵空堵管;浇筑点先远后近(管道只拆不接,方便工作)。

管道应合理固定,不影响交通运输,不搞乱已绑扎好的钢筋,不影响模板。

b.混凝土浇筑。

要注意新拌混凝土的可泵性,可用压力泌水试验(是指恒压为 4.2 N/mm^2,时间为 10 s 的泌水率)结合施工经验控制。用压力泌水试验,10 s 时的泌水率为 20%～30%,不宜超过 40%。

二衬混凝土的坍落度:墙体为 100～150 mm,拱部为 160～210 mm。

模板要能承受泵送混凝土的侧压力;如模板外胀,除及时加固外,还可降低泵送速度,或转移浇筑点。

二衬混凝土浇筑至墙拱交界处,应间歇 1～1.5 h 后方可继续浇筑。

浇筑地面或基础时,每层厚度应小于 500 mm,可按 1:6～1:10 的坡度分层浇筑,上层混凝土超前覆盖下层 500 mm 以上。

浇筑竖向结构或高度大于 500 mm 的梁时,布料管口离模板侧板应大 50 mm,不得直冲侧板,不得直冲钢筋骨架,分层厚度为 300～500 mm。

J.监控量测控制。

a.监理工作的控制要点及目标值。

地表下沉最大控制在 30 mm 以内,竖井围护结构(若存在)最大水平位移控制在 30 mm 以内。

收敛量控制在已达总收敛量的 80% 以上,收敛速度小于 0.15 mm/d,拱顶位移速度小于 0.1 mm/d。

当开挖隧道断面小于 10 m^2 时,周边位移率 V_n 应小于 0.1 mm/d;断面大于 10 m^2 时,V_n 应小于 0.2 mm/d,可认为基本稳定在 30 mm 以内。

b.监理工作的方法及措施。

施工前应审查承包商所提交的量测实施方案。根据量测控制布置图的要求,实地检查监控点埋设。

根据规范的要求,检查量测所使用的仪器、设置,要求监测人员必须准确、真实地记录监测数据。

按照施工进度和监测频率,督促承包商及时对监控点进行量测。

要求承包商的监控量测点的初始读数,应在开挖完循环节点施工后 24 h 内,并在下一循环施工前取得,其测点距开挖面不得大于 2 m。

根据承包商量测结果的综合评价,以及报送到监理部的"时间位移曲线散点图"或"距离位移曲线散点图"分析监测控制点是否达到目标值,判断土层是否稳定。

2) 盾构隧道洞门施工监理要点

(1) 施工方案审查要点

①督促承包商在洞门施工开始前提交施工方案,报送监理工程师审查和批准。

②督促施工单位至少提前一个月做好混凝土配合比送检,开工前申报混凝土配合比报告。

③主要内容应包括施工工艺、防水措施、安全措施、进度计划、监测方案等。

④对洞门密封拆除要有专门的应对措施。

(2) 拆除零环管片施工监理

①做好高处作业架子验收。

②拆除管片应遵循先上后下的原则。在待拆管片吊装孔上穿上钢丝绳,把钢丝绳悬挂在捣链的吊钩上,拆除管片连接螺栓。管片连接螺栓应依次进行拆卸,拆除一块管片连接螺栓并吊走该管片后,才能拆除下一件待拆管片的连接螺栓。

③管片吊拆过程中不允许斜拉,吊物下不允许站人。

(3) 洞门防水施工控制要点

①洞口环梁与管片、各结构内衬之间设置缓膨型遇水膨胀橡胶止水条(简称"止水条")。

a.在粘贴止水条处用高压水枪清洗干净,待表面干燥后,再均匀涂刷单组分氯丁—酚醛胶黏剂。

b.胶黏剂涂刷后,晾置一段时间(一般 10~15 mm),待手指接触不黏时,再将橡胶条黏结压实。

c.沿止水条长度方向每隔 500 mm 再用高强钉加以固定。

d.止水条延伸使用时,接头处采用重叠的方法进行搭接,搭接长度 100 mm 并用高强钉加以固定,安装路径闭合成环,其间不得留断点。

e.止水条粘贴后应平顺,不得出现脱胶、起鼓、歪曲等现象。

f.浇筑混凝土振捣时,避免插入式振捣棒触及止水条。

②洞口环梁与管片之间埋设注浆管。可采用 $\phi42$ 注浆小导管(如设计有)沿洞门环向布置,间距 500 mm。

(4) 钢筋绑扎和模板施工监理要点

①检查恢复洞口环向预埋的连接筋,或者在洞门预留钢板上焊接连接钢筋。

②钢筋安装由下至上进行,钢筋安装位置要准确、牢固,钢筋搭接长度单面焊不小于 10 d,双面焊不小于 5 d。

③模板安装尺寸应准确,接缝应平齐、无间隙,确保不漏浆,并支撑牢固。

④洞门腰部与顶部预留混凝土浇筑、振捣口。

(5) 浇筑混凝土和养护施工监理要点

①进行混凝土浇筑前应清除一切杂物,模板要用水淋透。

②混凝土浇筑应由下而上进行。浇筑混凝土首先从洞门两个腰部预留的浇筑口浇筑,然后封闭腰部浇筑口,从顶部预留口继续浇筑。

③确保振捣密实,混凝土面不冒气、泛泡,且均匀起伏。整个洞门浇筑混凝土需一次完成,不可产生施工冷缝。

④洞门上的导水沟槽沿洞门施作至道床边沟处。

⑤洞门进行喷淋湿润养护,5 天后拆除模板,继续养护。

⑥拆除洞门模板时,注意防止撞坏已成型的洞门混凝土。

⑦混凝土浇筑时,应按规范要求现场制作混凝土块,并将试验结果上报监理工程师。

思考题

1.简述盾构工程前期调查工作内容。

2.简述盾构工程施工组织设计的审查要点。

3.简述盾构施工场地接口协调包括的内容。

4.简述监理单位审查工程进度计划时应阐述的意见。

5.简述盾构工程端头井(工作井)施工相关方案需要审查内容。

6.简述盾构纠偏控制要点。

7.简述盾构过砂前施工管理监理要点。

8.简述盾构掘进过程监理要点。

9.简述盾构隧道洞门施工监理要点。

参考文献

[1] 李惠强,唐菁菁.建设工程监理[M].3 版.北京:中国建筑工业出版社,2017.

[2] 廖奇云,李兴苏.建设工程监理[M].北京:机械工业出版社,2021.

[3] 钟汉华,赵旭升.工程建设监理[M].4 版.郑州:黄河水利出版社,2020.

[4] 中国建设监理协会.建设工程监理概论[M].北京:中国建筑工业出版社,2021.

[5] 王月华,丁汉飞.公路工程监理[M].北京:机械工业出版社,2019.

[6] 贵州省建设监理协会.建设工程安全生产管理监理工作实务[M].北京:中国建筑工业出版社,2020.

[7] 中国建设监理协会.建设工程监理相关法规文件汇编[M].北京:中国建筑工业出版社,2021.

[8] 李浪花,程俊.装配式建筑工程监理实务[M].成都:西南交通大学出版社,2019.

[9] 朱万荣,刘景辉.建设工程精细化监理[M].北京:中国建筑工业出版社,2021.

[10] 李明安.建设工程监理操作指南[M].3 版.北京:中国建筑工业出版社,2021.

[11] 杨晓林.建设工程监理[M].3 版.北京:机械工业出版社,2016.

[12] 石元印.土木工程建设监理[M].6 版.重庆:重庆大学出版社,2019.

[13] 何隆权.建设工程监理概论[M].南昌:江西高校出版社, 2018.

[14] 黄聪普,白秀华.建设工程招投标与合同管理[M].重庆:重庆大学出版社,2017.

[15] 樊敏,宋世军.工程监理[M].成都:西南交通大学出版社,2019.

[16] 刘欢,姜炫丞,吴伟巍.电力工程数字监理平台理论与实践[M].南京:东南大学出版社,2021.

[17] 赵庆华,余璠璟,等.工程造价审核与鉴定[M].南京:东南大学出版社, 2019.

[18] 江苏省建设工程质量监督总站,南京市轨道交通建设工程质量安全监督站.城市轨道交通工程质量监督实务[M].南京:东南大学出版社,2017.

[19] 樊敏,宋世军.工程监理[M].成都:西南交通大学出版社,2019.

[20] 田雷,王新.工程建设监理 [M].2 版.北京:北京理工大学出版社,2020.

［21］郑新德.建设工程监理［M］.4 版.重庆:重庆大学出版社,2019.

［22］郭阳明,郑敏丽,陈一兵.工程建设监理概论［M］.3 版.北京:北京理工大学出版社,2018.

［23］徐静涛.公路工程施工监理［M］.2 版.北京:北京理工大学出版社,2020.

［24］黄永刚.全过程工程咨询与监理［M］.天津:天津科学技术出版社,2019.

［25］赖笑.建设工程招投标与合同管理［M］.重庆:重庆大学出版社,2018.